U0036809

序

我自從 2022 年底接觸了 AI 繪圖開始，AI 繪圖就如同一扇魔法之門，引領我進入了一個充滿奇幻和驚喜的數位藝術世界。這本《一本精通 - AI 繪圖奧義》，是我在這場冒險中的紀錄和心得，也是我對這門技術無限探索的見證。回首這趟旅程，我不禁讚嘆 AI 的藝術革命正在深刻地改變我們對創作和想像的認知。

在本書的開頭，我會分享生成式 AI 和多個優秀 AI 繪圖工具，例如 Midjourney、Leonardo.Ai 和 Bing Image Creator，這些工具不僅是生成式 AI 技術的結晶，更是一扇窺探未來藝術創作的窗戶。透過深入了解這些工具的發展歷程、技術特點以及應用領域，就能更好地理解 AI 繪圖的本質，並發揮出其無限的創造力。

除了探究 AI 繪圖的本質，本書也具有非常完整的 Midjourney、Leonardo.Ai 和 Bing Image Creator 教學，從註冊使用、操作技巧、提示語法和模型選擇，一直到深入探討每個工具的獨特之處，例如 Midjourney 具有最豐富的繪圖風格和絕佳的品質，Leonardo.Ai 融合了多樣的風格模型，Bing Image Creator 對於中文提示詞無與倫比的理解力，搭配大量的範例和實作，讓大家都能輕鬆掌握 AI 繪圖的箇中技巧。

無論你是藝術家、設計師還是單純對 AI 繪圖充滿好奇的讀者，這本書都能成為你探索 AI 繪圖領域的指南，為你打開新的視野，感受到這項技術的驚奇和無限可能，透過 AI 與藝術的結合，激發出各種創意潛能，期望在這個嶄新的數位藝術領域中，找到屬於自己的光芒！讓我們一同投身於 AI 繪圖的奇妙之旅，探索無限可能吧！

Chapter 01 認識生成式 AI 和 AI 繪圖

1-1 關於生成式 AI (AIGC、GenAI) 1-2
1-2 哪些 AI 繪圖工具比較紅？ 1-5
1-3 該學 AI 繪圖嗎？ 1-8
1-4 使用 AI 繪圖可以做什麼？ 1-9
1-5 為什麼別人 AI 繪圖都畫得比較好？ 1-10
1-6 AI 繪圖和圖片搜尋有差別嗎？ 1-11
1-7 AI 繪圖的本質？ 1-13
1-8 該如何面對 AI 繪圖？ 1-15
1-9 AI 繪圖工具比較
(Midjourney、Leonardo.Ai、Bing Image Creator) 1-17

Chapter 02 Midjourney (簡介 & 導引)

2-1 發展歷史 2-3
2-2 訂閱費用 2-5
2-3 技術特點 2-6
2-4 應用領域 2-7
2-5 未來展望 2-8
2-6 使用須知與規範 2-9

Chapter 03 Midjourney (註冊 & 使用)

3-1 註冊 Midjourney 3-2
3-2 開始使用 Midjourney 3-7
3-3 開始使用 niji.journey 3-15

Chapter 04 Midjourney（設定 & 參數）

4-1 設定指令 4-2

4-2 功能參數 4-20

Chapter 05 Midjourney（產生圖片）

5-1 使用文字提示產生圖片 5-3

5-2 使用圖片產生圖片 5-6

5-3 刪除圖片、傳送圖片資訊 5-9

Chapter 06 Midjourney（提示與操作技巧）

6-1 優良的提示技巧 6-2

6-2 多重提示的權重和順序 6-13

6-3 Style Tuner 樣式調校器（風格選擇器） 6-18

6-4 blend 混合多張圖片 6-22

6-5 產生圖片後續動作（remix 放大、修改與重繪） 6-28

Chapter 07 Midjourney（範例實作）

7-1 修改人物年齡 7-2

7-2 變胖、變瘦 7-6

7-3 真人照片變成卡通人物 7-10

7-4 阿爾欽博托風格，隱藏的人臉或影像 7-17

目 錄

Chapter 08 Leonardo.Ai (簡介 & 註冊 & 開始使用)

8-1 認識 Leonardo.Ai 8-2
8-2 註冊與登入 Leonardo.Ai 8-6
8-3 開始使用 Leonardo.Ai 8-9

Chapter 09 Leonardo.Ai (產生圖片)

9-1 使用圖片產生器 Image Generation 9-2
9-2 使用圖片產生圖片 (Image Guidance) 9-10
9-3 Elements 風格元素 9-33
9-4 Prompt Magic 魔法提示 9-43
9-5 PhotoReal & Alchemy 9-47

Chapter 10 Leonardo.Ai (提示與操作技巧)

10-1 文字提示語法和準則 10-2
10-2 產生圖片的後續步驟 10-11
10-3 使用 AI 畫布 (AI Canvas) 10-21

Chapter 11 Leonardo.Ai (使用模型)

11-1 訓練自己的 AI 產圖模型 11-2
11-2 Featured Models 特色模型 11-9

Chapter 12 Leonardo.Ai（範例參考）

12-1 填補缺少的披薩 12-2
12-2 組合兩片披薩 12-6
12-3 修改人物年齡 12-9
12-4 隱藏的人臉或文字 12-15
12-5 寶可夢猜猜我是誰，全部填滿皮卡丘 12-21
12-6 換臉特效 12-26
12-7 用 AI 畫寵物（虛擬寵物） 12-31

Chapter 13 Bing Image Creator（使用&技巧）

13-1 開始使用 Bing Image Creator 13-2
13-2 提示原則與技巧 13-8
13-3 搭配 Bing Copilot 讀取 / 產生圖片 13-11

Chapter 14 Bing Image Creator（範例參考）

14-1 Bing Copilot 讀取文章，產生縮圖 14-2
14-2 漫畫書風格 14-6

Chapter 15 AI 繪圖效果&範例

15-1 著色本效果 15-2

15-2 2D 卡通人物 15-8

15-3 物品開箱照 15-15

15-4 像素藝術 (Pixel Art) 15-20

15-5 百科全書&說明書風格 15-26

15-6 卡通貼紙 15-32

Append A AI 繪圖風格大全

A-1 攝影、照片 A-2

A-2 畫面角度、效果 A-16

A-3 媒材、材質 A-21

A-4 動畫、卡通、漫畫 A-35

A-5 藝術流派、藝術風格 A-43

A-6 藝術家、畫家 A-53

A-7 插畫風格 (1) A-62

A-8 插畫風格 (2) A-76

A-9 特色風格 A-96

A-10 常用風格提示詞 Prompts 列表 A-102

Chapter 01

認識生成式 AI 和 AI 繪圖

前言

生成式 AI（ AIGC、GenAI、生成式人工智慧 ）和 AI 繪圖是目前最令人驚嘆且快速發展的技術，它們結合了機器學習和自然語言處理的優勢，能夠生成具有合理性和創造性的內容，從自動寫作到藝術創造，從影像生成到音樂創作。在第一個章節裡，將會介紹生成式 AI 和 AI 繪圖的發展歷史、特色和未來展望。

1-1 關於生成式 AI (AIGC、GenAI)

生成式 AI（ AIGC、GenAI ）是一種人工智慧技術，利用機器學習和自然語言處理的方法，透過訓練模型來學習數據的模式和結構，自主生成具有合理性和創造性的內容，相較於傳統的 AI 人工智慧，生成式 AI 不僅可以根據規則執行任務，還能夠通過學習和模型生成全新的內容，例如人類語言，如文章、對話、詩歌 ... 等。

發展歷史

雖然生成式 AI 看起來是近一兩年才出現，但實際上已經發展了好一陣子，下方列出主要的發展歷史：

- **1980 ～ 1990 年**：神經網絡的相關研究出現，但由於當時電腦的計算能力和數據量限制，造成模型的表現並不理想。直到近年來，隨著大數據和計算能力的快速增長，生成式 AI 才取得了重大突破。
- **2014 年**：生成對抗網絡 (GAN) 的提出引起了廣泛的關注。GAN 由生成器和鑑別器組成，通過對抗訓練的方式，使生成器不斷提升生成的內容的逼真度，而鑑別器則試圖區分真實數據和生成器生成的數據。GAN 模型的出現推動了生成式 AI 的快速發展，並取得了重大突破。
- **2015 年**：深度學習模型中的循環神經網絡 (RNN) 和長短期記憶 (LSTM) 開始在生成式 AI 中得到廣泛應用，透過這些模型可以捕捉和學習複雜的序列模式 (語言或音樂 ... 等)。
- **2018 ～ 2019 年**：OpenAI 推出了一系列強大的模型，其中最著名的是 GPT-2 和 GPT-3。GPT-2 擁有 1.5 億個參數，可以生成高度流暢的文本，而 GPT-3 更是擁有 1750 億個參數，是當年最大的生成式 AI 模型之一，也因如此，GPT-3 在各種任務上展現出了卓越的性能，包括自動寫作、語言翻譯、對話生成 ... 等。

- **2020 年至今**：生成式 AI 不斷的取得突破，不斷提升生成內容的品質和生成的能力，隨著許多開源社群的貢獻，許多生成式 AI 模型和工具陸續開源，使得研究人員和開發者能夠自由使用和擴展這些技術，藉此改進模型架構、訓練方法和數據集，大幅推動了生成式 AI 的進一步發展。

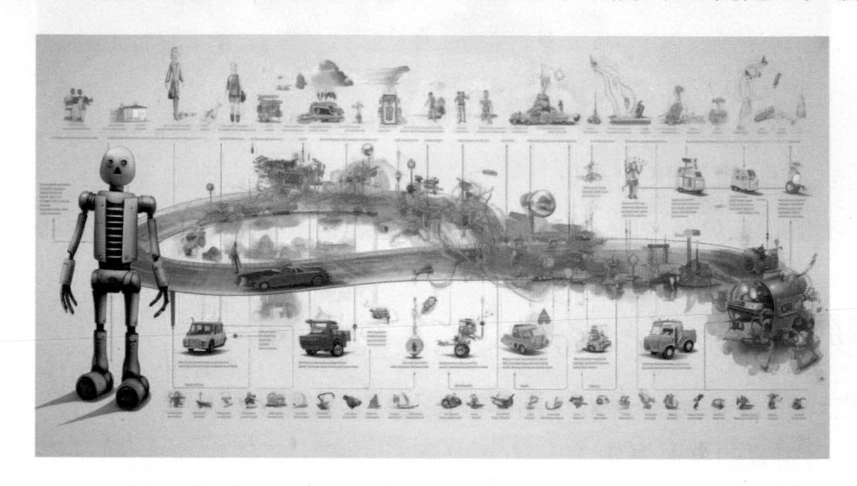

生成式 AI 特色

近年來生成式 AI 的出現，替人類的生活和工作帶來不小的轉變，下方列出生成式 AI 的幾個主要特色：

- **自主生成**：生成式 AI 最大的特色在於可以自主生成全新的內容，不僅能夠生成文字，還能夠生成圖像、音樂和其他形式的創作。
- **創造性和合理性**：生成式 AI 能夠根據訓練數據中的模式和結構，生成具有創造性和合理性的內容。
- **多領域應用**：生成式 AI 的應用範圍非常廣泛，包括自動寫作、藝術創作、音樂生成、圖像生成、語言翻譯 ... 等。
- **提供創意和靈感**：生成式 AI 能夠提供創意和靈感，為創作者帶來新的想法，協助創作過程，產生獨特且具有創造性的內容。

- **客製化**：生成式 AI 能夠根據個人的偏好和需求，學習和理解不同的喜好，生成客製化的內容。
- **不斷進步**：生成式 AI 是一個快速發展的領域，透過研究者和開發者的持續創新，將會不斷提升生成品質、速度和效能。

1-2 哪些 AI 繪圖工具比較紅？

自從 2022 年底 Midjourney 爆紅之後，許多 AI 繪圖工具就如同雨後春筍般誕生（也如同於雨後春筍般地消失？），下方整理 2023 年一些比較常見的 AI 繪圖工具：

> 整理的原則除了該服務具有一定的知名度，同時也考慮產圖的品質、易用性、功能完整性、擴展性、支撐長期使用的營收以及活躍的社群。

- Midjourney

  Midjourney 是目前繪圖風格最多，產圖品質最好的 AI 繪圖工具，絕大多數的風格參考圖都是使用 Midjourney 製作，但操作介面綁定 Discord。

- **Leonardo.Ai**

  Leonardo.Ai 是目前操作介面最完整，提供最多 AI 繪圖功能的「線上工具」，只需要打開瀏覽器就能操作，也有提供 iPhone 的 APP。

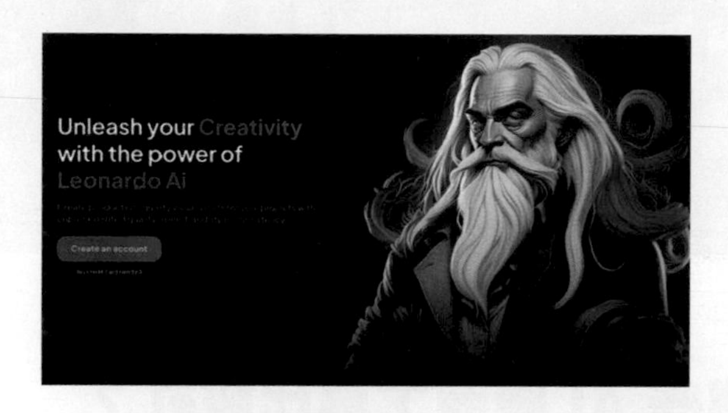

- **Bing Image Creator**

  Bing Image Creator 是微軟出品的 AI 繪圖工具，只要打開瀏覽器就能操作，自從升級到 DALL-E 3 之後圖片品質大幅提升，付費搭配 Chat GPT 4 就能操作更多功能。

- Stable Diffusion

Stable Diffusion 是 2022 年發布的深度學習文字到圖像生成模型，可以免費下載並運行在個人電腦中，是目前功能最完整的 AI 繪圖工具，許多的線上產生圖片的服務都是基於 Stable Diffusion 而誕生。

- Canva

Canva 是一個在線上進行設計和視覺社群交流的平台，2023 年也推出了 AI 繪圖的功能，讓使用者可以透過文字產生圖片、影片或修飾圖片內容。

- Adobe FireFly

Adobe FireFly 是 Adobe 出品的 AI 繪圖工具，主要做為搭配 PhotoShop 和 Illustrator 使用，可以快速移除或擴展內容，也可以自動填色或修改內容。

1-3 該學 AI 繪圖嗎？

隨著生成式 AI 的討論度日益增加，讓許多人開始思考：「我是否該學 AI 繪圖？」，其實是否要學 AI 繪圖並不是重點，重點在於「接受」AI 繪圖的存在，以及 AI 繪圖將會融入並改變生活，就如同當年攝影技術的出現引發了無數的反彈，但隨著攝影技術的普及，越來越多的藝術創作也都仰賴攝影輔助一般。然而社會中充滿了各行各業，不會每種行業都會需要用到 AI 繪圖和生成式 AI，甚至只有少部分的行業才會需要，下方列出一些會使用到 AI 繪圖的行業：

- **視覺設計**：凡是平面設計、室內設計、動畫設計、廣告設計、多媒體設計、工業設計 ... 等視覺設計領域，AI 繪圖是必備技能！
- **遊戲開發**：AI 繪圖可以快速產生模擬角色或場景，提供豐富的靈感和創意。
- **行銷企劃**：AI 繪圖可以節省時間，更快速提供更多圖片素材和靈感，而生成式 AI 還可提供文字內容和思考方向。
- **教育工作者**：AI 繪圖可以提供大量的圖片素材，輔助教學和簡報，甚至可教導如何使用 AI 繪圖。
- **工程師**：AI 繪圖可以提供大量圖片素材，輔助簡報或文字資料。
- **文字工作者**：AI 繪圖可以提供大量圖片素材，輔助簡報或文字資料。

雖然 AI 繪圖相當便利，但也往往會衍生出一些負面或不實的現象，例如使用 AI 繪圖產生虛假的新聞或圖片，進而損害公眾利益或他人名譽，雖然目前許多 AI 繪圖的工具都有制定規範進行保護，但相關的虛假圖片的詐騙手法仍然層出不窮，這也是學習 AI 繪圖必須特別注意的社會道德和法律責任。

1-4 使用 AI 繪圖可以做什麼？

通常使用 AI 繪圖有兩個目的：**第一、省時間**，**第二、找靈感**，透過 AI 繪圖可以大幅縮短產生圖片的過程，也可以快速的提供特定關鍵字的靈感與想法，下方列出一些 STEAM 教育網目前有使用 AI 繪圖的應用：

- **文章 Banner**：每篇文章的分享縮圖。
- **簡報圖**：簡報裡的示意圖。
- **修圖**：修飾和處理現有圖片。
- **圖生圖**：從現有圖片延伸更多創意。
- **創作靈感**：只有想法，讓 AI 產出更具體的畫面。
- **風格設定**：已有畫面，希望 AI 產出不同風格的影像。
- **草稿填色和轉換**：將手繪線稿轉換成實際的影像。
- **人與卡通的轉換**：將真人的照片轉換成卡通人物。
- **修復老照片**：透過 AI 大量修復老照片。
- **設計遊戲、角色與場景**：讓 AI 提供大量的遊戲角色參考。

- **各種簡單的設計品**：名片設計、海報設計。

1-5 為什麼別人 AI 繪圖都畫得比較好？

使用 AI 繪圖時，往往會覺得別人用 AI 畫的圖都比較好看，這就是所謂的「**倖存者偏差**」！

通常在網路上看到「好看的圖」都是創作者篩選過的，創作者只會從幾十張到上百張的作品中，挑出那幾張好看的進行展示，又有如攝影師拍攝婚禮攝影，拍攝過程中可能拍了上千張照片，但最後交付新人手中的照片可能只有十分之一不到。

雖然在觀賞別人的 AI 繪圖的過程中存在倖存者偏差，但**優良的提示詞和熟稔的操作技巧，仍然可以大幅提昇優良圖片的產出率**，例如不理解提示詞規則的新手，可能產生 100 張圖裡只有 1 張是符合預期的創作，但熟悉操作技巧的老手，則可能在一兩次的產出內就誕生符合預期的影像。

倖存者偏差的案例：第二次世界大戰期間，研究小組在計算如何減少轟炸機因敵方炮火而遭受的損失時，檢查了執行任務返回的飛機所受到的損壞。建議在「損壞最少」的區域增加裝甲，而並非在「彈孔最多」的地方增加裝甲。因為返回飛機上的彈孔代表了轟炸機受到損傷但仍能安全地返回基地，而那些完全沒有彈孔的地方，一旦中彈就可能完全沒有返回的機會。

1-6 AI 繪圖和圖片搜尋有差別嗎？

回顧自己使用過「Google 圖片搜尋」的經驗，只要輸入關鍵字，搭配搜尋工具 (顏色、大小、類型 ... 等)，就能快速找到網路上的圖片，在操作的過程上和 AI 繪圖大同小異，舉例來說，在 Midjourney 裡輸入提示詞「cute dog, coloring book, clean outline, white background」，會產生小狗的著色本效果。

如果將同樣的提示詞，改用 Google 搜尋，就會得到幾乎一模一樣的結果。

又或者使用 Bing Image Creator 輸入提示詞「**可愛的小狗，像素畫，白色背景**」，就會產生像素藝術的小狗圖案

如果將同樣的提示詞，改用 Google 搜尋，就會得到差不多的結果。

1-7 AI 繪圖的本質？

透過一系列的操作後，會發現 AI 繪圖和圖片搜尋有著異曲同工之妙，不僅在操作流程類似，甚至連同找到的圖片都有點雷同，這或許也和 AI 繪圖的訓練過程有關，畢竟 AI 是採用人類所畫的圖片集進行訓練，也是採用人類對於圖片和美感的理解和認知，兩者的對比如下：

	AI	圖片搜尋
使用方式	輸入提示詞	輸入關鍵字
資料庫	龐大的圖庫訓練資料	龐大的圖庫連結資料
接收命令	繪圖 AI 接收到提示詞	搜尋引擎 AI 接收到關鍵字
運作過程	從訓練集找出合適風格產圖	從資料庫找出適合圖片
結果	提供 AI 畫的圖	提供人類畫的圖

所以，AI 繪圖的本質是什麼？

是不是「付費版的圖片搜尋」呢？

不過如果是運用 AI 繪圖來實現改圖、修圖、協助填色或補充圖片內容 ... 等動作，就和圖片搜尋有所差異。

或許有人會點頭，或許也有人會搖頭，但這或許是一個 AI 繪圖的大哉問，但如果將 AI 繪圖當成是圖片搜尋，就會發現有下列幾個好處：

- 更精準：AI 產生的圖片若提示越多越準確 (其實也不一定)。
- 更漂亮：AI 產生的圖片更漂亮，因為圖片搜尋還得依循 SEO 機制，優良的圖片不一定會被搜尋到。
- 更安全：AI 產生的圖片會限制不能產生腥羶色或歧視暴力等圖片。
- 版權限制較寬鬆：AI 產生的圖片版權限制較為寬鬆，通常可以直接使用。
- 商用限制較寬鬆：AI 產生的圖片若應用於商用，不要直接販售通常沒問題。

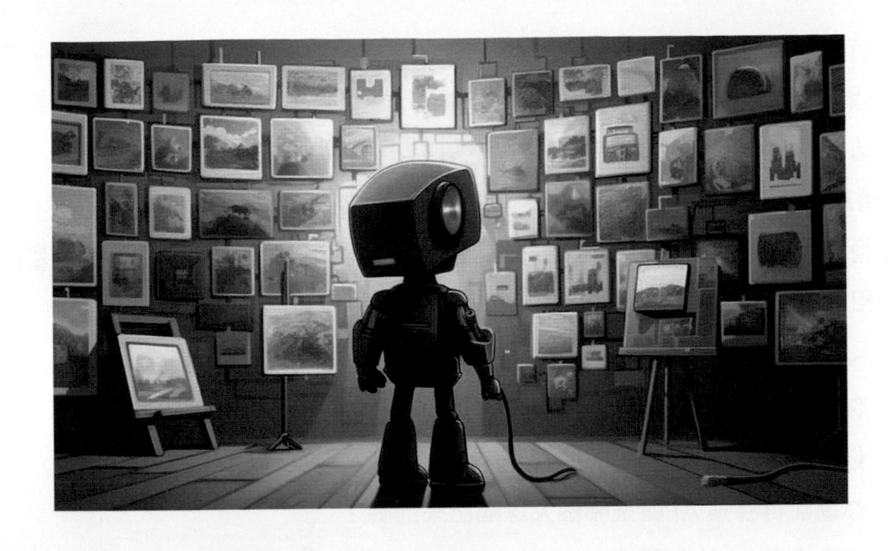

1-8 該如何面對 AI 繪圖？

隨著科技的日新月異，**使用 AI 繪圖將會「輔助」和「加速」人類創作**，未來不只藝術領域，各行各業可能都會和 AI 繪圖有所關聯，然而 AI 繪圖對於藝術領域的影響必定是最為巨大，因為藝術在發展的過程中必定和「新科技」有所關聯，自古以來只要出現了新的科技，一定會有藝術家使用新銳的科技進行創作，例如攝影藝術、動畫藝術、數位藝術 ... 等不勝枚舉，或許在一百年後的藝術史裡，就會出現「2023 年出現了 AI 創作派」之類的藝術流派。

或許有些人對於 AI 繪圖憂心忡忡，也有些人對於 AI 繪圖滿懷期待，但身為一個在時代洪流中的人類，可以保持開放的心態去面對 AI 繪圖的發展，**畢竟藝術是由「人」所創造，藝術不只有「表現手法」，還包含了「內在」和「情感」**，藝術的範圍廣泛，不限於電腦圖像的創作，AI 繪圖不等於藝術，而是藝術包含了 AI 繪圖，下方提供大家一些開放式的問題，反覆思量這些問題和答案，對於 AI 繪圖或許會有另外一番見解。

- 你會很得意的說這張 AI 的圖是你畫的嗎？
- 你還記得你用 AI 畫過哪些圖嗎？
- 你還記得哪張 AI 圖是哪個人詠唱出來的嗎？
- 你會去看 AI 的畫展嗎？
- 你會收藏 AI 的畫作嗎？
- 你會用 AI 做的梗圖嗎？
- 你會看 AI 寫的繪本嗎？

1-9 AI 繪圖工具比較 (Midjourney、Leonardo.Ai、Bing Image Creator)

現在市面上的 AI 繪圖工具五花八門，但真正方便好用的還是只有那幾套，這篇教學會介紹 Midjourney、Leonardo.Ai、Bing Image Creator 這三套最多人使用的 AI 繪圖工具，比較這三套工具的差異，幫助大家進行選擇 (小孩子才做選擇，大人應該全都要？)。

Midjourney

Midjourney 自從 2022 年爆紅以來，幾乎所有的 AI 繪圖工具都以「打敗 Midjourney」作為目標，因此如果要比較 AI 繪圖工具，必定會談到 Midjourney，經過一年的版本演進，產圖的能力大幅進步，搭配內建的 blend、remix、tuner 功能，更能單純透過提示詞產生許多非常精美的影像，且只鎖定付費用戶的策略也相當成功，目前不僅營收能夠支撐營運，也不斷的更新產圖的核心引擎，已經屬於穩定成功的產品。

需要安裝在電腦的 Stable diffusion 就不在這篇教學的討論範圍，雖然 Stable diffusion 能產生更多高品質和更多可控性的影像，但因為 Stable diffusion 需要比較進階的電腦硬體，不如 Midjourney 和 Leonardo.Ai 只要註冊就能簡單使用，所以就留待之後再好好討論。

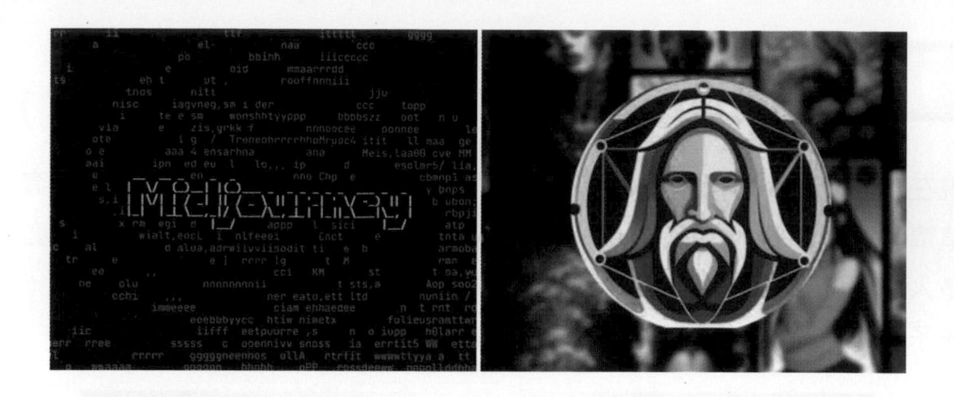

Leonardo.Ai

Leonardo.Ai 雖然比較晚推出，但夾帶著 Stable diffusion 為基底的算圖能力，以及大量的產圖模型，就算不會安裝 Stable diffusion 或者不想用 Discode（Midjourney 需綁定 Discode），只要單純開啟瀏覽器就能操作，此外 Leonardo.Ai 也有推出 APP 的版本，搭配免費使用的優勢，也是目前很多人使用的 AI 繪圖工具。

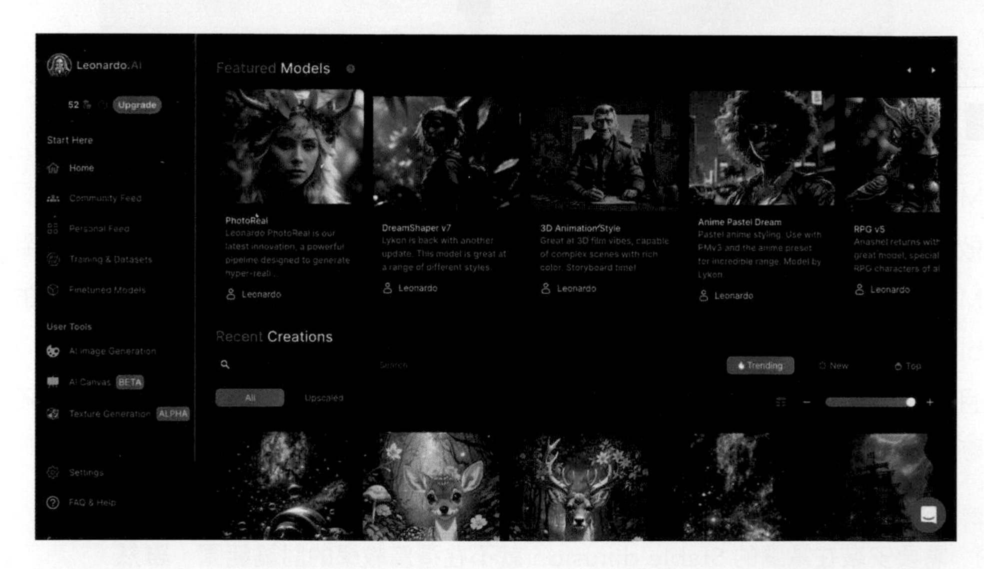

Bing Image Creator

Bing Image Creator 夾帶著微軟和 OpenAI 的優勢，雖然起初產生的圖片品質不佳，但隨著 GPT4 和 DALL-E 3 的推出，不只可以產出高品質的影像，更能搭配 GPT4 實現更多不可能的創意，雖然對於圖片本身無法進行太多加工，但透過對於自然語言的超高理解力，大幅降低了 AI 繪圖的入門門檻。

比較三套 AI 繪圖工具

除了 Midjourney、Leonardo.Ai 和 Bing Image Creator，其他相關的服務，目前不是太過年輕，就是討論度太低或相關社群太小，以目前 AI 繪圖的發展而言，並無法保證使用後，該服務會不會突然就消失，因此才選擇目前最多人使用的 Midjourney、Leonardo.Ai 和 Bing Image Creator。

下方列出 Midjourney、Leonardo.Ai、Bing Image Creator 的一些比較差異 (★星號表示比較好或比較方便)：

	Midjourney	Leonardo.Ai	Bing Image Creator
操作平台	Discode	★ 網頁、APP	★ 網頁
是否付費	付費	★ 免費與付費	★ 免費，付費搭配 GPT4

	Midjourney	Leonardo.Ai	Bing Image Creator
官方文件	★ 完整	少	少
產圖速度	快	快	快
註冊方便度	註冊 Discord 帳號	★ 網頁註冊	★註冊微軟帳號
操作介面方便度	輸入提示詞	需要熟悉介面操作	★ 輸入中文提示詞
提示詞理解力	稍好	普通	★ 搭配 GPT4 最佳
提示詞產圖	支援	支援	★ 支援，支援中文
風格提示詞	★ 支援最多	支援較少，可搭配模型	支援較少
remix 圖片	可以	★ 可以，提供最多功能	需搭配 GPT4
blend 圖片	★ 可以，效果最好	image prompt	需搭配 GPT4
圖片產生圖片	可以，但較無法控制	★ image to image，支援 ControlNet	不支援
產生圖片品質	★ 最高	普通，使用 PhotoReal 和 Alchemy 很高	很高
修改圖片	使用 Vary (Region)	★ AI Canvas 功能強大	無
負面提示詞	★ 有，效果最好	有	可能有
圖片權重	有	★ 有，效果最好	無
支援產圖進度中止	★ 支援	不支援	不支援
產圖模型	★ 根據提示詞自動變換	有，需自行選擇	無
訓練模型	無	★ 可以自行訓練	無
刪除或查看圖片資訊	使用表情符號	★ 使用介面操作	只有最新的幾張
提示詞審查	有	★ 有，但較寬鬆	最嚴格
社群支援	★ FB 與 Discode	★ FB	無
公開圖片庫	★ 有，需要付費	★ 有，需要付費	無

小結

生成式 AI（ AIGC、GenAI、生成式人工智慧 ）和 AI 繪圖是非常引人注目的技術，除了可以自主生成具有合理性和創造性的內容，在各個領域中也都有廣泛的應用。然而生成式 AI 也逐漸面臨許多挑戰和道德問題，只有通過適當的監督和引導，才能確保生成式 AI 產生訊息的準確性，並消除偏見和不良影響，繼續帶來更多創新和改變。

Chapter 02

Midjourney（簡介＆導引）

前言

Midjourney 是一個基於 AI 圖像生成的工具，可以透過輸入自然語言的文字提示，產生高品質、精細和充滿想像力的影像，這章節會介紹 Midjourney 的發展歷史、技術特點、應用領域以及未來展望，並引導大家註冊和使用 Midjourney 與 niji.journey。

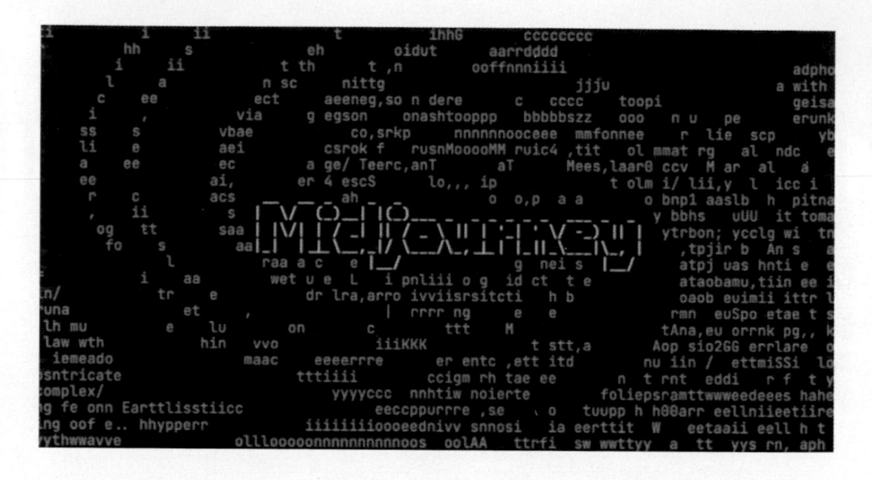

2-1 發展歷史

Midjourney 的創辦人 David Holz 是一個連續創業家，在高中時成立了小型的設計公司，大學主修物理和數學，在 NASA 和 Max Planck 工作的同時正在攻讀流體力學的博士學位，2011 年創辦了一家名為 Leap Motion 的技術公司，主要可以進行手部進行運動捕捉的硬體設備。

David Holz 在 2019 年離開該 Leap Motion 並創辦了 Midjourney，接著推出同名的產品 Midjourney，主要提供生成式人工智慧的服務。Midjourney 可以根據自然語言的文字提示，產生符合提示的影像，功能類似 OpenAI 的 DALL-E 和 Stable Diffusion，都是基於大量影像訓練的大型 AI 模型生成影像。

Midjourney 的影像生成服務從 2022 年 7 月 12 日開始公開測試，並在之後的幾個月內不斷改進其演算法，發布了多個新版本，到 2022 年 11 月，已經推出 Midjourney 第 4 版的 Alpha 版本 (撰寫這篇文章時，已經是第 5 版)，每個新版本都可以更好地去處理文字提示。

與其他幾個人工智慧的影像產生器不同的是，Midjourney 是基於 Discord 機器人運作，如果要使用該工具並從文字產生影像，必需透過 Discord 進行操作。在 Midjourney 的 Discord 社群中，有超過一百萬人一起創作影像，相互摸索與分享，共同探索如何將 AI 可以做出更人性化的創作，在人類想像力的引導下，Midjourney 逐漸成為一個新的文化力量，提供了無限的創作可能性。透過 Midjourney 將可以解放普通人的創造力，讓他們輕鬆創作出美麗的影像。

前往 Midjourney：https://midjourney.com/

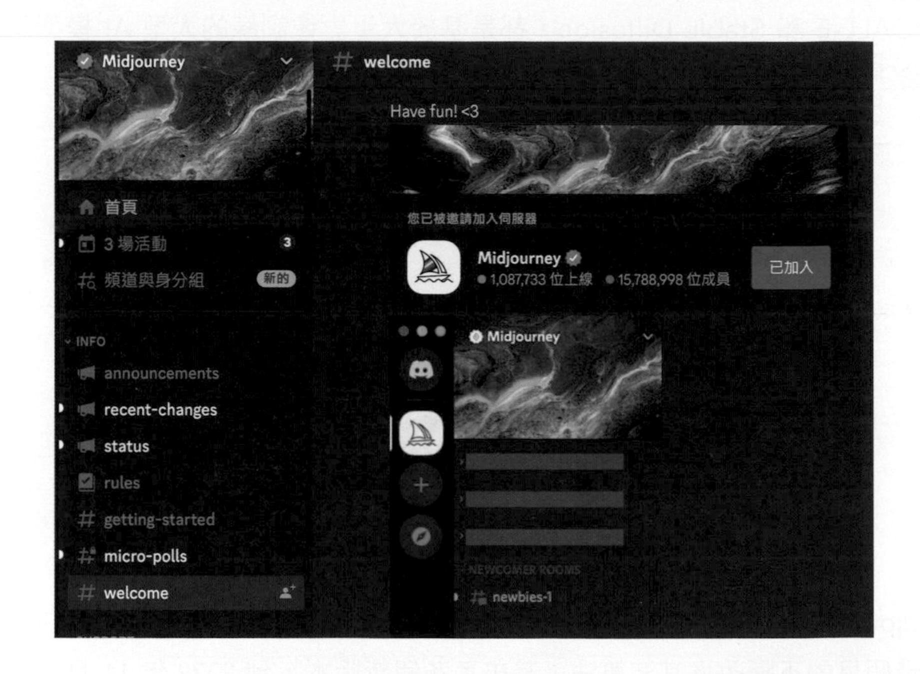

2-2 訂閱費用

Midjourney 目前提供有三種訂閱方案，每月收費從 10 美元到 60 美元不等，每次算圖都會扣除運算時間，標準算圖時間一張大約一分鐘，根據品質的設定會增加時間或減少時間。

- 參考：https://docs.midjourney.com/docs/plans
- Midjourney 之前有提供免費試用方案，但因為免費使用者的濫用而取消了這項服務。

	Basic Plan	Standard Plan	Pro Plan	Mega Plan
Monthly Subscription Cost	$10	$30	$60	$120
Annual Subscription Cost	$96 ($8 / month)	$288 ($24 / month)	$576 ($48 / month)	$1152 ($96 / month)
Fast GPU Time	3.3 hr/month	15 hr/month	30 hr/month	60 hr/month
Relax GPU Time	-	Unlimited	Unlimited	Unlimited
Purchase Extra GPU Time	$4/hr	$4/hr	$4/hr	$4/hr
Work Solo In Your Direct Messages	✓	✓	✓	✓
Stealth Mode	-	-	✓	✓
Maximum Concurrent Jobs	3 Jobs 10 Jobs waiting in queue	3 Jobs 10 Jobs waiting in queue	12 Fast Jobs 3 Relaxed Jobs 10 Jobs in queue	12 Fast Jobs 3 Relaxed Jobs 10 Jobs in queue
Rate Images to Earn Free GPU Time	✓	✓	✓	✓

2-3 技術特點

Midjourney 的技術基於最新的機器學習系統和大數據訓練，這些數據通過深度學習和生成對抗網絡（GAN）等先進技術進行處理，這些模型具有數十億個參數，並且能夠處理數十億張影像，藉由不斷進行的反覆訓練，對這些影像中的模式進行分析和學習，就能提高生成器的準確性和真實感。

隨著像是 transformers 和 diffusion models 等 AI 技術的進步，特別是 CLIP-guided diffusion 技術，使得 AI 能夠更好地理解語言，進而實現 Midjourney 判斷文字並生成高品質影像的能力，這也讓 Midjourney 能夠生成令人驚嘆的圖像作品，成為目前少數幾個頂尖的圖像生成 AI 之一。

應用領域

Midjourney 正在逐漸應用於藝術、設計和創意領域。藝術家和設計師可以將 Midjourney 的圖像生成工具融入到他們的創作流程中，或將其為概念開發的一部分，為作品添加獨特的視覺元素和表達方式，為這些媒體帶來新的視覺效果和創意元素。

Midjourney 還被用於藝術療法和情感表達，許多人使用 Midjourney 來創作影像，表達自己的情感和思想。這對於那些需要一個情感和智力反思的工具來說非常有價值，並為他們提供了一種舒緩和創造的方式。

此外，在商業應用上，除了可以透過 Midjourney 產生幾個不同風格的影像並將其呈現給客戶，以幫助客戶做出決策和選擇，Midjourney 允許使用者將生成的影像用於商業用途，如此一來就能可用於雜誌封面、廣告、貼圖等場景。這擴大了使用者對於利用 Midjourney 生成的影像的用途和價值。例如，《經濟學人》雜誌曾在封面上使用了 Midjourney 生成的影像。

2-5 未來展望

Midjourney 的技術特色和應用層面已經帶來了顯著的影響和成功，下方列出一些 Midjourney 創辦人在訪談中所提到的未來展望：

- **技術進步**：隨著 AI 技術的不斷發展，Midjourney 可能會推出更先進的生成模型，使影像更具細節和真實感，提高創造力的發揮和使用者體驗。
- **支持藝術社群**：Midjourney 將繼續支持藝術家社群，提供更多的工具和資源來激發他們的創意。同時，他們也將與藝術機構和學術界合作，推動 AI 在藝術領域的應用和研究。
- **創新應用**：除了藝術創作和商業藝術，Midjourney 延伸到電影、遊戲開發、出版和廣告等領域。透過這些領域應用 AI 生成影像技術，為創作者和公司提供更多創作靈感和工具，加快創作過程並提高效率。
- **倫理和版權問題**：Midjourney 將繼續關注倫理和版權問題。他們將與相關機構和專家合作，探討如何建立更公平和合理的版權管理和使用權規範，致力於找到解決方案以保護藝術家的權益和合法使用，同時確保 AI 生成影像的合法使用。
- **教育**：Midjourney 會投入更多資源和努力來推廣 AI 生成影像技術，透過舉辦培訓課程、提供教育資源，向大眾和藝術愛好者介紹這項技術的潛力和應用，激發更多人的創造力和想像力，並推動整個藝術社群的發展。

2-6 使用須知與規範

通常使用 AI 產生圖片，為了避免出現爭議 (種族歧視、性暗示、暴力血腥 ... 等)，都會明定一些使用的規範，然而使用 Midjourney 產生圖片時，Midjourney 會先採用 AI 自動審核文字內容，同時也會藉由官方真人管理員和社群的力量共同審查，因此建議都要遵守下列規範，避免帳號被封鎖或刪除。

- 禁止出現殘忍、血腥、吃人 ... 等暴力畫面。
- 禁止性暗示、性器官裸露 ... 等成人內容。
- 禁止種族歧視、恐同、冒犯公眾人物 ... 等煽動性內容。

小結

Midjourney 的技術特色和應用層面，在藝術創作、商業藝術和設計領域具有廣泛的應用價值，無論是專業藝術家還是一般人，Midjourney 的技術都提供了新的創作可能性，豐富相關的藝術體驗。然而，隨著這項技術的快速發展，也需要平衡版權和使用權的問題，確保技術的合法使用和藝術家的權益保護，讓 AI 生成影像領域推動創新，為人們帶來更多驚喜和美麗。

Chapter 03

Midjourney（註冊＆使用）

前言

由於 Midjourney 是基於 Discord 機器人運作，所以要使用 Midjourney 也得先使用 Discord，這個章節會介紹如何註冊 Midjourney，以及如何開始使用 Midjourney 和 niji journey。

3-1 註冊 Midjourney

Midjourney 必須註冊才能使用，但 Midjourney 由於綁定在 Discord 平台，所以註冊程序相對麻煩了點，這個小節會介紹如何註冊 Midjourney。

註冊 Discord

前往 Discord 網站或開啟 Discord 應用程式，點擊「登入」，如果已經有帳號就使用自己的帳號登入，或者點擊「註冊」建立新帳號 (需要 email、帳號名稱、密碼、出生年月日，然後進行簡單的驗證)。

前往 Discord：https://discord.com/

驗證 email 之後，就能夠開始使用 Discord。

加入 Midjourney Discord 伺服器

點擊左側「探索伺服器」，搜尋「midjourney」，找到 Midjourney (注意該伺服器擁有千萬用戶，並有綠勾勾認證)。

從連結加入：https://discord.gg/midjourney

點擊 Midjourney 伺服器就可以進入預覽，點擊上方「加入 Midjourney」就會自動加入伺服器。

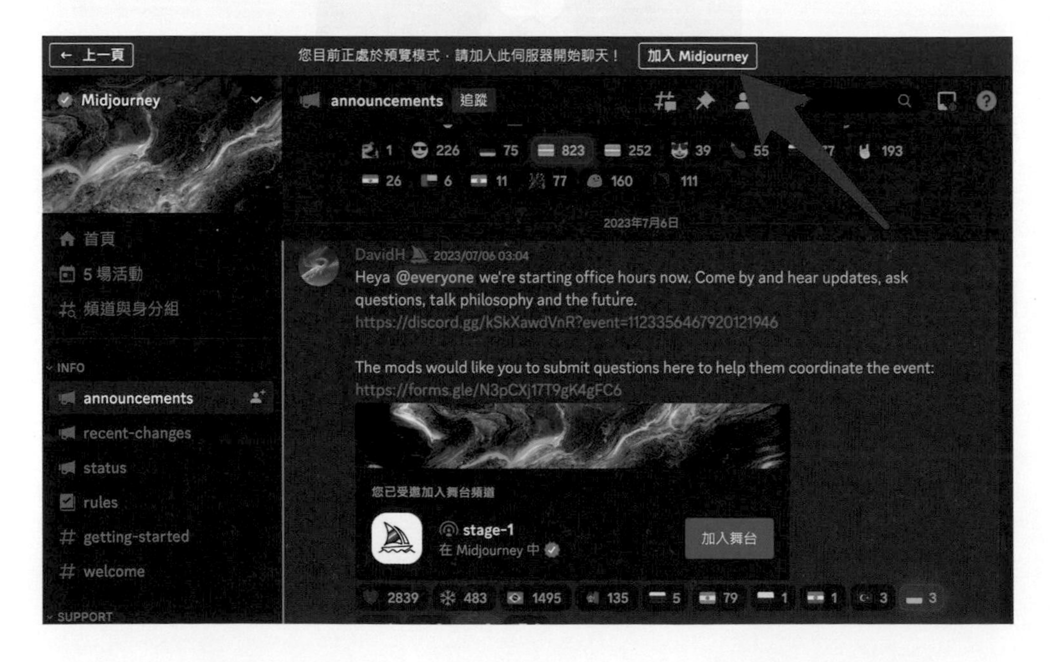

使用 Discord 註冊 Midjourney

回到 Midjourney 的網站，點擊「Sign In」。

前往：https://www.midjourney.com/app/

彈出與 Discord 連動的畫面後，點擊「授權」。

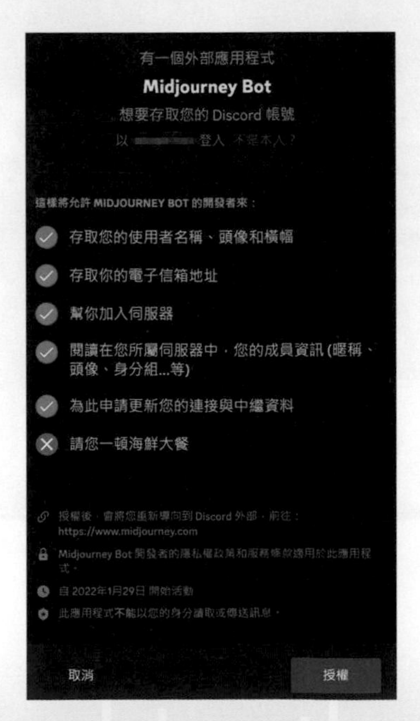

完成後就會進入 Midjourney 裡自己帳號的圖庫空間 (等同註冊完成)，如果是新註冊的使用者會是空的。

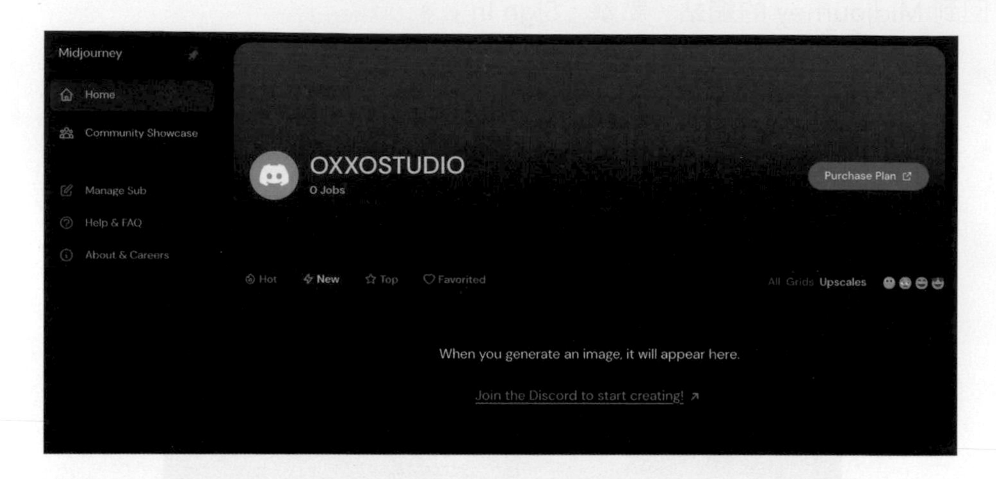

如果已經有開始使用，圖庫裡就會有已經產生並且沒有移除的圖片。

3-2 開始使用 Midjourney

Discord 和 Midjourney 都註冊完成後，只要將 Midjourney Bot 加入自己的 Discord 伺服器，就能開始運用提示詞進行繪圖，這個小節會介紹開始使用的步驟。

將 Midjourney Bot 加入自己的伺服器

回到 Discord，點擊左側「新增一個伺服器」。

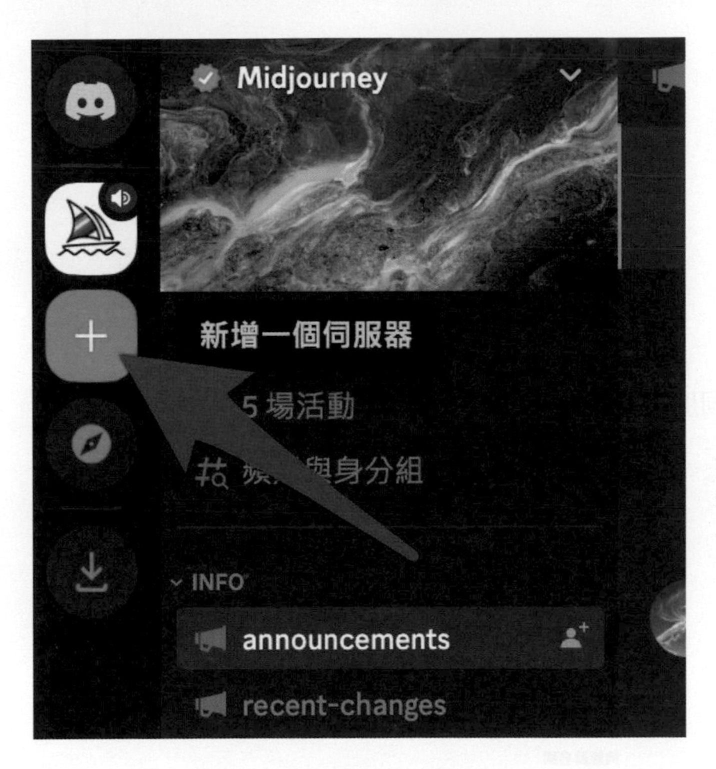

選擇「建立自己的」，就能建立一個自己專屬的伺服器。

替自己的伺服器設定一個區別名稱，點及「建立」就建立完成。

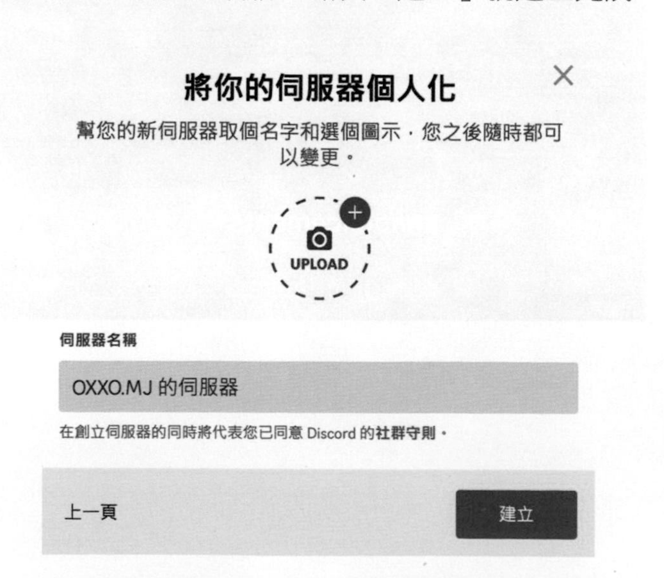

前往 Midjourney 伺服器，點擊左側頻道清單裡有「newbies」開頭的頻道，找到頻道聊天中的「Midjourney Bot」。

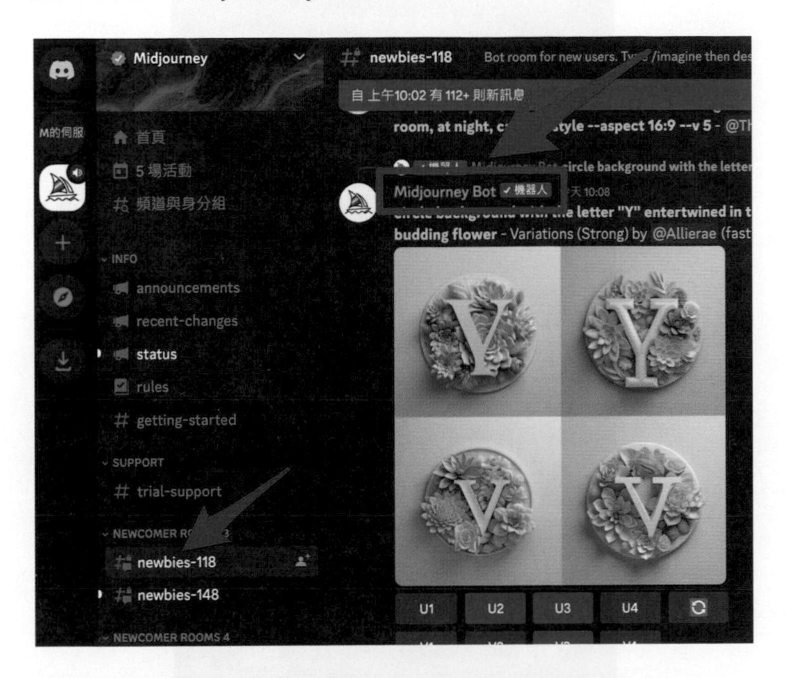

點擊並出現 Midjourney Bot 資訊後，點擊「新增至伺服器」。

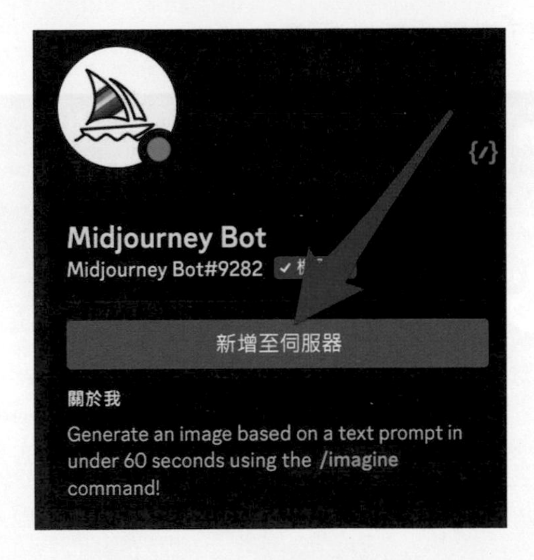

選擇自己的伺服器，將 Midjourney Bot 加入自己的伺服器。

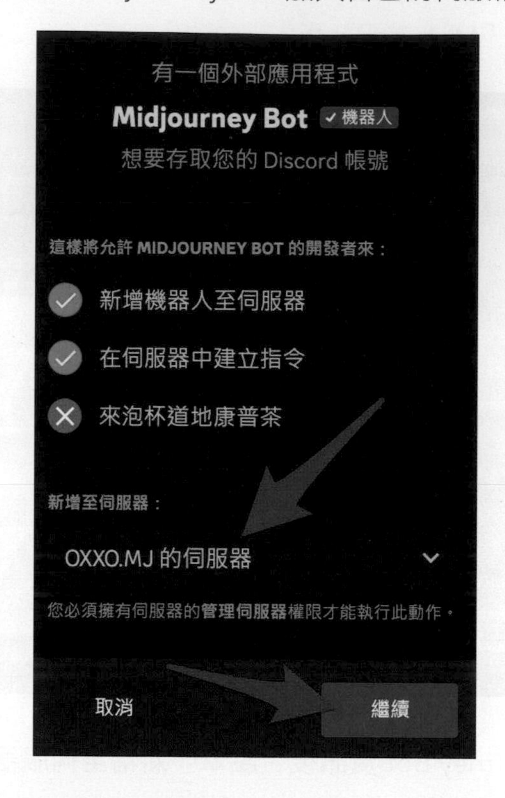

回到自己的伺服器，點擊「新增頻道」。

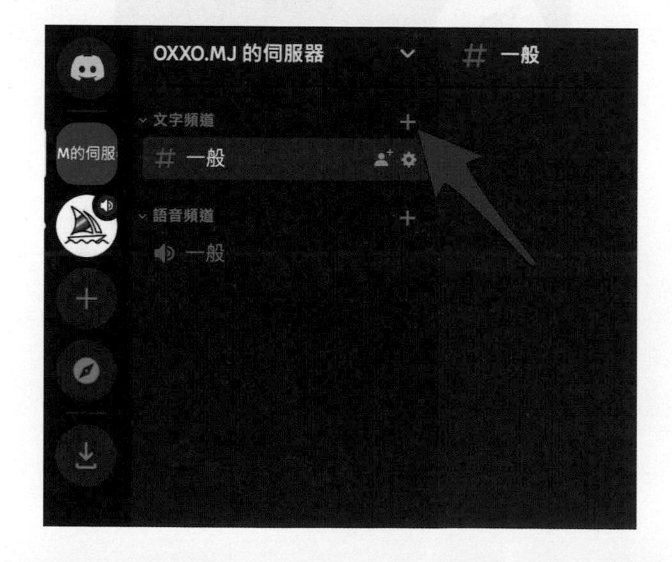

新增一個名為「ai」的頻道。

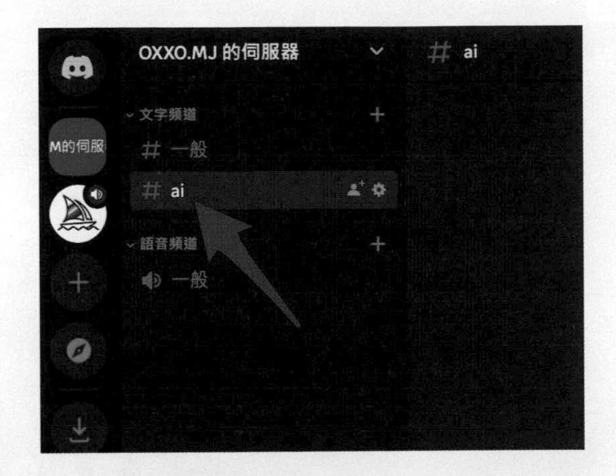

從頻道中就可以看見「Midjourney Bot 機器人」(建立頻道的預設設定是伺服器的所有成員都能看到，如果不希望被看到，可以在建立頻道時手動設定)。

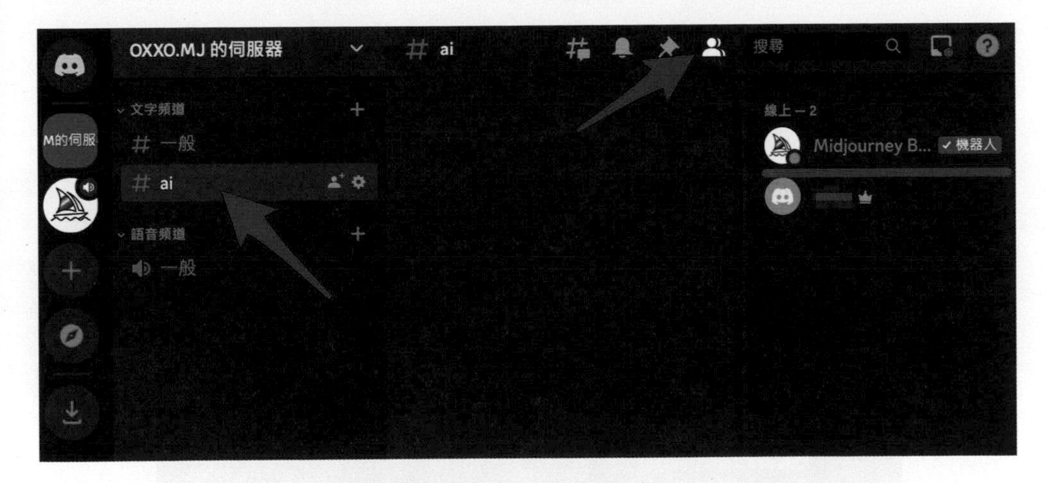

▌訂閱 Midjourney

在自己伺服器的 ai 頻道裡，輸入「/」，就會出現很多可以使用的指令，後方如果有 Midjourney Bot 表示這是 Midjourney 專屬指令。

輸入「/info」，就能查看自己的 Midjourney 帳號資訊，如果是新註冊使用者，應該會看到如下圖的訊息。

通常輸入「/」就會出現後方可以使用的指令，直接點擊該指令即可。

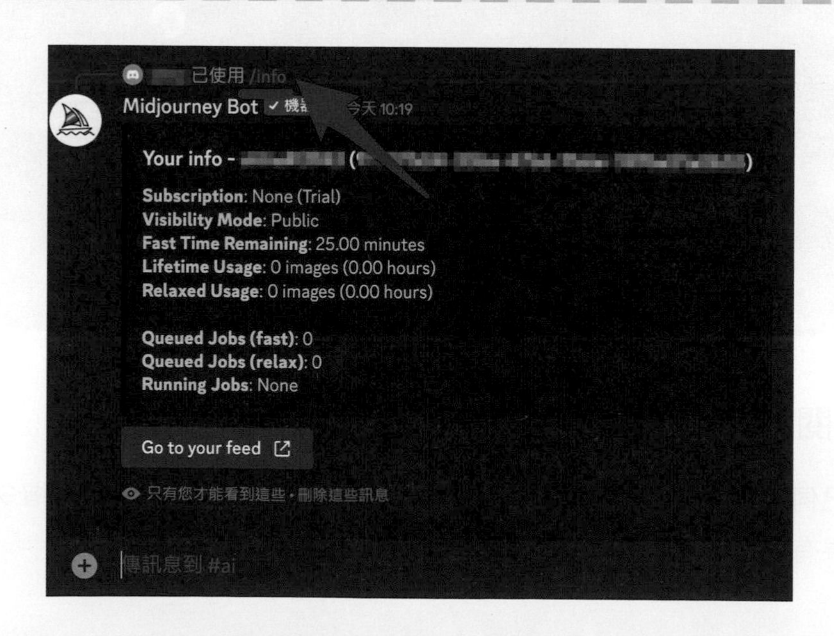

輸入「/subscribe」後，點擊回應訊息裡的「Open Subscribe page」，就會前往訂閱 Midjourney 的頁面。

選擇適合自己的方案，使用信用卡付款進行訂閱 (通常選擇年繳比較便宜)。

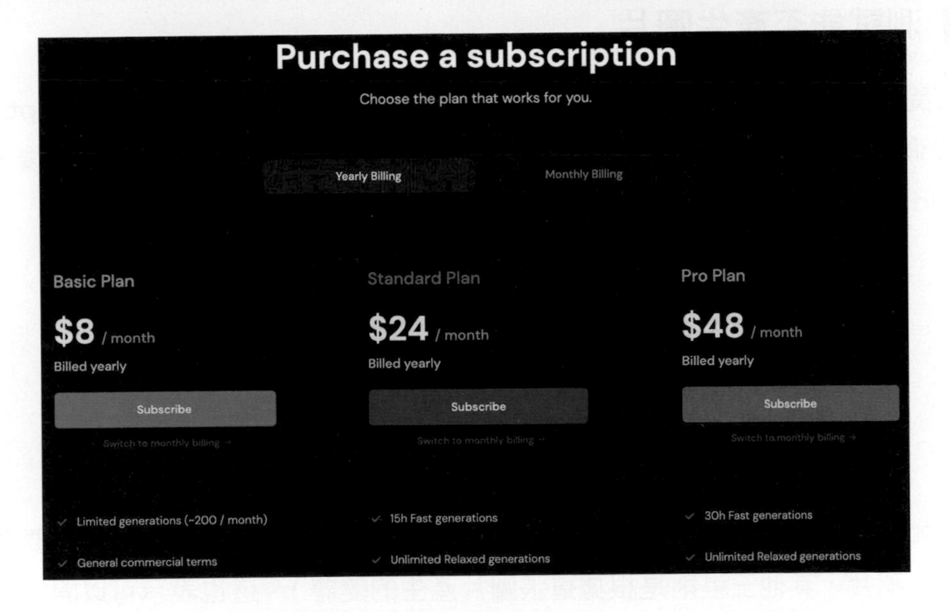

訂閱完成後，回到自己的 Discord 伺服器頻道裡，輸入「/info」，自己的 Midjourney 帳號資訊就會出現可以使用的額度。

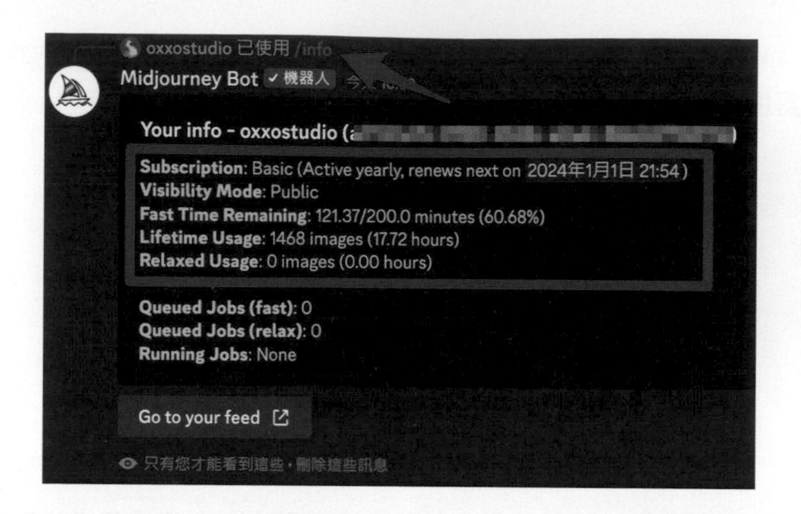

測試能否產生圖片

訂閱成功具備使用額度後，輸入「/imagine」，後方會自動出現「prompt」這個預設文字，在後方加上想要產生影像內容的提示詞，送出後，Midjourney 就會根據提示詞開始畫圖。

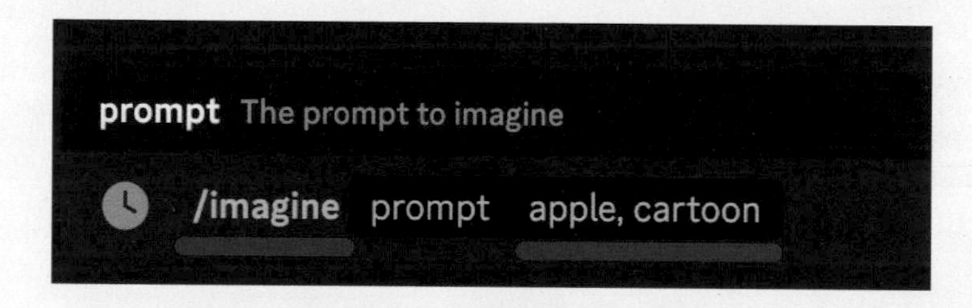

例如輸入「apple, cartoon」，就會畫出四張蘋果的卡通圖 (左上是主要產生的圖片，其他三張則是根據這張圖片產生的變體)，這也表示可以開始使用 Midjourney 囉！

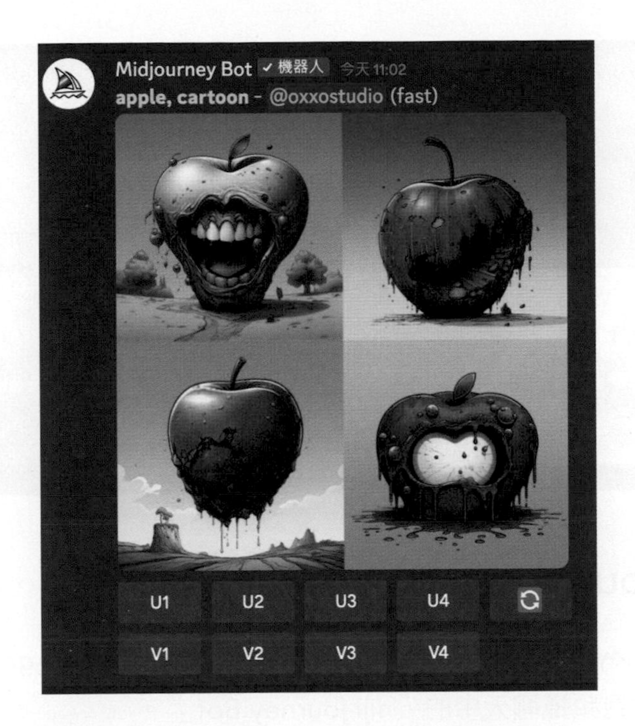

3-3 開始使用 niji.journey

niji journey 是由 Spellbrush 與 Midjourney 共同設計開發的二次元風格的影像生成工具，只要訂閱 Midjourney 就可以使用，使用的方法和 Midjourney 幾乎一模一樣，這個小節會介紹如何使用 niji.journey。

加入 niji.journey 伺服器

點擊左側「探索伺服器」，搜尋「niji」，找到 niji.journey (注意該伺服器擁有上萬用戶，並有綠勾勾認證)。

從連結加入：https://discord.gg/nijijourney

將 niji journey Bot 加入自己的伺服器

前往 niji.journey 伺服器，點擊左側頻道清單裡有「image-generation」開頭的頻道，找到頻道聊天中的「niji.journey Bot」。

點擊並出現 niji.journey Bot 資訊後，點擊「新增至伺服器」。

選擇自己的伺服器，將 niji.journey Bot 加入自己的伺服器。

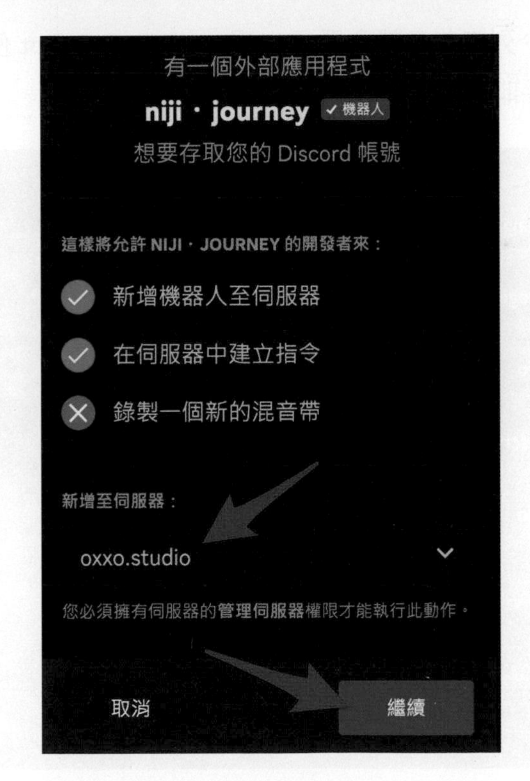

回到自己伺服器的頻道，從頻道中就可以看見「niji.journey Bot 機器人」(建立頻道的預設設定是伺服器的所有成員都能看到，如果不希望被看到，可以在建立頻道時手動設定)。

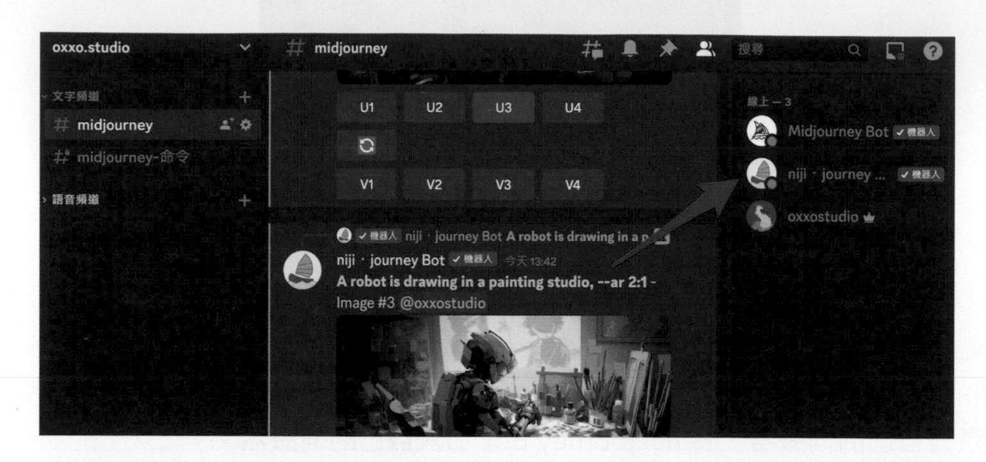

輸入「/」開啟命令列表後，就會看見出現 niji.journey Bot 使用的相關命令，點擊該命令就能呼叫 niji.journey Bot 執行特定動作。

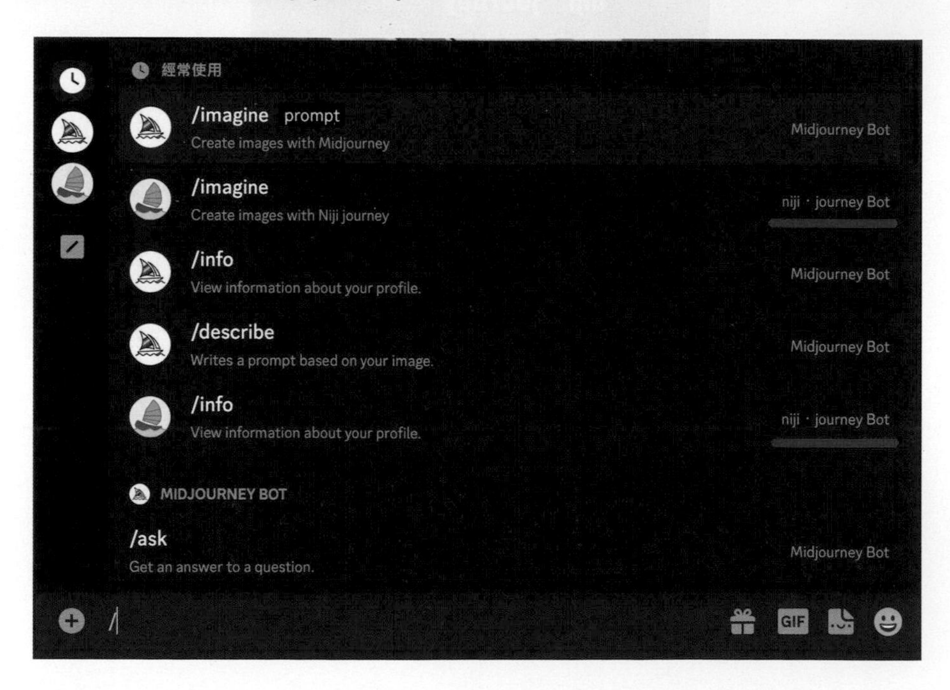

使用 niji journey 產生圖片

訂閱成功具備使用額度後，輸入「/imagine」(選擇 niji.journey Bot)，後方會自動出現「prompt」這個預設文字，在後方加上想要產生影像內容的提示詞，送出後，niji.journey 就會根據提示詞開始畫圖。

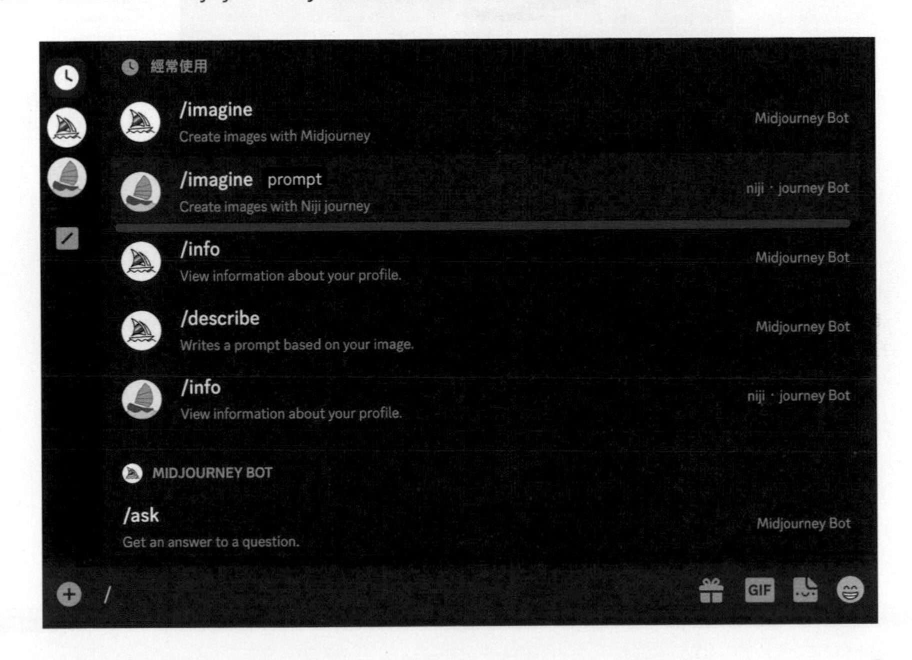

例如輸入「apple, cartoon」，就會畫出蘋果的卡通圖。

小結

通常使用 Midjourney 最困難的部分就是「註冊」，因為 Midjourney 必須透過 Discord 來實作，許多人往往在「註冊」的步驟就放棄了，加上後來全面採用付費機制，也讓許多人望之卻步，但只要開始使用 Midjourney，就會發現他的上手程度絕對是目前市面上 AI 繪圖工具裡最好的，總之，開始用用看吧！

Chapter 04

Midjourney（設定＆參數）

前言

因為 Midjourney 只能依靠文字產生圖片，所以必須搭配「設定指令」和「提示詞參數」來進行各種細節的調整，這個章節會介紹 Midjourney 的常用設定指令以及功能參數。

4-1 設定指令

除了基本的輸入文字提示(prompts)，也必須熟悉 Midjourney 所提供的設定指令進行操作，這個小節會介紹 Midjourney 的常用設定指令以及相關的用法。

設定指令列表

Midjourney 提供許多的設定指令，只要輸入「/」，就可以從選單中挑選相關指令，下方列出常用的指令：

指令	說明
/imagine	根據提示開始產生圖片。
/describe	根據圖片產生相關的提示。
/blend	混合 2～5 張圖片。
/tune	開啟樣式調教器 (風格選擇器)。
/settings	設定。
/info	帳號資訊。
/ask	詢問問題。
/shorten	縮短提示。
/show	根據圖片的工作 ID 再產生一次圖片。
/prefer option set	自訂參數設定。
/prefer option list	自訂參數列表。
/prefer suffix	設定所有提示詞後方要加入的後綴參數。
/prefer auto_dm	設定產生圖片後自動發送通知訊息。
/prefer remix	設定開啟 Remix 模式。
/public	設為公開 (pro 才能使用)。
/stealth、/private	設為非公開 (pro 才能使用)。
/fast、/relax	設定為快速產圖或放鬆產圖模式 (pro 才能使用)。

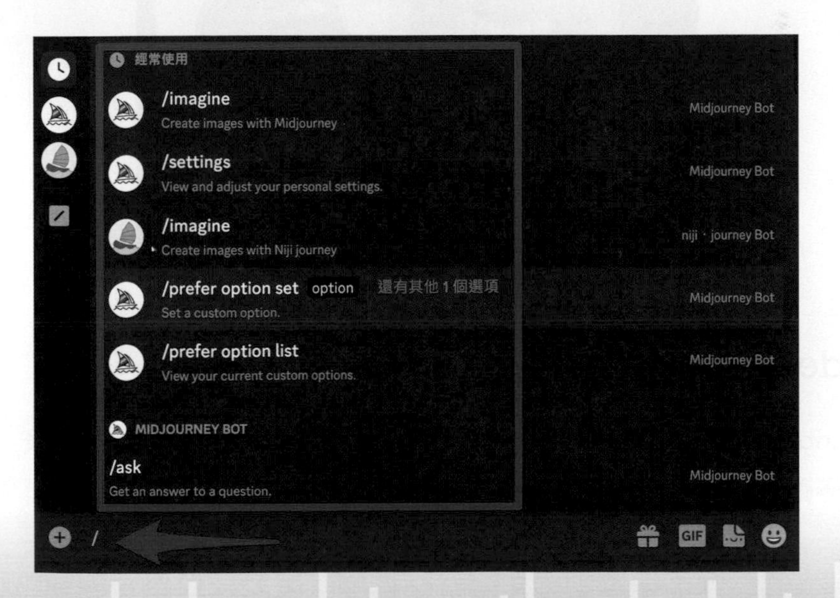

/imagine

/imagine 表示「根據提示開始產生圖片」，完整輸入詞為「/imagine prompt: 提示詞」，下方的例子會使用 apple 和 cartoon 兩個提示詞來產生圖片 (更多提示參數參考：功能參數)。

輸入提示詞 (prompts) 後送出，Midjourney 就會畫出四張相關的圖片。

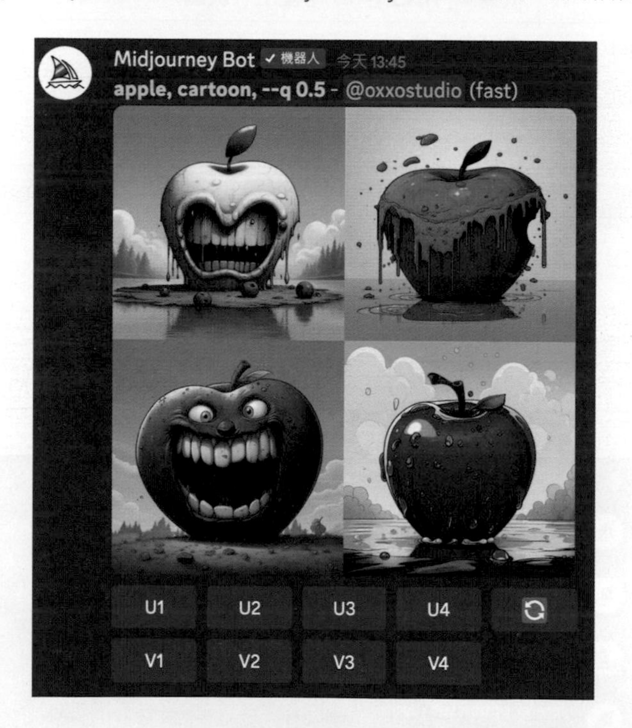

/describe

/describe 表示「根據圖片產生相關的提示」，輸入 /describe 之後，會開啟上傳圖片的對話框。

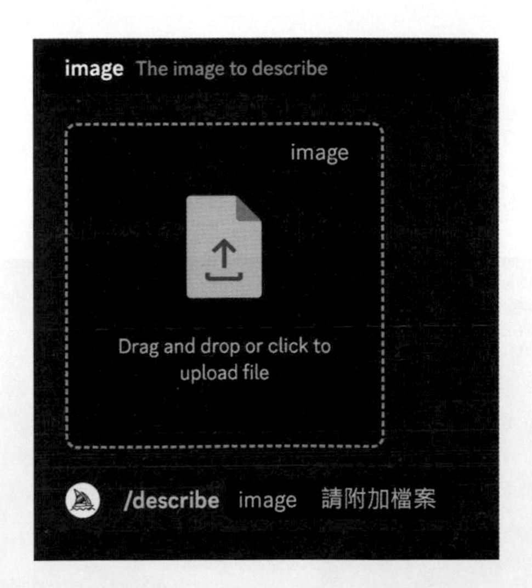

上傳圖片後，Midjourney 就會根據這張圖片，產生四組可能的提示詞。注意，產生四組的提示詞有可能不符合規範，必須要再次檢查或修飾才能使用。

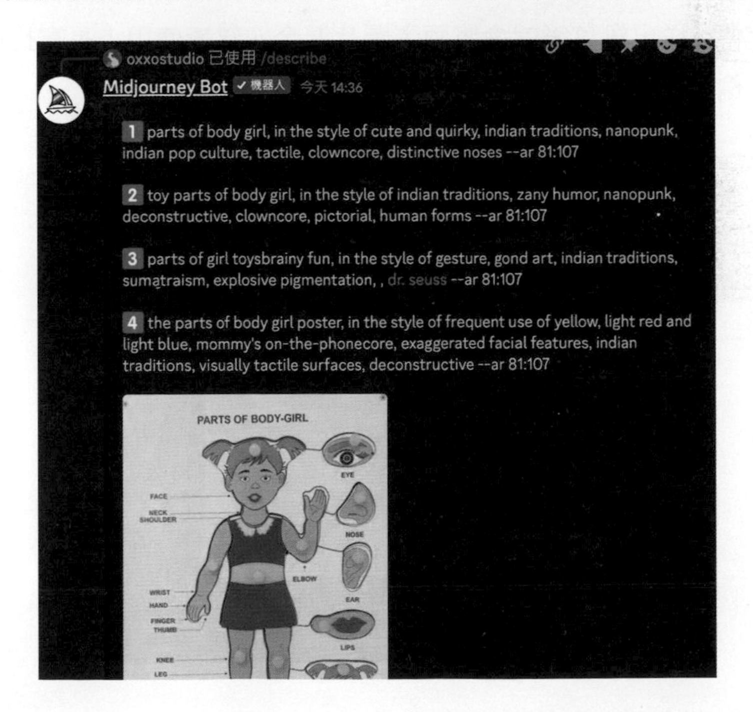

/blend

/blend 表示「混合 2 ～ 5 張圖片」，輸入 /describe 之後，會開啟上傳圖片的對話框，預設使用兩張圖片。

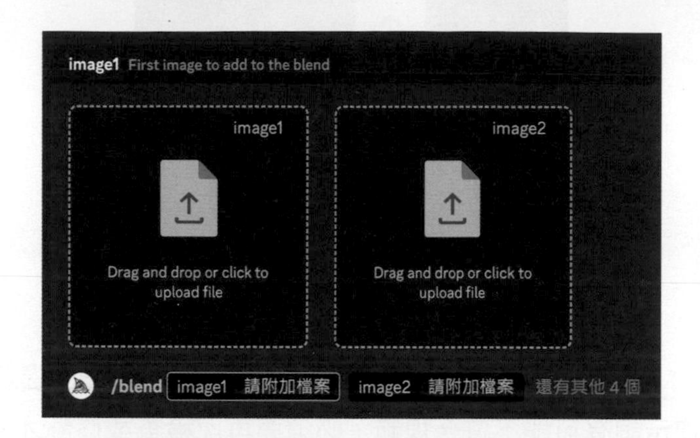

將圖片上傳，送出訊息後就會將兩張圖片混合。建議使用「長寬比例相同」的圖片，例如第一張是 1:1，第二張的比例也要符合 1:1。

如果要上傳第三張圖片，可以點擊「還有其他 N 個」，選擇 image3、image4、image5，就會額外多出上傳圖片的功能。

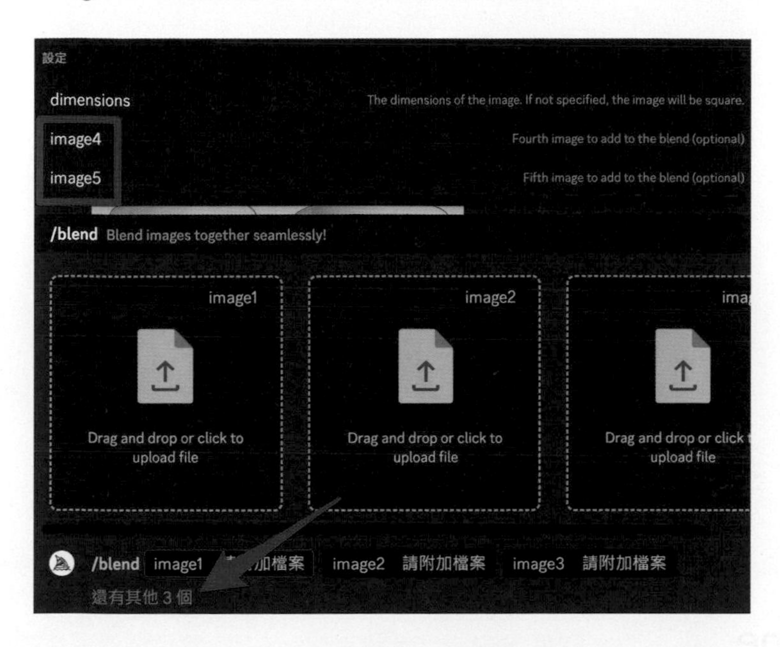

如果選擇 dimensions，表示產生圖片的長寬比，目前支援 Portrait（2:3）、Square（1:1）和 Landscape（3:2）三種。

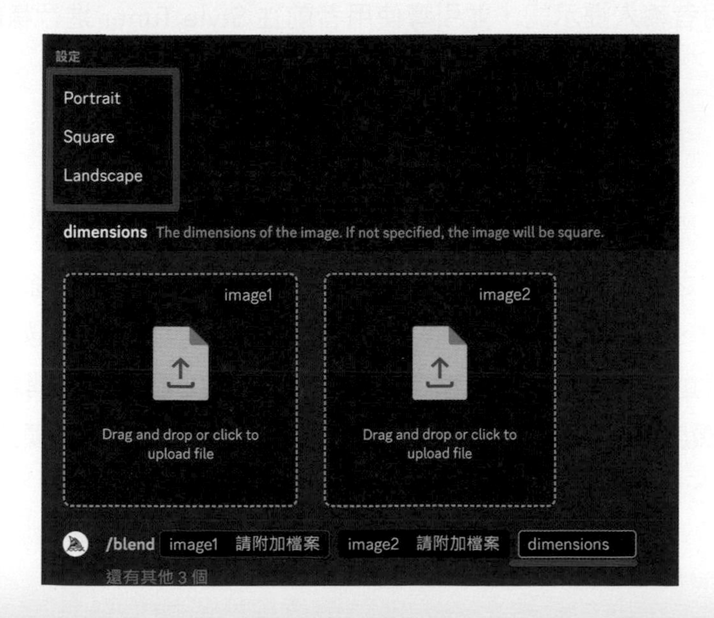

例如使用 Landscape，就會在產生圖片時自動加上後綴 --ar 3:2，產生的圖片就會變成橫向 3:2 的圖片。

/tune

/tune 表示「調校提示詞對應的樣式，或選擇提示詞偏好的風格」，使用後會要求使用者輸入提示詞，並引導使用者前往 Style Tuner 進行樣調校。

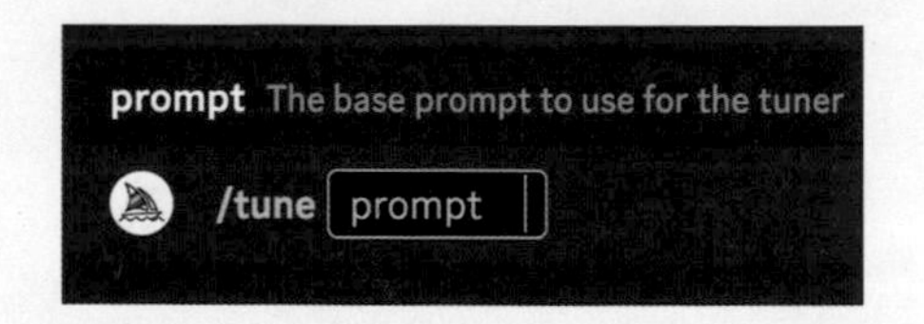

輸入提示詞之後，會出現 Style Tuner 的初始設定畫面，內容除可以看到輸入的提示詞，也可以選擇要從「多少個樣式」中挑選「提示詞偏好的樣式」，選擇的樣式越多，消耗的時間額度就越高，預設 32 個畫面會消耗 0.3 x 2 x 32 個時間額度，64 個畫面會消耗 0.6 x 2 x 64 個時間額度 (需要注意，避免額度用盡)。

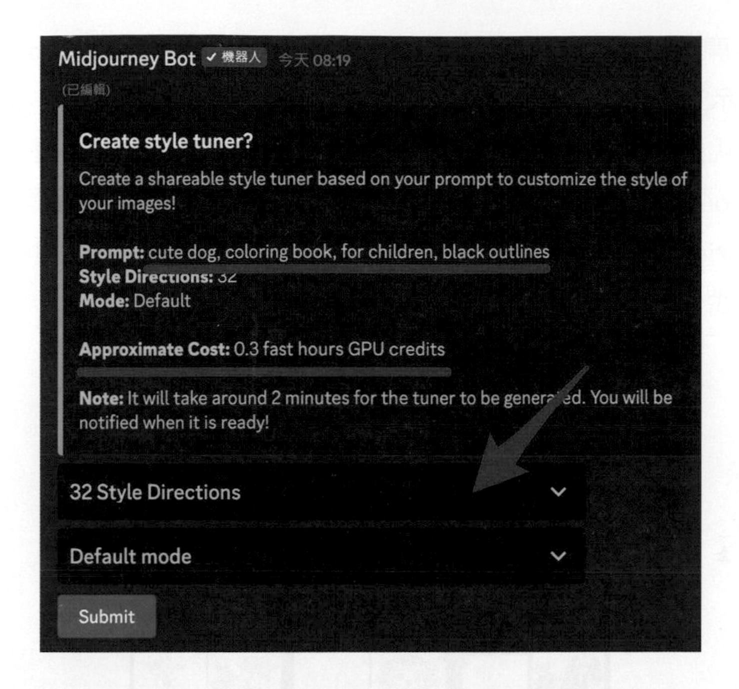

點擊 Sumit，接著點擊「Are You Sure?」，就會開始將提示詞快速產生 32 種風格(32 種風格會產生 32x2=64 張圖進行挑選)，此處並非運用 AI 產圖，只是產出類似風格的縮圖。

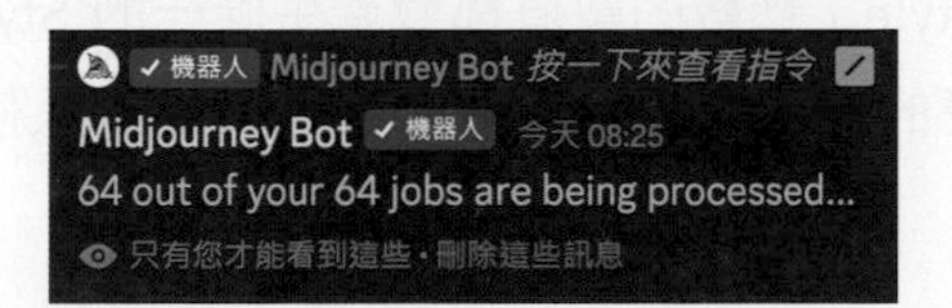

完成後 Midjourney 就會傳送該提示詞的 Style Tuner 專屬連結。

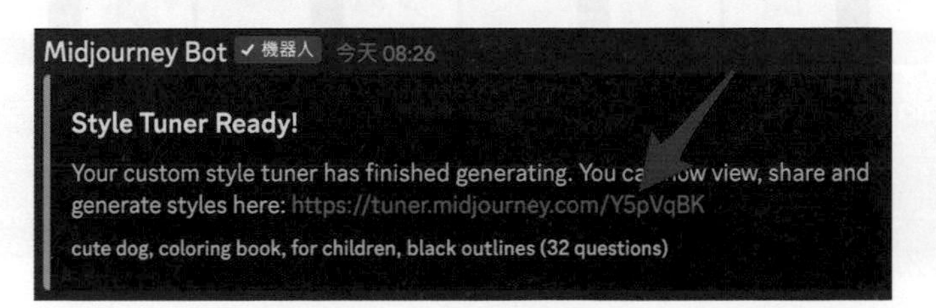

點擊連結開啟網頁，有兩種挑選模式，一種是「Compare two styles at a time」表示二選一，另外一種是「Pick your favorite from a big grid」從 64 種風格中挑選自己偏好的樣式或風格，雖然一開始設定了 64 種，但不一定要選擇到 64 種，只要覺得挑選足夠就可以繼續，舉例來說使用提示詞「cute dog, coloring book, for children, black outlines」就可以挑選心中所屬的著色本樣式。

每次挑選時，「--style」參數的數值都會產生唯一的 Style ID，只要使用這個 ID 就能產出對應的風格，也可以分享這個 ID 給別人使用(對應原本的提示詞效果更好)。

整段複製後，回到 Discord 貼上重新產圖，就會根據所挑選的樣式產生對應的圖片。

就算是套用其他的提示詞也可以產生同樣效果。

/settings

/settings 表示「設定」，輸入後就能查看目前產生圖片的設定，並可以透過「點擊按鈕」的方式切換設定，「綠色按鈕」表示正在啟用的狀態，下方列出各個設定的說明：

設定	說明
model	目前使用的繪圖模型。
RAW Mode	最符合文字說明，盡可能不添加 AI 的藝術創造性。
stylize low	盡可能符合文字說明，減少添加 AI 的藝術創造性。
stylize med	符合文字說明，添加部分 AI 的藝術創造性。
stylize high	符合文字說明，添加 AI 的藝術創造性。
stylize very high	少部分符合文字說明，大幅添加 AI 的創造性。
Public mode	公開模式，只有 pro 以上用戶可以切換。
Remix mode	混合模式，可以針對產生的圖片進行再次提示產生新的圖片。
High Variation Mode	高變異模式，點擊圖片的 V 模式後，產生的四張圖片變化程度較高。
Low Variation Mode	低變異模式，點擊圖片的 V 模式後，產生的四張圖片變化程度較少。
Turbo mode	四倍速產圖模式，消耗的額度是快速產圖的兩倍。
Fast mode	快速產圖模式，通常在一分鐘內可以產出一張圖。
Relax mode	放鬆產圖模式，不消耗額度，但需要等待，通常在十分鐘內可以產出一張圖。

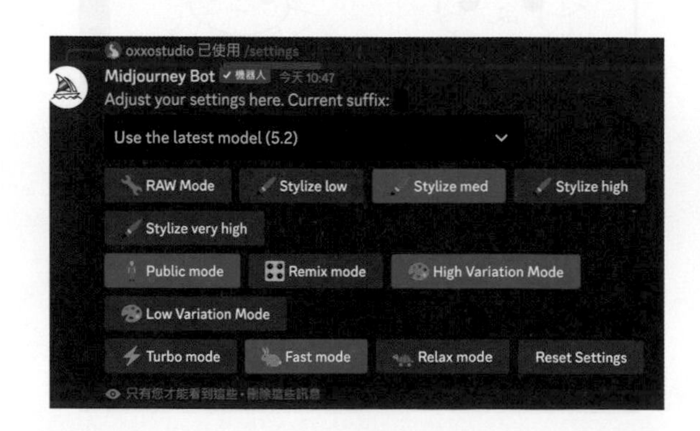

/info

/info 表示「帳號資訊」，輸入後就會看見自己的帳號資訊，資訊裡會包含什麼時候註冊、以及目前可以使用的額度。

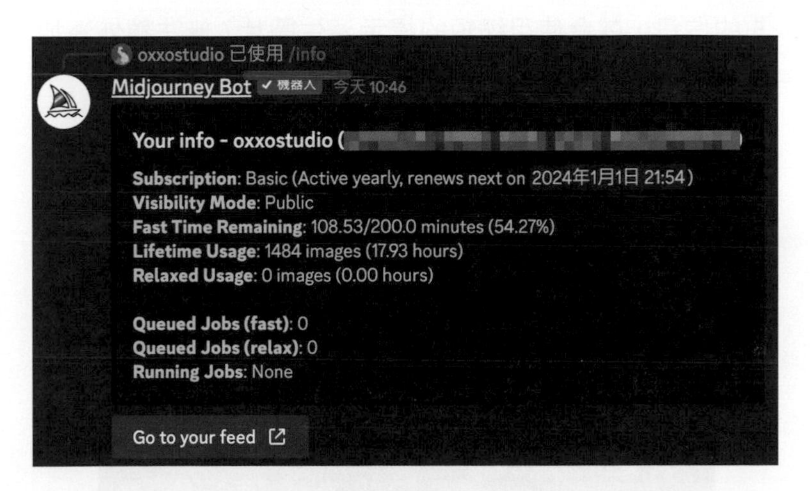

/ask

/ask 表示「詢問問題」，例如輸入 /ask question: How can I delete an image?，當問題送出後，Midjourney 機器人就會告訴你答案。

/shorten

/shorten 表示「縮短提示」，使用後如果輸入一段較長的提示，會產生五組縮短後的提示 (也可以觀察 Midjourney 比較容易認得哪些關鍵字)，點擊下方 1 ～ 5 的按鈕，就會使用縮短的提示產生圖片 (無法額外添加參數，建議複製提示後使用 /imagine 產生圖片)

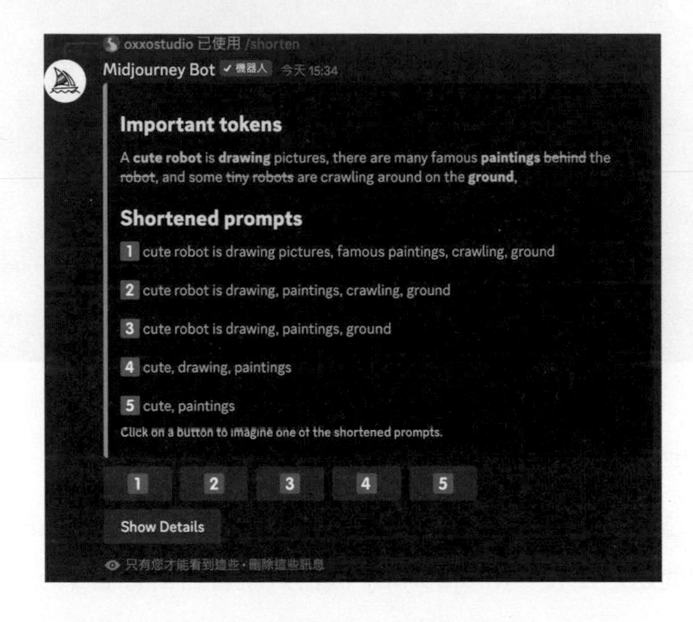

/show

/show 表示「根據圖片的工作 ID 再產生一次圖片」，Midjourney 每次產生圖片都會有一個工作 ID (job id)，只要使用這個工作 ID 就可以重現圖片。

要查詢工作 ID 有兩個方法，第一個方法可以在產生的圖片裡，使用「信封」表情反應，Midjourney 機器人就會將這張圖片的資訊傳送給你。

第二個方法可以前往並登入「https://www.midjourney.com/app/」，找到想要查看工作 ID 的圖片，點擊「...」，選擇「Copy > Job ID」，就能複製這張圖片的工作 ID。

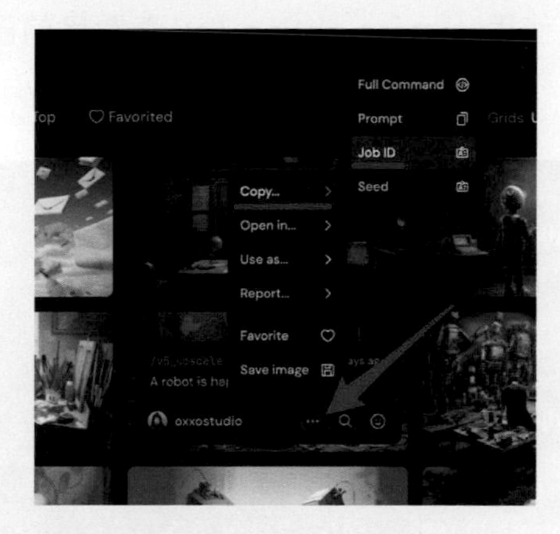

/prefer option set、/prefer option list

/prefer option set 可以使用一個自己偏好的「名稱」建立選項，這個選項會對應到一些「常用的參數」或「常用的提示詞」，以下圖的例子而言，輸入 /prefer option set 之後輸入 option 名稱 banner，用滑鼠點擊旁邊的「還有其他一個」，上方就會出現一個 value，使用滑鼠點擊 value。

接著輸入常用的參數或提示詞，範例使用 bright, --ar 2:1 --q 0.5。

完成後送出，就可以使用 /prefer option list 查看目前已經建立的的偏好選項。

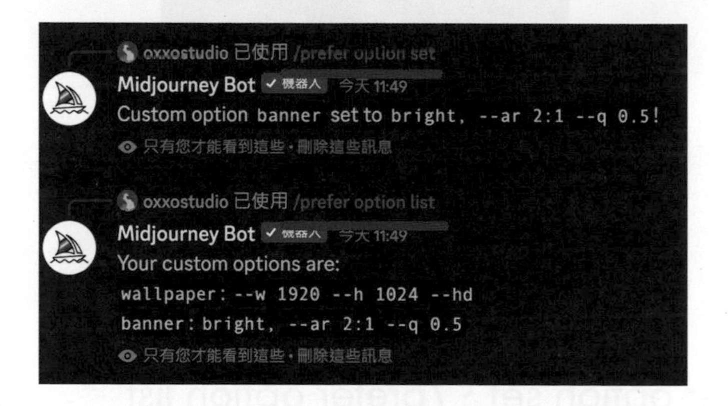

使用時只要在提示詞加入「-- 自訂選項名稱」，送出後就會套用已經建立的內容，下圖使用 --banner。

送出後就會將自訂選項名稱替換成對應的內容，例如使用 --banner 就會轉換成 bright, --ar 2:1 --q 0.5。

如果只有輸入 option 名稱，送出後就會將該名稱的 option 刪除。

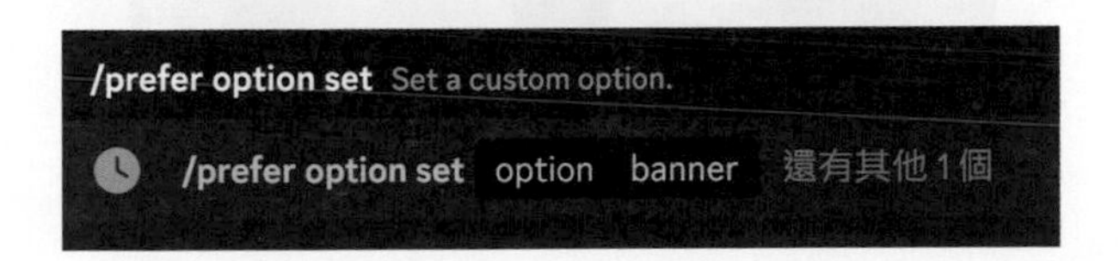

/prefer suffix

/prefer suffix 表示「所有提示詞後方要加入的後綴參數」，下圖的例子在輸入 /prefer suffix 後，使用 new_value 在後方輸入要加入的後綴參數 --q 0.25。

完成後送出，接下來所有送出的提示詞後方，都會自動加上 --q 0.25

如果單純輸入 /prefer suffix，就會移除目前所添加的後綴參數。

/prefer auto_dm

/prefer auto_dm 表示「設定產生圖片後自動發送通知訊息」，屬於「切換開關」性質，使用一次就會開啟自動通知，再使用一次就會關閉自動通知。

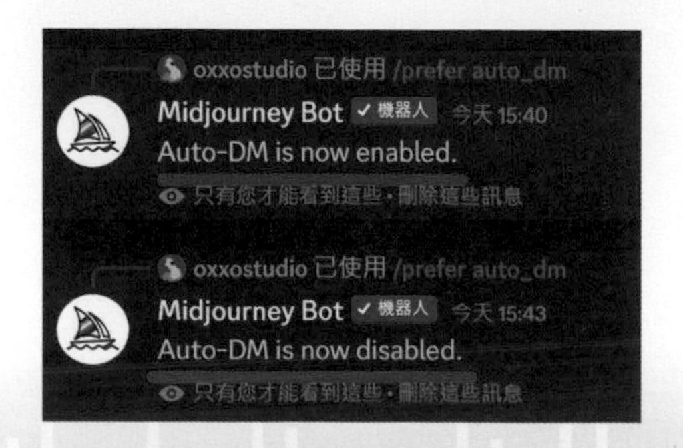

/prefer remix

/prefer remix 表示「設定開啟 Remix 模式」，屬於「切換開關」性質，使用一次就會開啟 Remix 模式，再使用一次就會關閉 Remix 模式。

/public、/stealth、/private

Midjourney 產生出來的圖片預設都使用公開 (public) 的權限，如果是訂閱 pro 方案以上的使用者，可以透過 /public 切換成公開、/stealth 或 /private 切換成非公開，如果不是 pro 方案的用戶則不能使用 (也可以直接使用 / steeings 進行設定)。

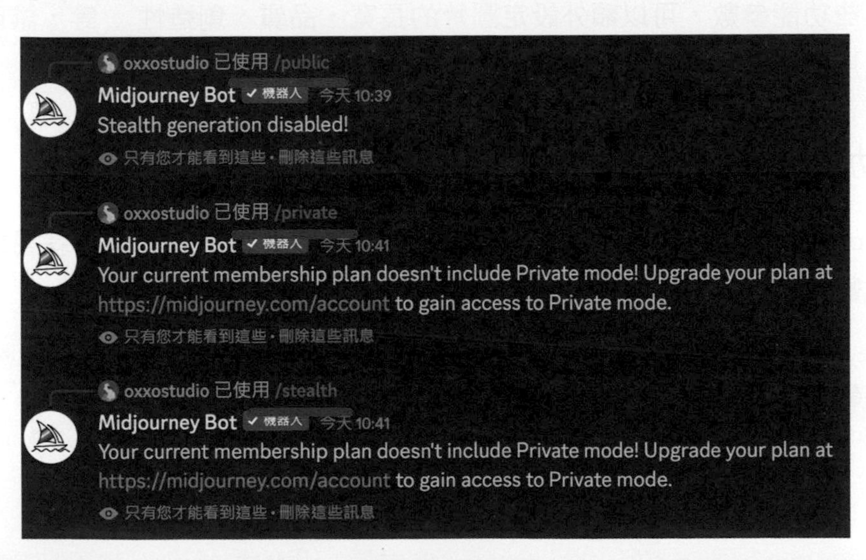

/fast、/relax

Midjourney 預設使用 fast 快速產圖模式，如果是訂閱 pro 方案以上的使用者，可以透過 /relax 切換成放鬆產圖模式 (不消耗產圖額度)、/fast 可以切換成預設的快速產圖模式 (也可以直接使用 /steeings 進行設定)。

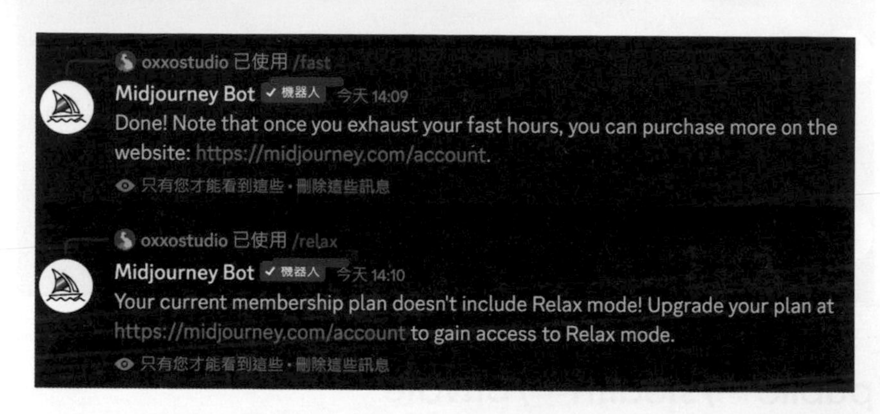

4-2 功能參數

提供 Midjourney 提示 (Prompts) 時，往往會在最後加入一些功能參數，透過這些功能參數，可以額外設定圖片的長寬、品質、創造性 ... 等，讓產生的圖片更符合需求，這篇教學會介紹 Midjourney 功能參數的用法。

功能參數列表

Midjourney 提供許多的功能參數，只要是「--」開頭的提示詞，就屬於功能參數的一種，使用的方法為：

```
-- 參數 數值
```

下方列出常用的功能參數：

指令	預設值	數值範圍	說明
--aspect (--ar)	1:1	整數比例 (V5)	圖片長寬比例。
--chaos (--c)	0	0 ～ 100 整數	四張圖片的差異 (混亂) 程度。
--quality (--q)	1	0.25、0.5、1	圖片的品質。
--stylize (--s)	100	0-1000 整數	添加藝術風格的多寡。
--weird (--w)	0	0-3000 整數	圖片的詭異程度。
--repeat (--r)	-	2-10 整數	重複產生幾次圖片，pro 最大可設定 40。
--iw	1	0 ～ 2	圖像提示的權重 (支援小數點數值)。
--no	-	-	負面提示。
--tile	-	-	產生重複紋理的圖片。
--seed	-	-	設定種子號碼。
--stop	100	10 ～ 100 整數	產生圖片進度多少時停止。
--style	-	raw	保留原始圖片風格 (V5.1 版本以後適用)。
--fast	-	-	使用 fast 模式。
--relax	-	-	使用 relax 模式。
--Turbo	-	-	使用 turbo 模式。
--v	目前版本	1~5,5.1	指定產生圖片的模型版本。
--niji	目前版本	1~5	切換成 niji 模型並指定模型版本。

–aspect (–ar)

--aspect (--ar) 可以設定「圖片長寬比例」，預設長寬比例為 1:1，V5 的版本可以自訂比例，V4 只支援 1:1、2:1、1:2 三種，下方列出三種不同比例所產生的圖片。

a puppy is lying on the couch (不使用 --ar 就會預設 1:1)

a puppy is lying on the couch, --ar 2:1

a puppy is lying on the couch, --ar 3:4

--chaos (--c)

--chaos (--c) 可以設定「四張圖片的差異 (混亂) 程度」，預設 0，數值範圍 0 ～ 100 的整數，數值越高表示四張圖片越有差異，下方列出三種不同設定值所產生的圖片。

a puppy is lying on the couch, --c 20 (只有一隻狗不太一樣)

a puppy is lying on the couch, --c 50 (沙發和狗都有點不同)

a puppy is lying on the couch, --c 100 (沙發和狗都不一樣)

--quality (--q)

--quality (--q) 可以設定「圖片的品質」，數值可以設定 1、0.5、0.25，數字越大圖片的畫質越好，也會包含更多的細節，但相對產生的速度也較慢，如果要產生圖片的速度快一點，可以使用數字小的畫質 (所消耗的額度也會比較少)。

下方列出三種不同設定值所產生的圖片 (propmts: a puppy is lying on the couch)，可以看到小狗眼睛的細節明顯不同。

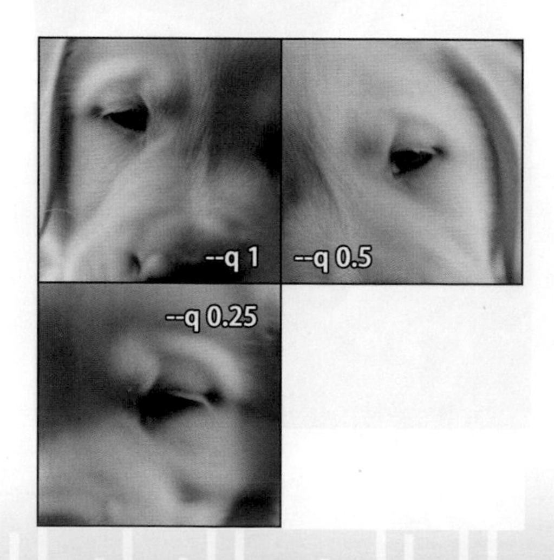

–stylize (–s)

--stylize (--s) 可以設定「AI 加入自我風格的程度」，預設 100，數值範圍 0～1000 的整數，數值越高表示會添加更多的藝術風格 (更有藝術感或 AI 自己的創造性)，數值越低則越沒有藝術感或創造性，下方列出三種不同設定值所產生的圖片。

--stylize (--s) 主要針對「畫作」或「藝術品」較為明顯，類似「0 就是正在學畫的人，1000 就是藝術大師」，也因為數值越大藝術成份越高，也就越不容易遵照提示詞產生圖片 (藝術造詣越高越不遵守指令？)。

a puppy is lying on the couch, water painting, --s 0

a puppy is lying on the couch, water painting, --s 500

a puppy is lying on the couch, water painting, --s 1000

雖然 stylize 可以透過的數值設定添加藝術風格的程度，但程度的最高值受限於 settings 裡的 Stylize 設定 (參考「/setting」)，舉例來說，Stylize med 的 --s 200 和 Stylize very high 的 --s 200，雖然都設定 200，但所添加的藝術風格卻明顯不同。

Stylize med 的 a puppy is lying on the couch, --s 200

Stylize very high 的 a puppy is lying on the couch, --s 200

--weird (--w)

--weird (--w) 可以設定「圖片的詭異程度」，預設 0，數值範圍 0 ～ 3000 的整數，數字越大圖片的風格越詭異，下方列出三種不同設定值所產生的圖片。

--weird (--w) 的意思比較接近「作畫的風格 + 內容物」，數值越大所添加的風格越多，可能出現不存在提示詞的東西也越多，導致一張圖裡面會同時包含很多不同風格或不同的物品，呈現的結果也會越來越詭異。

a puppy is lying on the couch, water painting, --w 0

a puppy is lying on the couch, water painting, --w 1000

a puppy is lying on the couch, water painting, --w 3000

--repeat (--r)

--repeat (--r) 可以設定「重複產生幾次圖片」，預設 0，數值範圍 2-10 整數，如果是訂閱 pro 以上則可以到 40，如果設定 2 則同一組提示詞將會直接產生 8 張圖片，使用這個參數後，產圖的當下會先詢問是否要開始產圖，按下 Yes，就會用同一組提示開始重複產圖。

--iw

--iw 可以設定「圖像提示的權重」，預設 1，數值範圍 0-2 (支援小數點數值)，如果有提供參考圖片，數值越小越不會參考圖片，數值越大越會參考圖片，如果圖片有網址就提供網址，沒有網址就將圖片上傳到 Discord 就會產生一個網址，例如從寶可夢的官方桌布網站下載一張桌布，將桌布上傳到 Discord，再次點擊該圖片，就可以看到圖片的網址。下方列出種不同設定值所產生的圖片。

將圖片網址貼在提示的最前方，後方加上一些提示，接著補上參數 --iw 2，送出後就會盡可能的參考圖片進行繪製。

下方列出不同 --iw 設定所產生的效果：

https://s.mj.run/IheuTFCfP1s, super dog, --iw 0 (文字比重較高，出現狗)

https://s.mj.run/IheuTFCfP1s, super dog, --iw 1 (文圖比重正常，出現狗)

https://s.mj.run/IheuTFCfP1s, super dog, --iw 2（圖片比重較高，狗大幅減少）

--no

-no 可以設定「負面提示」，也就是「不要出現什麼」，雖然可以設定負面提示，但意義上屬於「比重」，所以不能保證不會出現，還是會有一定的機率出現不想出現的東西，特別是如果使用參考圖片，也會降低 --no 的準確度。

- 由於 Midjourney 並不是使用人類的觀點去理解「沒有」或「不」，因此在提示時，需要集中設定希望出現的內容，並使用 --no 設定不想包含的概念。
- --no 等同於 ::-.5，例如 --no apple 等於 apple::-.5，因此有時可以透過多個 --no，盡可能讓不想出現的內容不出現。

下方列出不同 --no 設定所產生的效果：

super dog is flying (完全不設定的時候，狗有紅色披風)

super dog is flying, --no cloak (紅色披風變小，比重變少)

super dog is flying, --no cloak --no cloak (使用兩次，幾乎看不到紅色披風)

--tile

--tile 可以設定「產生重複紋理的圖片」，產生的圖片可以上下左右連接，變成一張可以無限延伸的圖片紋理。

--seed

--seed 可以設定「產生圖片的種子號碼」，產生一張圖片後，可以點擊「信封」的表情反應，可以透過訊息發送「產生這張圖片的隨機種子號碼」，只要使用 --seed 種子號碼，就能再次產生類似的圖片。

- 種子只會影響「右上方第一個影像」。
- 只有在「相同的提示和相同的參數設定」之下，相同的種子才會產生類似的圖片。

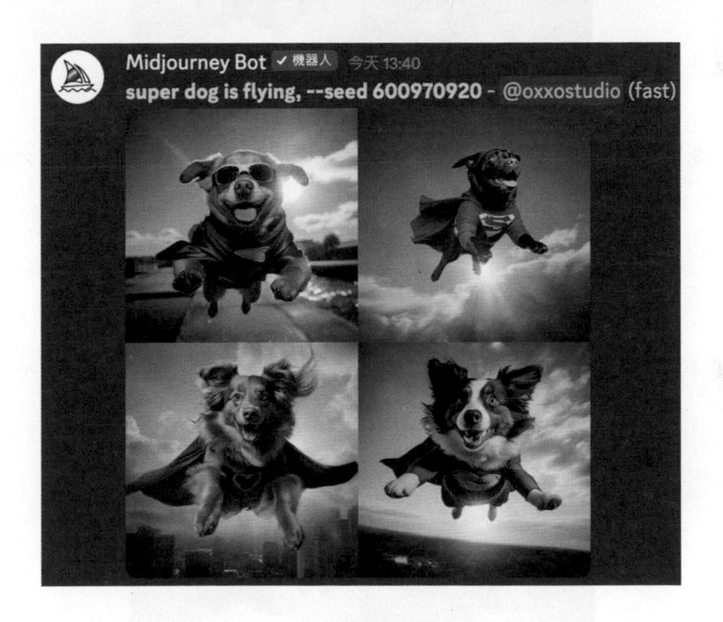

--stop

--stop 可以設定「產生圖片進度多少時停止」，預設 100，數值範圍 10-100 的整數，提早停止產生圖片作業可以快速預覽，但得到的圖片可能會是模糊或不清楚的結果。

super dog is flying, --stop 80(80% 時停止，後方景物還沒產生完成)

super dog is flying, --stop 50(50% 時停止，大部分都還沒有產生完成)

--style raw

--style raw 是 V5.1 以後版本才能使用的參數，表示「保留原始圖片風格」，設定後會盡可能減少 AI 的藝術創造性，盡可能單純產生符合文字描述的圖片。

super dog is flying (使用預設值，狗會飛到天上)

super dog is flying, --style raw (狗跳起來像在飛一樣，減少了一些想像力)

–fast、–relax、–Turbo

--fast、--relax、--Turbo 可以設定產生圖片時使用快速 (fast)、放鬆 (relax) 或渦輪加速 (turbo) 模式，效果等同於從 /setting 設定相關模式，fast 模式是預設值，relax 模式只有 pro 版本以上使用者才能使用，turbo 模式產圖速度快 4 倍，但消耗的產圖額度會變成兩倍。

–v

--v 可以設定產生圖片的模型版本，目前可以使用 1、2、3、4、5、5.1 進行切換，但版本越低出來的效果也可能會越差，如果不設定就會自動採用 / settings 裡所設定的版本。

–niji

--niji 可以設定使用 niji 模型產生圖片。

小結

Midjourney 所提供的設定指令和功能參數都相當重要，只要使用得當，就能快速又方便的產出符合需求的圖片，也能產出各種富含創意或實驗性質相關的圖片。

Chapter 05

Midjourney（產生圖片）

前言

由於 Midjourney 是建構在 Discord 的平台之上，一些操作的認知會與平常操作網頁或軟體有所不同，有些操作需要輸入文字，有些則需要上傳圖片或使用表情符號，這個章節會介紹如何透過文字和圖片產生圖片，以及刪除圖片與傳送圖片資訊的方法。

使用文字提示產生圖片

Midjourney 會根據使用者的提示 (Prompts) 來產生圖片，這個小節會介紹使用提示讓 Midjourney 產生圖片，以及提示的基本語法和規則。

寫出提示，產生圖片

在對話框輸入「/」並選擇「/imagine」。

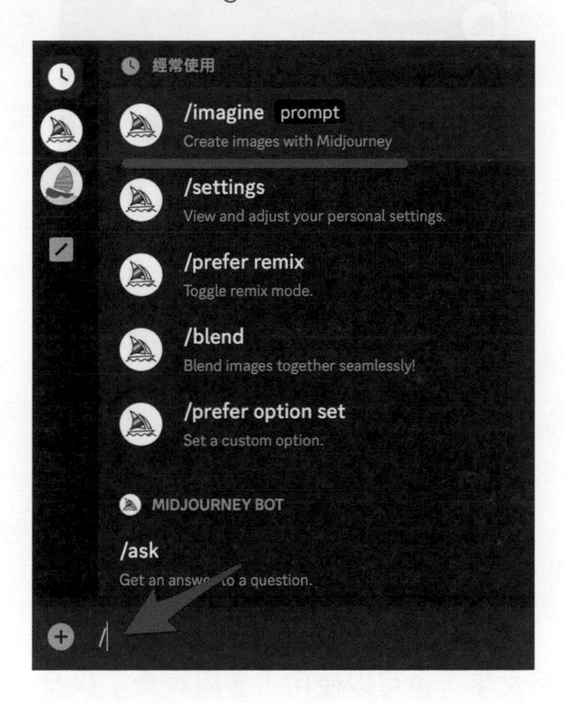

選擇後，在 prompt 的後方輸入一些簡單的英文語句或單字 (不可以把 prompt 刪除)。

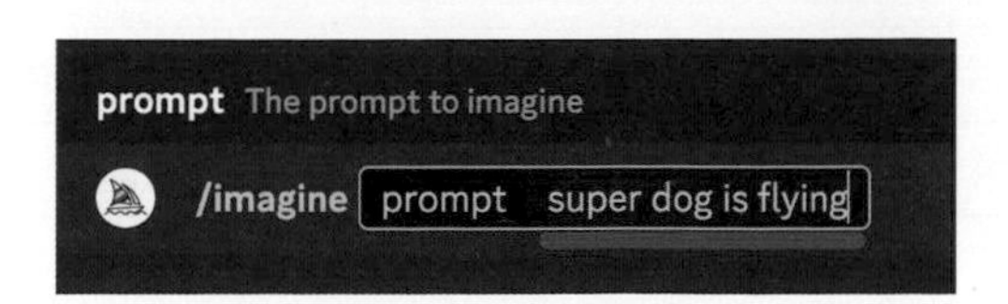

Midjourney 就會根據這些字詞產生四張圖片 (左上是主要產生的圖片，其他三張則是根據這張圖片產生的變體)。

- Midjourney **預設產生** 1024px x 1024px **的** 1:1 **比例圖片**。
- **點擊** U **按鈕會放大圖片，點擊** V **按鈕會產生類似的四張圖片，點擊重新產生就會重新產生四張圖片**。

提示語法

除了單純撰寫提示文字，也可以使用「多組詞彙」以及「參數設定」來產生不同樣貌的圖片，不同詞彙之間使用「,」區隔，基本規則為：

位置	說明
最前面	「圖片網址」提示，多張圖片採用逗號分隔。
中間	文字提示，不同段落文字使用逗號分隔。
最後面	參數設定，不需要逗號分隔。

官方的說明圖片如下：

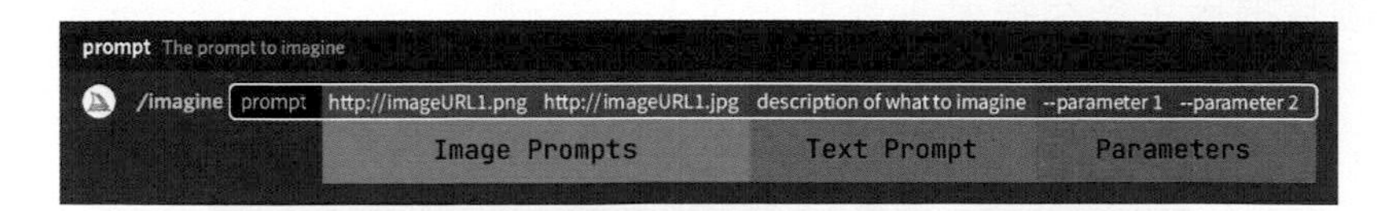

下方列出幾個使用「多組詞彙」以及「參數設定」的範例：

super dog is flying, --q 0.5 --ar 2:1 (文字提示 + 參數設定)

dog, cat, mouse, cartoon style, --q 0.5 --ar 4:3 (多組提示 + 參數設定)

https://s.mj.run/9V8_l8dpmZA, dog, cat, mouse, cartoon style, --q 0.5 --ar 4:3 (圖片提示 + 多組提示 + 參數設定)

5-2 使用圖片產生圖片

Midjourney 除了使用「文字提示」產生圖片，也可以提供「參考圖片」，根據參考圖片產生出類似風格的圖片，當文字提示靈感枯竭時，適時的注入創意活水，這個小節會介紹如何使用圖片產生圖片。

上傳圖片產生圖片網址

如果已經有參考圖片的網址，就可以直接使用該網址，如果沒有圖片網址，可以將圖片上傳到 Discord，上傳成功後，用滑鼠在圖片的上方按右鍵，選擇「複製連結」，就能夠得到圖片網址。

使用圖片網址和文字提示產生圖片

使用 /imagine 命令，在最前方貼上圖片網址，接著放入文字提示，送出後 Midjourney 就會根據所提供圖片的構圖和配色，搭配文字提示產生新的圖片。

如果輸入一些特殊的風格提示，就能將圖片轉換成不同的風格，以下圖為例，加入 cartoon 的提示詞，就會變成比較卡通的風格。

使用 iw 設定參考圖片權重

使用參考圖片時，預設的圖片權重為 1，透過 --iw 參數可以設定圖片權重，權重範圍是 0 ~ 2，2 表示大量參考圖片內容，0 表示不參考圖片內容，以下圖為例，當 iw 設定為 2 的時候，貓咪的比例就會如同參考圖片一樣非常大。

https://s.mj.run/7lxLC_l85UI, Naive art style, --iw 0

https://s.mj.run/7lxLC_l85UI, Naive art style, --iw 1

https://s.mj.run/7lxLC_l85UI, Naive art style, --iw 2

上傳照片產生卡通人物

運用圖片產生圖片的方法，就能夠將人物的照片，轉換成不同風格的卡通人物，舉例來說，上傳一張穿套裝的女性照片，使用「a little girl is wearing T-shirt in her room, 3D cartoon character,」的提示詞，就能產生 3D 卡通小女生穿著套裝在房間裡的圖片。

5-3 刪除圖片、傳送圖片資訊

由於 Midjourney 是建構在 Discord 的平台之上，如果要刪除產生的圖片，或者要傳送某張圖片的資訊，必須透過 Discord 的「表情反應」才能實現，這個小節會介紹「刪除圖片」和「傳送圖片資訊」這兩個表情反應。

Midjourney 支援的表情反應

Midjourney 在 Discord 裡，可以使用一些 Discord 內建「表情反應」進行相關操作，下方列出支援的表情反應與其操作上的意義：

表情反應	表情反應英文	功能
✕	:x:	刪除產生的圖片 (也可以中止正在產生的圖片)。
✉	:envelope:	透過發送訊息傳送圖片的種子號碼和作業 ID。

圖片產生後，當滑鼠移動到圖片上方，右上角的位置就會出現加入「反應」的功能按鈕，用滑鼠點擊就能夠傳送表情反應 (類似即時通訊聊天時傳送表情的作法)。

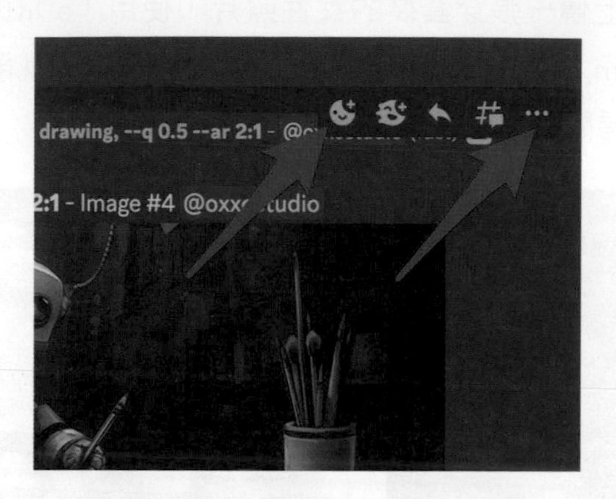

刪除圖片

從表情反應清單裡的「符號」可以找到「刪除」的表情反應，點擊後就會刪除這張圖片，如果圖片產生到一半要停止，也可以傳送刪除的表情反應，就會停止產生圖片。

> 注意！不要使用「刪除訊息」的方式，刪除訊息只會將 Discord 的訊息刪除，並不會刪除 Midjourney 的圖片。

傳送圖片資訊

從表情反應清單裡的「物品」可以找到「信封」的表情反應。

使用信封表情反應，Midjourney 機器人就會將該圖片的種子號碼和作業 ID，透過訊息的方式發送給你。

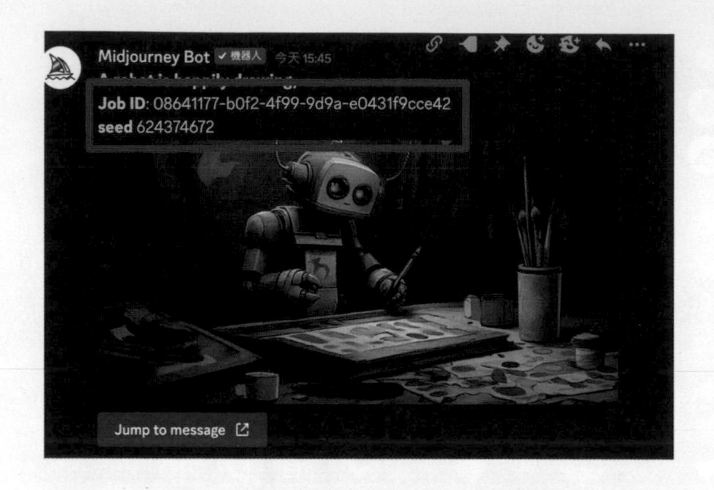

小結

雖然 Midjourney 只需要輸入文字就能產生圖片，但如果要產生比較好的圖片，或要產生比較符合自己想像的圖片，就必須要深入掌握撰寫提示的技巧，以及產生圖片的後續動作，或運用「圖片產生圖片」適時的注入創意。

Chapter 06

Midjourney（提示與操作技巧）

前言

使用 Midjourney 產生圖片雖然很簡單，但要產生符合想法或別具創意的影像，就不僅在於輸入文字，更需要許多進階的提示和操作技巧，Midjourney 產生圖片真正的深度，是體現在後續精細的操作上，透過一系列的後續動作，能夠進一步修正圖片，賦予其更完整、更符合需求的面貌，這個章節會介紹相關的技巧。

6-1 優良的提示技巧

由於 Midjourney 是根據使用者的提示 (Prompts) 來產生圖片，因此如何撰寫「優良又有效」的提示就格外重要，這個小節會介紹一些優良的提示技巧，透過靈活運用這些技巧，就能讓產生的圖片更符合需求和想像。

熟悉提示規則、權重與順序

根據 Midjourney 官方的提示規則，提示主要分成下列三種，當中「文字提示」為必須，就算有提供圖片提示，仍然需要有一些文字才能開始產生圖片：

擺放位置	說明
最前面 (非必須)	「圖片網址」提示，多張圖片使用逗號「,」分隔。
中間 (必須)	文字提示，不同段落文字使用逗號「,」分隔。
最後面 (非必須)	參數設定，不需要逗號分隔。

除了圖片和參數設定，提示的文字具有「順序」的規則，也能夠使用雙冒號「::」增加權重，簡單的說明如下：

判斷依據	說明
空白	每個空白的前後單字都是同樣的權重 (連接詞、動詞、數量詞的權重可能較低)。
逗號	逗號前後的段落都是同樣的權重 (太過抽象、文法較多的語句權重可能較低)。
順序	越往前越容易是主題，越往後越容易被歸納成背景、風格或材質裝飾。

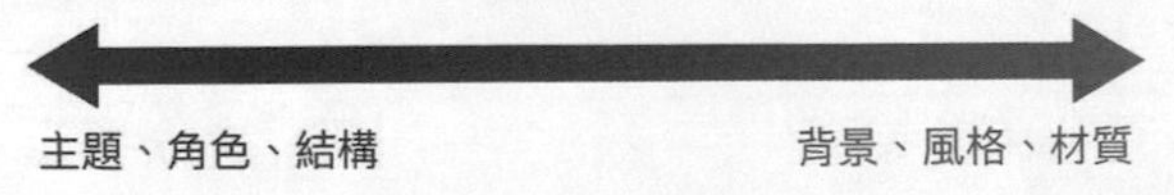

使用常用提示架構

除了根據提示的規則和權重撰寫提示，可以參考一些常用的提示架構，提高產生圖片的成功率，下方列出常用的提示架構 (除了主題或主角，其他的元素都不一定要有)：

主題或主角 , 環境背景 , 附加項目 , 畫面構圖 , 類型風格 , 鏡頭

下方的例子按照架構撰寫提示詞，就能產生「一個女生在圖書館裡被一堆書包圍」的「照片」。

項目	範例
主題或主角	a smiling girl
環境背景	in a library
附加項目	surrounded by books
畫面構圖	full body
類型風格	photography
鏡頭	wide angle lens

下方的例子按照架構撰寫提示詞，就能產生「一個女生在玩具店裡被一堆玩具包圍」的「插畫」。

項目	範例
主題或主角	a smiling girl
環境背景	in a toy shop
附加項目	surrounded by toys
畫面構圖	full body
類型風格	illustration
鏡頭	very far away view

使用簡單明瞭的語句

由於 Midjourney 不像 ChatGPT 屬於大型語言模型，不一定會正確的去理解提示詞句中的文法，如果使用太長的句子，反而會造成 Midjourney 拆分句子去理解，也可能會忽略其中「它認為」不重要的單字，所以盡可能使用簡單明瞭的語句，不足的部分就透過其他提示詞進行補充，剩下的就讓 Midjourney 自由發揮。

- 不好：Two elephants stand on a beautiful balance in the forest surrounded by many animals
- 一段句子裡的單字太多，除了文法容易混淆，每個單字的權重也會影響繪圖判斷。
- 好：Two elephants stand on a balance, forest, many animals
- 將上一句拆分成不同片段，不同段落的權重大於各自的單字，也容易用順序區分進行繪圖。

Two elephants stand on a beautiful balance in the forest surrounded by many animals

Two elephants stand on a balance, forest, many animals

避免太多的名詞（主角）

在提示詞裡，「越前面」的名詞越有可能是「主角」，「越後面」的名詞越有可能是「樣式、材質或裝飾」，因此如果提示詞裡的名詞太多，又希望每個名詞都是主角，就會導致結果越發混亂且無法掌控（就像真人在作畫，往往會有一個主題，不會出現一大堆主角），所以擬定少量的主角和場景，再透過其他形容詞修飾，就能得到比較理想的結果。

- 不好：some apples, some oranges, some bananas, some grapes, on the plate, white background
- 太多名詞，導致結果有些水果變形或混種了。
- 好：some fruits on the plate, white background
- 減少名詞數量，就能得到較為真實的水果。

some apples, some oranges, some bananas, some grapes, on the plate, white background

some fruits on the plate, white background

使用正面提示，避免負面提示

真正的人類説話常常會使用到「負面」語句，例如「不要紅色，不要頭髮 ... 等」，但負面語句對於 AI 繪圖而言卻不容易理解，例如「not white dog」對於 Modjourney 而言，not、white、dog 的權重都類似，因此就會使用它自己的方式去解讀和繪圖，所以盡可能使用正面提示，避免使用負面提示。

- 不好：some bears, not white, not black
- Midjourney 無法正確解讀負面提示，產生的結果反而充滿白色和黑色的熊。
- 好：some brown bears
- 直接指定熊的顏色，就能夠產生正確的圖片。

some bears, not white, not black

some brown bears

使用更為精準的單字

由於提示詞裡每個名詞、動詞或形容詞都有其特殊意義，使用「更精準的單字」，就能產生更精準的圖片，也不容易因為要描述特定物品，導致額增加單字的狀況發生。

- 不好：small dog, white background
- 原本希望產生小狗，但結果卻會出現「小隻的狗」。
- 好：puppy, white background
- 使用 puppy 就能產生「幼犬」。

small dog, white background　　puppy, white background

使用數字描述數量

如果需要數量比較少的物體，盡可能使用「數字」來描述數量，雖然 Midjourney 無法百分之百畫出準確的數字（畫出來的四張圖總有一兩張數量錯誤），但透過指定數量的方式，也比較容易控制物體出現的多寡，特別在「數量少」的時候，使用數字的方式更容易減少出現的物品數量。

- 不好：there are few apples on the table
- 雖然使用 few 已經是非常少的數量，但畫出來的數量仍然有點多。
- 好：there are three apples on the table
- 直接指定三顆蘋果，雖然有些圖片超過三顆，但已經大幅減少蘋果出現數量。

there are few apples on the table

there are three apples on the table

注意物品數量疊加

在提示詞裡，每一段語句都有其意義，大致上會用後方的提示詞不斷修飾前方的提示詞，因此如果使用了「數量」或「名詞」相關提示詞，就容易發生「數量疊加」，甚至會出現「材質混合」的狀況。

- 不好：three fruits, two apples, one banana, white background
- 後方的提示詞除了數量可能會與前面的提示詞相加，也可能發生蘋果出現香蕉材質的狀況。
- 好：two apples and one banana, white background
- 使用「and」連接並合成一句，就可以避免疊加的狀況發生。

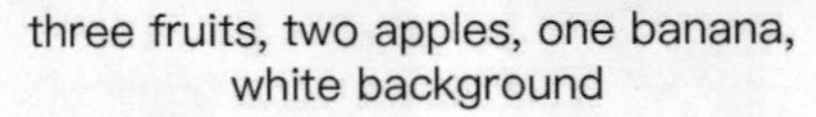
three fruits, two apples, one banana, white background

two apples and one banana, white background

使用參考圖片

提示詞的最前面，可以放入「參考圖片的網址」，透過提交參考圖片的方式，就能讓 Midjourney 更精確的掌握繪圖風格，參考圖片可以直接使用 Google 搜尋，或者將圖片上傳到 Discord，就能得到圖片的網址，舉例來說想要畫出類似下面這張圖片，使用圖片網址就能畫出更類似樣貌。

- 不好：a robot is painting, in a studio, illustration style
- 雖然提示詞符合需求，但感覺好像仍缺少了很多無法形容的要素，畫出來也不太相像。
- 好：https://s.mj.run/A6EGoprth0A, a robot is painting, in a studio, illustration style, --iw 2
- 加入參考圖片以及「--iw 2」的設定，讓產生的圖片盡可能與參考圖片相同。

a robot is painting, in a studio, illustration style

https://s.mj.run/A6EGoprth0A, a robot is painting, in a studio, illustration style, --iw 2

加入參考風格或背景

如果不指定風格或背景，Midjourney 就會根據提示詞產生預設的風格或背景 (可以使用 --s、--w 或 --c 的參數，讓四張圖片風格產生變化，因此盡可能在提示詞的後面補上參考的風格，或相關的背景描述，產生的圖片就能更符合預期。

- some monkeys, in a zoo, 1800s, real old photo
- 1990 年代的老照片，拍攝一些猴子在動物園裡。
- some monkeys, in a zoo, doodle style
- 手繪風格的動物園猴子。

some monkeys, in a zoo, 1800s, real old photo

some monkeys, in a zoo, doodle style

6-2 多重提示的權重和順序

Midjourney 除了單一個的提示，也可以使用多組詞彙進行多重提示，但使用多重提示時，如果字詞的「順序」不同，或有添加兩個冒號「::」指定權重，所產生的圖片內容和效果就會不同，這個小節會介紹提示詞的權重、順序以及兩個冒號「::」的使用方法。

多重提示的權重與順序

當提供給 Midjourney 的提示詞超過一個英文單字，就屬於「多重提示」，多重提示在沒有額外設定的狀態，基本上會按照下列的規則判斷權重關係：

> 注意！由於 Midjourney 的繪圖模型使用特定的圖片進行訓練，所以雖然會按照基本權重判斷，最終的權重仍取決於繪圖模型對於該單字的熟悉度，例如 a monkey and a tiger 這句提示詞，不論如何調整，都無法同時畫出猴子和老虎 (猴子幾乎消失)。

判斷依據	說明
空白	每個空白的前後單字都是同樣的權重 (連接詞、動詞、數量詞的權重可能較低)。
逗號	逗號前後的段落都是同樣的權重 (太過抽象、文法較多的語句權重可能較低)。

除了空白與逗號，使用逗號拆分的句子或單字，在順序上也有不同的意義，越往前排列的單字越容易是主題，越往後的單字越容易被歸納成背景、風格、材質或裝飾 (與 6-1 節描述的相同)。

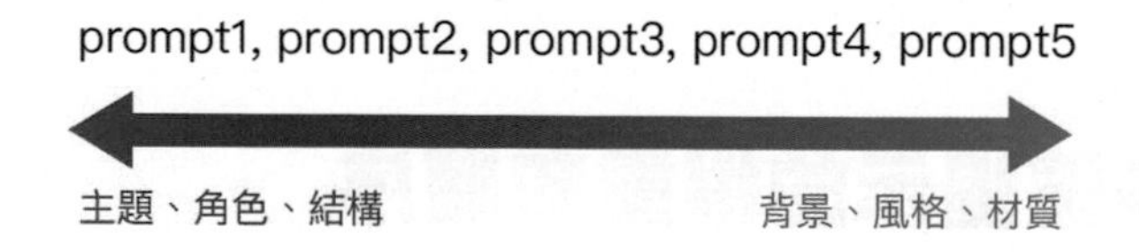

舉例來說，如果提示詞是 three animals, dog and cat and bird, white background，會先考慮「三隻動物」，接著將狗、貓和鳥三種動物加入，最後設定背景為白色。

如果改變順序，將提示詞變成 dog and cat and bird, white background, three animals，出現的動物數量就開始不太對，且貓的臉也有點詭異。

如果把白色背景放最前面，提示詞變成 white background, dog and cat and bird, three animals，不只動物數量不太對，動物的造型也變得類似「合成」的風格。

使用「::」加強權重

如果要凸顯某些單字或句子的權重，可以在該單字或句子的「後方」加上連續兩個冒號「::」和數字，數字預設 1，可以設定正負小數點的數值，相關規則如下：

- 使用「::」之後，前方單字或句子，會變成「獨立的單字或句子」。
- 只要出現了「::」，就會將提示詞進行「混合」，而「::」的數字代表的就是混合的「比例」。
- 只要出現了「::」，其他所有沒有加上「::」的單字或句子，後方都會預設「::」。
- 使用「*:: 負值」表示減少出現的機率，但不表示完全不出現 *，「::-.5」等同使用「--no」。

輸入提示詞之後，會出現 Style Tuner 的初始設定畫面，內容除可以看到輸入的提示詞，也可以選擇要從「多少個樣式」中挑選「提示詞偏好的樣式」，選擇的樣式越多，消耗的時間額度就越高，預設 32 個畫面會消耗 0.3 x 64 個時間額度，64 個畫面會消耗 0.6 x 128 個時間額度 (需要注意，避免額度用盡)。

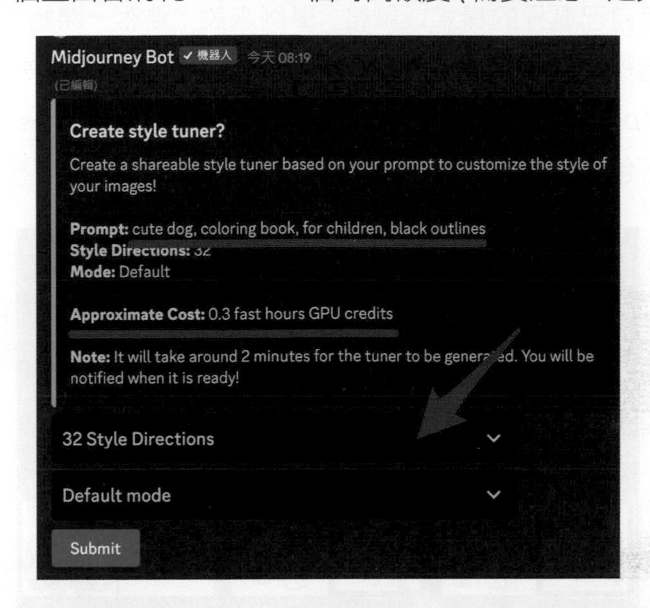

點擊 Sumit，接著點擊「Are You Sure?」，就會開始將提示詞快速產生 32 種風格 (32 種風格會產生 32x2=64 張圖進行挑選)，此處並非運用 AI 產圖，只是產出類似風格的縮圖。

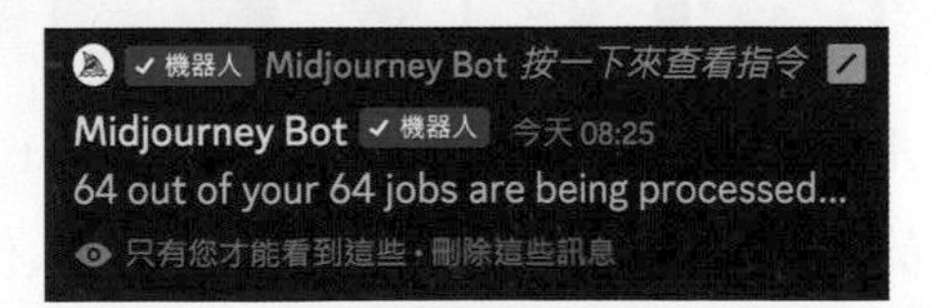

完成後 Midjourney 就會傳送該提示詞的 Style Tuner 專屬連結。

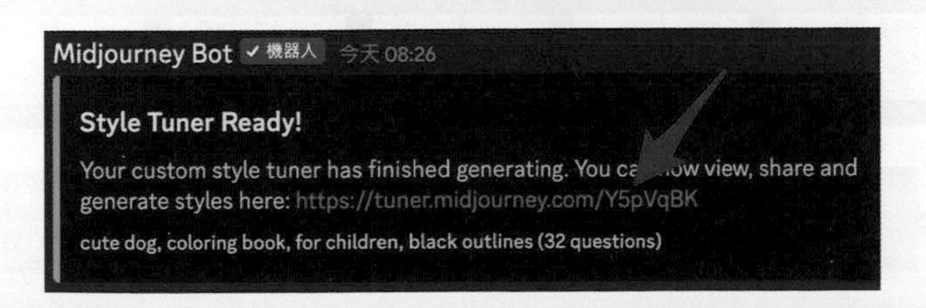

開啟 Style Tuner 選擇樣式

點擊連結開啟網頁，有兩種挑選模式，一種是「Compare two styles at a time」表示二選一，另外一種是「Pick your favorite from a big grid」從所有風格中挑選自己偏好的樣式或風格。舉例來說，雖然一開始設定了 64 種，但不一定要選擇到 64 種，只要覺得挑選足夠就可以繼續，舉例來說使用提示詞「cute dog, coloring book, for children, black outlines」就可以挑選心中所屬的著色本樣式。

每次挑選時，「--style」參數的數值都會產生唯一的 Style ID，只要使用這個 ID 就能產出對應的風格，也可以分享這個 ID 給別人使用（對應原本的提示詞效果更好）。

使用 --style 產生偏好樣式

複製在 Style Tuner 裡產生的整段提示詞 (加上 Style ID)，回到 Discord 貼上重新產圖，就會根據所挑選的樣式產生對應的圖片。

就算是套用其他的提示詞也可以產生同樣效果。

6-4 blend 混合多張圖片

Midjourney 除了可以使用「/imagine」指令透過圖片網址混合圖片，也可以使用「/blend」指令上傳圖片進行混合，兩種作法只有在輸入圖片時不同，產生圖片的結果和方式都相同，這篇教學會介紹如何使用 blend 的方式混合多張圖片。

使用 /imagine 混合圖片

使用 /imagine 指令後，貼上兩張以上的「圖片網址」，直接按下送出，就會將這些圖片混合。

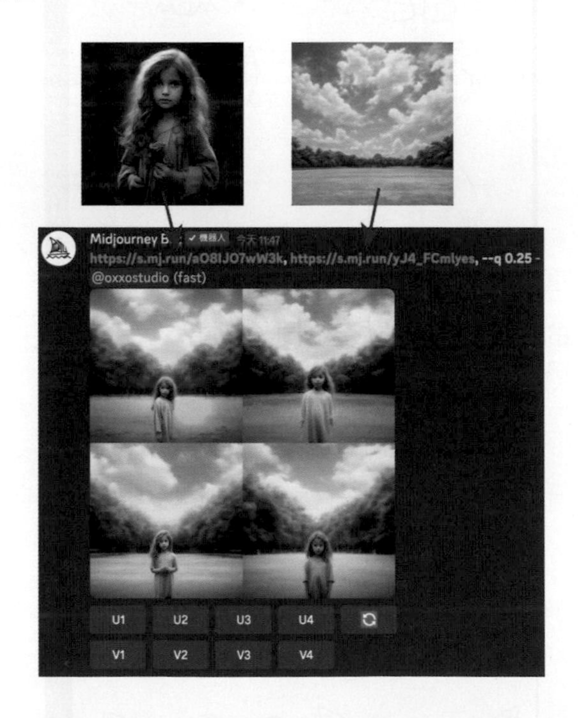

每次最多可以提供「五組圖片網址」(和 /blend 相同)，下方的範例額外提供了一張籃球的圖片，產生的結果就變得有點不同。

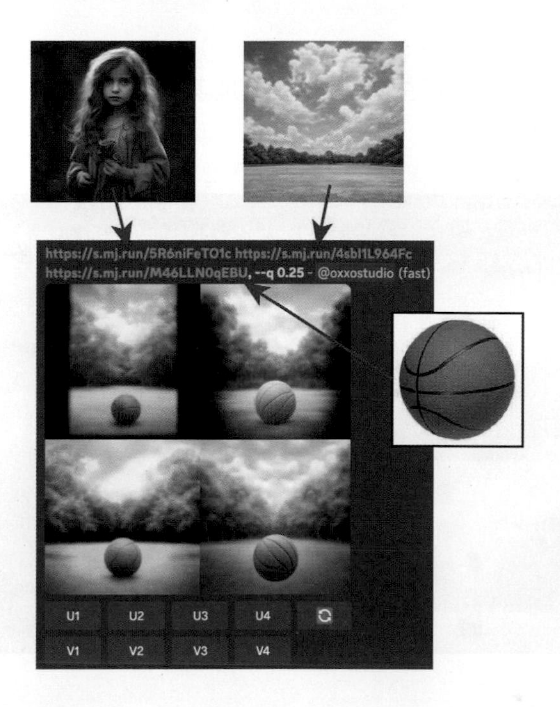

如果產生的結果不如預期，也可以額外給予文字提示，就能限制產生圖片的發散程度，給予文字提示時，也可使用 --iw 2 的方式，增加圖片參考的權重。

> **圖片的網址順序並不影響產生的結果，關鍵在於「主角」和「背景」，要作為主角的圖片盡可能凸顯主角，作為背景的圖片盡可能使用風景或建築圖片，產生的結果就能更符合預期。**

透過這種方法，也可以將產生的圖片轉換成其他風格的影像 (範例使用 8-bit 2D Pixel Art 提示詞)。

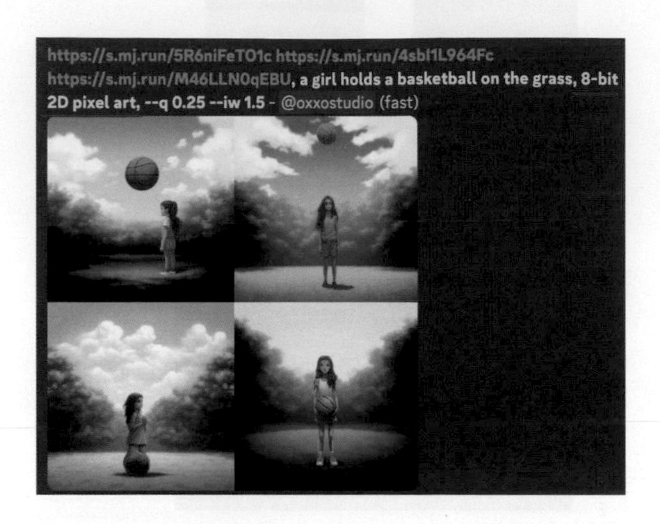

使用 /blend 混合圖片

有別於 /imagine 指令是使用圖片網址，使用 /blend 指令之後會要求「上傳圖片」，最少兩張圖片，最多五張圖片。

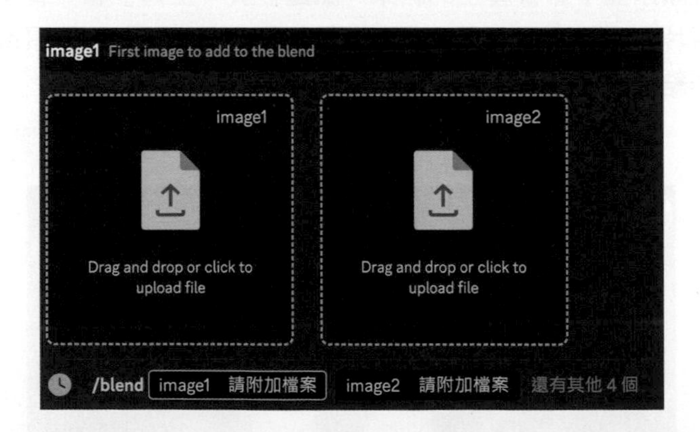

上傳兩張圖片後，點擊下方「還有幾個」的文字，就能開啟額外的選單，選擇 image3 ～ image5 就能繼續上傳圖片。

點擊選項裡的 dimensions，可以更改產出圖片的長寬比例。

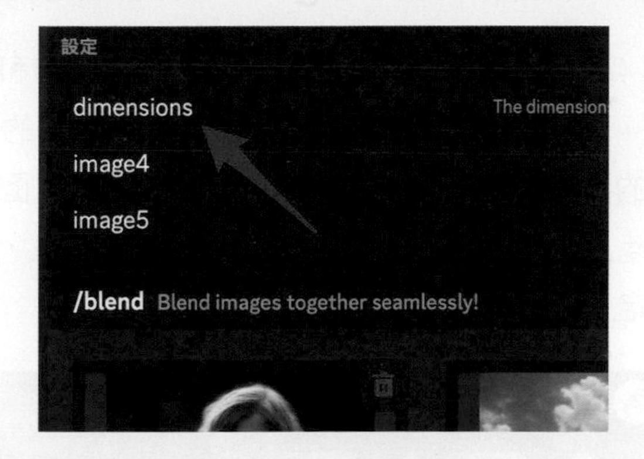

Portait 是 2:3 的長方形，Square 是 1:1 的正方形，Landscape 是 3:2 的長方形。

完成後就會將上傳的圖片混合。

複製提示詞，再使用 /imagine 的方式產生圖片

由於使用 /blend 無法添加提示詞和設定，如果有提示詞和設定的需求，可以在產生圖片後，會自動產生上傳圖片的網址以及產圖的提示詞，只要複製混合後所產生的提示詞，再使用 /imagine 的方式產生圖片，就能添加額外的提示詞 (參考上方 /imagine 的作法)，使用這種作法，就能自行在圖片後方添加相關設定。

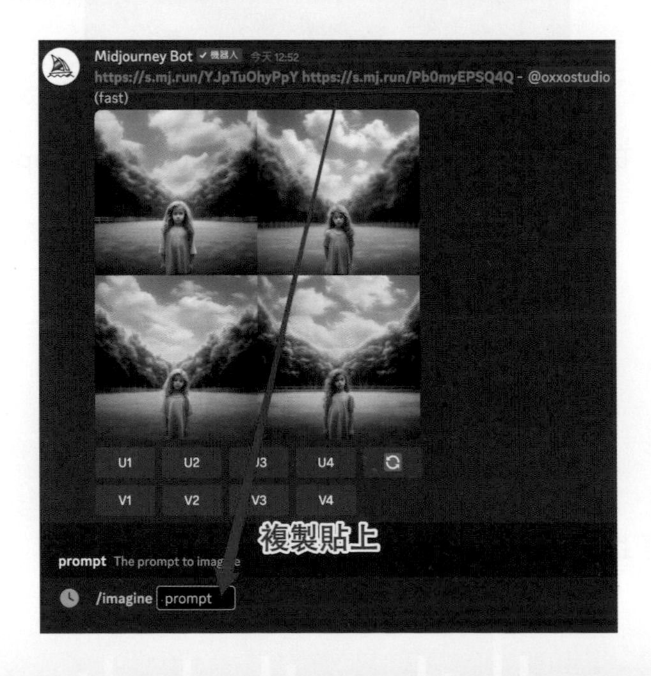

使用 /prefer suffix 添加預設內容

除了重新產生圖片外，透過「/prefer suffix」指令可以設定「所有提示詞後方要加入的後綴參數」，就算 /blend 指令無法添加任何額外提示詞語設定，在產圖的當下仍然會加入 /prefer suffix 所設定的參數。舉例來說，使用 /prefer suffix 設定「, 8-bit 2D pixel art, --q 0.25 --no tree」的提示與設定。

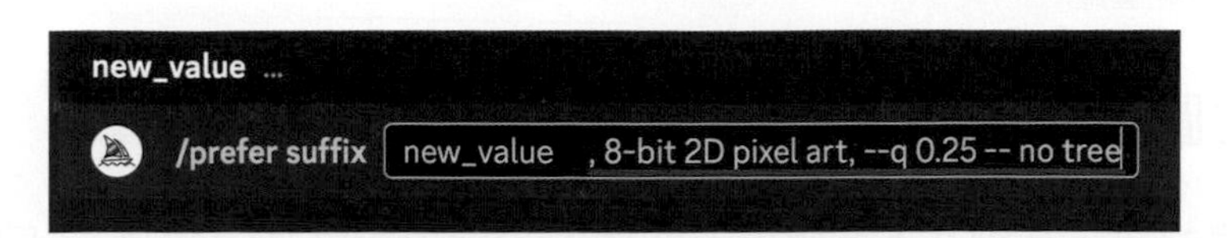

完成後使用 /blend 混合圖片，最後送出的提示詞就會夾帶剛剛的設定，產生的圖片也會按照提示與設定進行。

> 這種作法需要特別注意，因為使用 /prefer suffix 所設定的提示，會套用到「所有」產生圖片的命令中，如果在 /blend 之後沒有清除這些提示，就會影響其他產生圖片的流程。

6-5 產生圖片後續動作 (remix 放大、修改與重繪)

透過 Midjourney 產生圖片後，可以使用 U (upscale) 和 V (variation) 的功能按鈕，產生放大的圖片或其他類似的圖片，並可以再次輸入提示詞，讓圖片延伸出更多的細節和內容，這篇教學會介紹產生圖片後續的 remix 放大、修改與重繪。

產生圖片後的功能

產生圖片之後，在圖片下方會出現四個 U 功能按鈕 (U1 ～ U4)、四個 V 功能按鈕 (V1 ～ V4) 和一個重新產生的按鈕。

功能按鈕	說明
U (upscale)	放大所選的圖片，並添加更多細節。
V (variation)	根據所選的圖片，產生類似的圖片以及相關圖片變體。
重新產生	重新產生四張圖片

按鈕編號分別對應產生四張圖片的位置，1 ～ 4 分別是左上、右上、左下、右下，只要點擊該按鈕，就會採用指定的圖片，進行指定的動作。

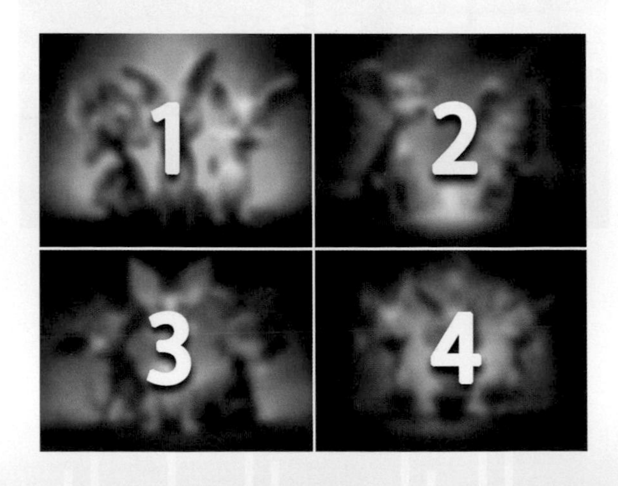

U (upscale、放大圖片)

點擊 U 功能按鈕表示「放大所選的圖片並添加更多的細節」，在放大的圖片下方，會出現許多進階的功能按鈕。

進階功能	說明
Vary (Strong)	根據這張圖片，產生另外四張變化比較大的圖片。
Vary (Subtle)	根據這張圖片，產生另外四張只有細節變化的圖片。
Vary (Region)	使用提示替換圖片中的特定區域。
Upscale(2x)、Upscale(4x)	放大兩倍或四倍，細節同時也會增加兩倍或四倍。
Zoom Out 2x	將圖片的長寬縮小 2 倍，並自動產生畫面補滿。
Zoom Out 1.5x	將圖片的長寬縮小 1.5 倍，並自動產生畫面補滿。
Custom Zoom	自訂義縮放，可設定縮小的比例以及使用提示詞畫面補滿。
上下左右延伸	往上下左右延伸並自動產生畫面補滿。
Make Square	如果圖片不是正方形，會將圖片變成正方形。

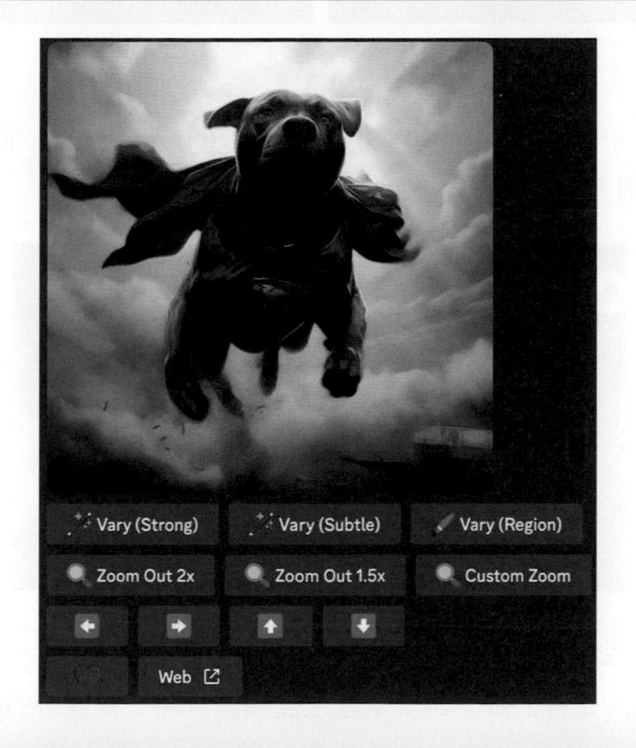

Vary (Strong)、Vary (Subtle)

Vary (Strong)、Vary (Subtle) 功能會根據產生的大圖，產生四張「類似但具有變化」的圖片，Strong 所產生的變化較大，Subtle 產生的變化較少，例如下圖，Strong 產生的圖片會有不同的角度變化，但 Sbutle 就只有一些背景和細節的差異。

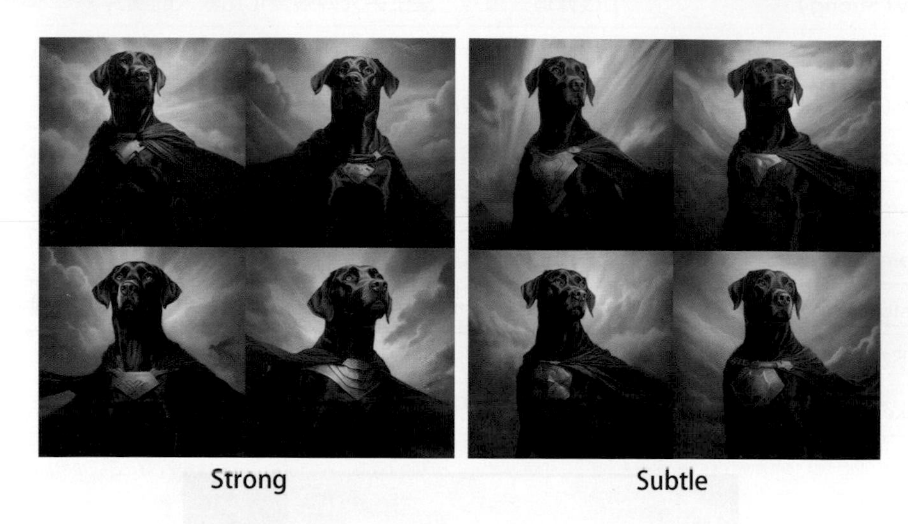

Vary (Strong)、Vary (Subtle) 功能支援 Remix 模式，首先使用「/settings」開啟 Remix 模式。

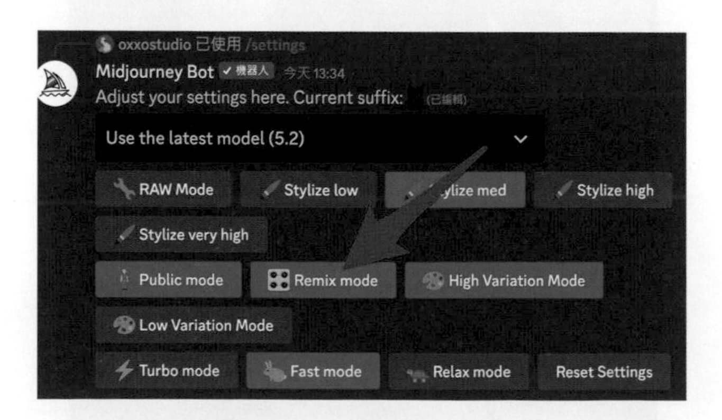

開啟 Remix 模式後，點擊 Vary (Strong) 或 Vary (Subtle)，就會彈出輸入提示詞的視窗，這裡的提示詞表示產生變體圖片時，要混合的提示。

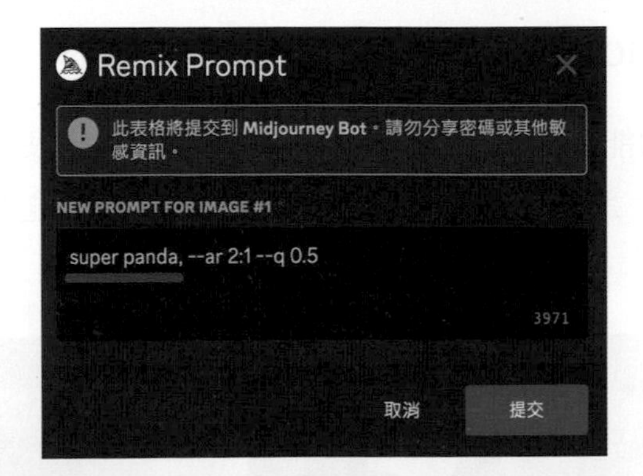

例如下圖，原始的提示為「super dog, --q 0.5 --ar 2:1」，點擊 Vary (Subtle) Remix 時所添加的提示為「super panda, --q 0.5 --ar 2:1」，產生的圖片就會從原本的超人狗，變成超人貓熊，且姿勢和背景都接近。

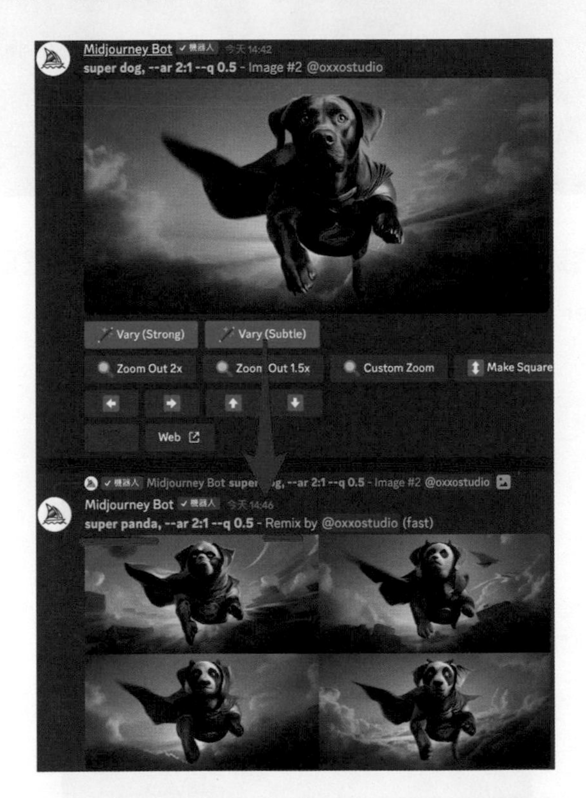

Vary (Region)

Vary (Region) 功能會開啟一個小視窗，在視窗中可以使用「矩形」或「任意畫線」的工具，選取原本影像中的某個區域，透過輸入新的提示詞產生該區域的內容。

以下圖為例，透過「任意畫線」的工具，將狗的頭全部選取，提示詞的部分輸入「Rooster」(公雞)。

完成後就會得到一張只有狗頭替換成公雞頭的影像，影像中其他部分都完全相同。

Upscale(2x)、Upscale(4x)

Upscale(2x)、Upscale(4x) 是 2023 年十月推出的新功能，主要可以將圖片放大兩倍或四倍，並提高圖片兩倍或四倍的精細程度，但相對使用後會消耗較多的算圖點數。

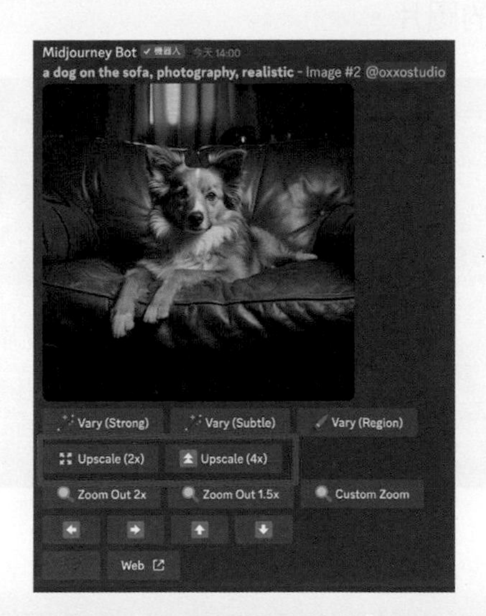

以下方的圖片為例，同樣一隻狗的圖片，原圖、Upscale(2x) 和 Upscale(4x) 所呈現的細節就完全不同。

Zoom Out 2x、Zoom Out 1.5x

Zoom Out 功能表示「將圖片的長寬縮小 2 倍或 1.5 倍」，然後自動將空出來的畫面填滿，產生四張與原圖等比例的圖片，下圖的範例使用 Zoom Out 2x，紅框範圍是原始的圖片。

Custom Zoom

Custom Zoom 功能表示「自訂縮小的提示詞與比例」，點擊 Custom Zoom 按鈕後，會彈出一個輸入提示詞的視窗，這裡的提示詞表示圖片縮小後要填滿的內容，並可以使用「--zoom」參數，參數範圍 1 ～ 2。

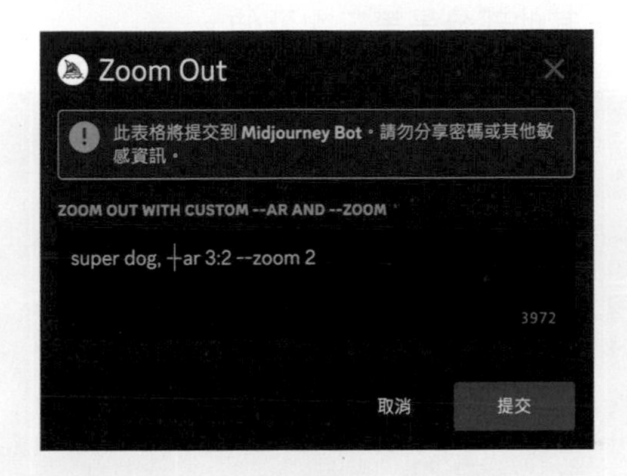

下圖原始的提示為「uper dog, --q 0.5 --ar 3:2」，使用 Custom Zoom 所添加的提示為「A framed picture on the wall of the museum, --ar 4:3 --zoom 2」，就會得到一幅在博物館牆上的小狗畫作，同時圖片比例也從 3:2 被調整為 4:3。

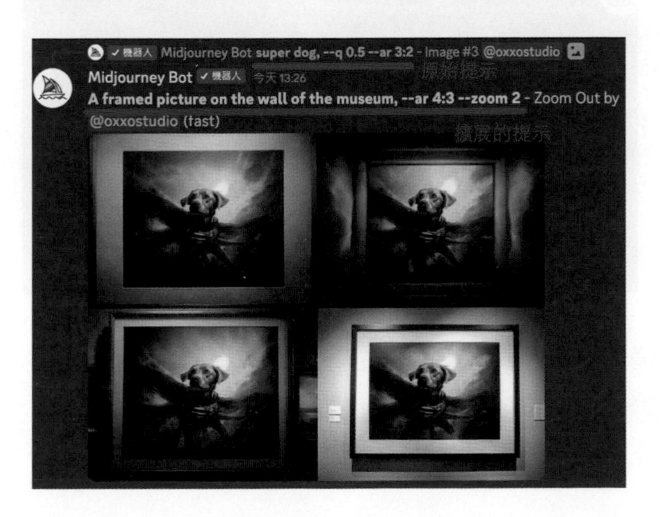

上下左右延伸

上下左右按鈕的功能表示「往上下左右延伸並自動產生畫面補滿」，單純點擊按鈕就可以從下上下右擇一延伸畫面，延伸後圖片會變寬或是變高 (產生過程比例不變)，下圖的例子點擊了兩次向左延伸，紅色方框是原始圖片，黃色為第一次延伸，其他部分是第二次延伸。

上下左右延伸的功能支援 Remix 模式，首先使用「/settings」開啟 Remix 模式。

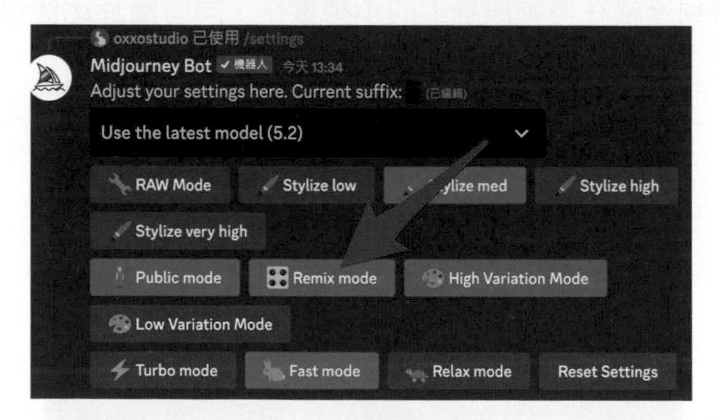

開啟 Remix 模式後，點擊上下左右延伸的按鈕，就會彈出輸入提示詞的視窗，這裡的提示詞表示圖片延伸後要填滿的內容。

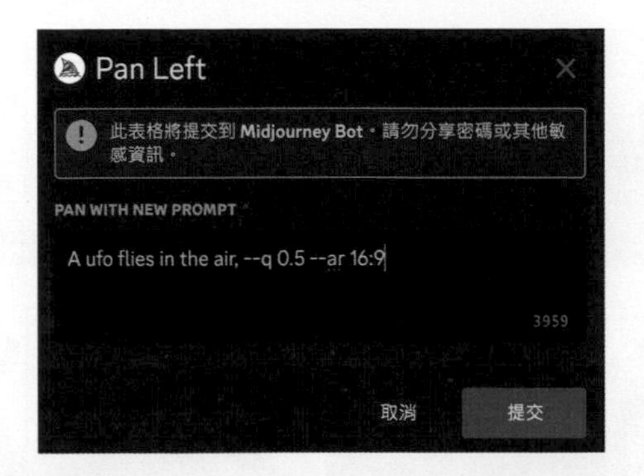

例如下圖，原始的提示為「super dog, --q 0.5 --ar 3:2」，使用 Remix 模式延伸所添加的提示為「A ufo flies in the air, --ar 16:9」，延伸的畫面就會出現一台 UFO，同時圖片比例也從 3:2 被調整為 16:9。

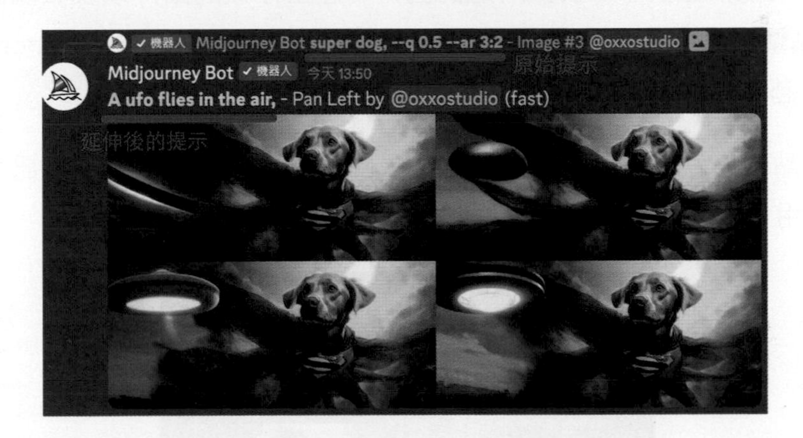

Make Square

Make Square 功能表示「如果圖片不是正方形，就延伸圖片成為正方形」，如果是縱向圖片就往左右延伸，如果是橫向圖片就往上下延伸，下圖範例中的紅框部分為原始 2:1 或 1:2 的圖片。

V (variation、圖片變體)

點擊 V 功能按鈕表示「根據所選的圖片，產生類似的圖片以及相關圖片變體」，點擊後會產生四張略有變化的圖片，預設的效果類似「Vary (Strong)」，相關設定可以透過「/settings」進行調整。

下圖是點擊「V1」後，根據左上第一張圖片產生的四張圖片，從訊息可以看到使用「Vary (Strong)」的方式產生圖片。

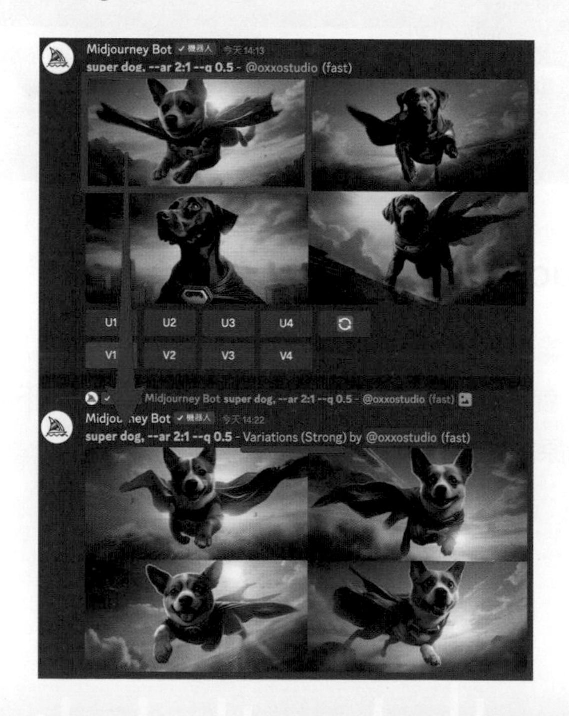

V 的功能支援 Remix 模式，首先使用「/settings」開啟 Remix 模式。

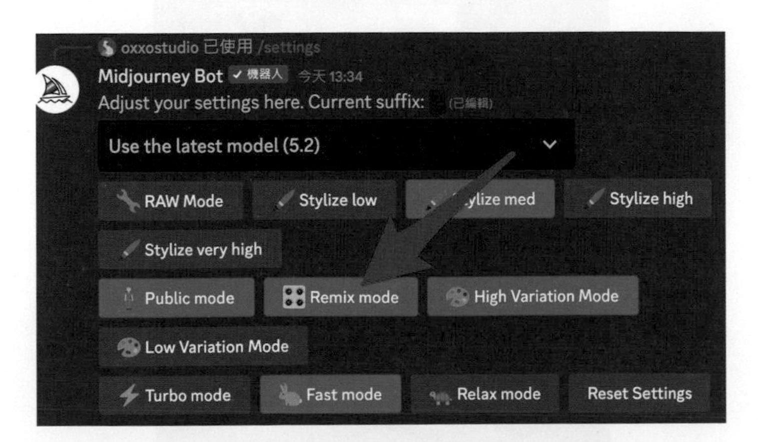

開啟 Remix 模式後，點擊 V 按鈕，就會彈出輸入提示詞的視窗，這裡的提示詞表示產生變體圖片時，要混合的提示。

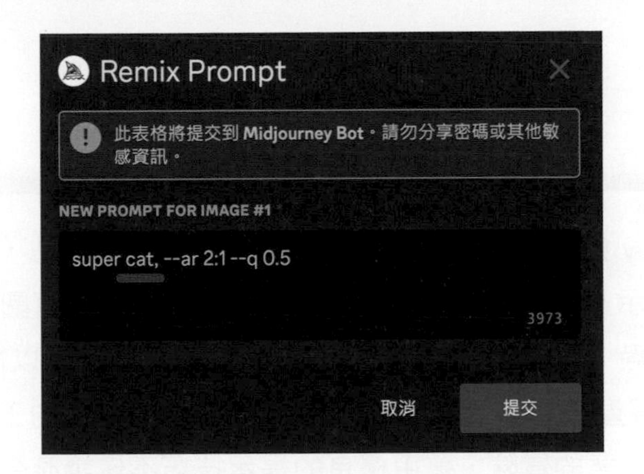

例如下圖，原始的提示為「super dog, --q 0.5 --ar 2:1」，點擊 V1 Remix 時所添加的提示為「super cat, --q 0.5 --ar 2:1」，產生的圖片就會從原本的超人狗，變成超人貓，但整體風格仍然接近。

小結

Midjourney 的神奇之處並非僅在於其產生圖片的方法，更在於如何善用提示與操作技巧。例如使用 /blend 指令上傳圖片進行混合，或透過 /imagine 讓圖片更符合需求，甚至還可以搭配 Style Tuner 掌握產圖風格。Midjourney 不僅是產生圖片的工具，更是一場引導創意的冒險，運用優良的提示技巧不僅讓產生的影像更加精準，同時也提供了探索創意的空間，靈活的運用 Midjourney 塑造出令人驚艷的視覺奇蹟。

Chapter 07

Midjourney（範例實作）

前言

這個章節整理了四個有趣的 Midjourney 範例，分別是修改人物年齡、將人物變胖變瘦、將真人變成卡通角色以及隱藏的人物，透過這些範例的操作過程，就更能理解 Midjourney 的產圖流程和操作技巧。

7-1 修改人物年齡

這個 Midjourney 範例會使用 Remix 圖片的 Vary (Subtle) 功能，搭配文字提示，產生同一個人物但不同年齡的有趣效果。

開啟 Remix mode

因為這個範例會使用圖片的 Remix 功能，先輸入 /settings 將「Remix mode」開啟。

使用 /imagine 產生人物

為了產生範例需要的「正面」人物，使用下列提示詞（Prompts）產生正面半身的微笑女孩，產生後點擊 U2 產生右上方的大圖。

提示詞：a smiling girl is wearing a red shirt, 20 years old, photo, front view, chest shot, bright

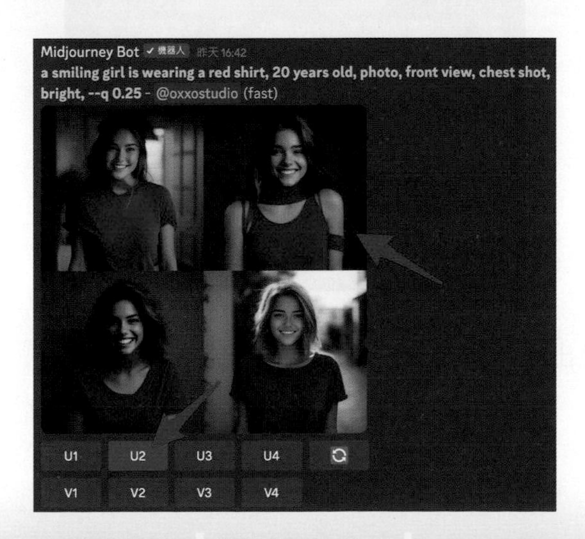

Vary (Subtle) 搭配年齡提示

產生大圖後，點擊 Vary (Subtle)，Vary (Subtle) 會保留圖片主體，修改細節。

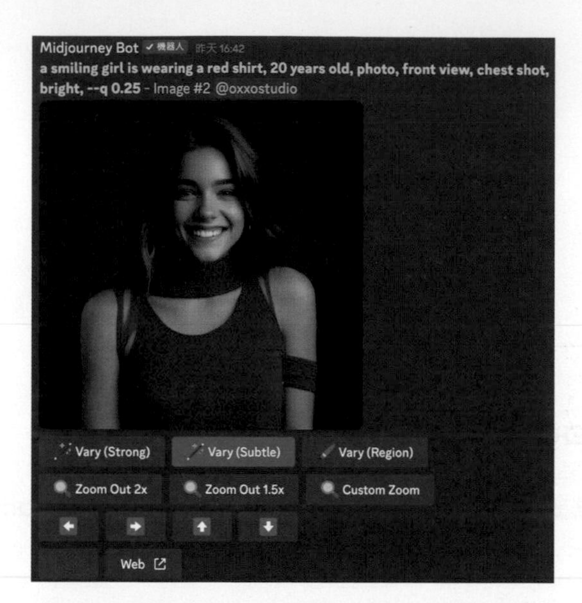

使用和原圖一模一樣的提示詞，接著將 20 years old 改成 30 years old。

Remix 提示詞送出後，就會產生改編自原圖的 30 歲女生。

重複同樣的步驟，使用原本的大圖去修改年齡提示詞進行 remix，分別產生 40 ～ 90 歲的女生影像，以及往下產生 10、15 歲女生影像。

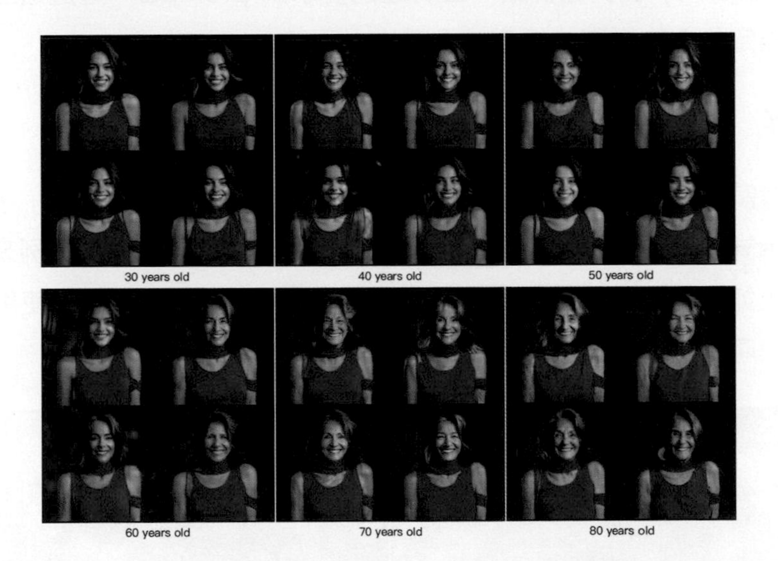

完成效果

分別從產生的圖片裡，挑選出臉型最接近的女生，將圖片擺放在一起，就會很像同一個人的年齡變化。

7-2 變胖、變瘦

這個 Midjourney 範例會介紹一些有趣的提示詞 prompts，透過這些提示詞可以讓指定的人物變胖、變瘦或是變成小孩子。

變胖

胖的形容詞可以使用：「overweight 過重、fat 胖、obese 肥胖」，如果要放入提示詞中，可以使用「as a fat person」之類的提示詞，舉例來說，下方的超人如果使用 fat，產生的圖片會略帶強壯的成分，但如果使用 obese 肥胖，則產生的圖片就真的很肥胖。

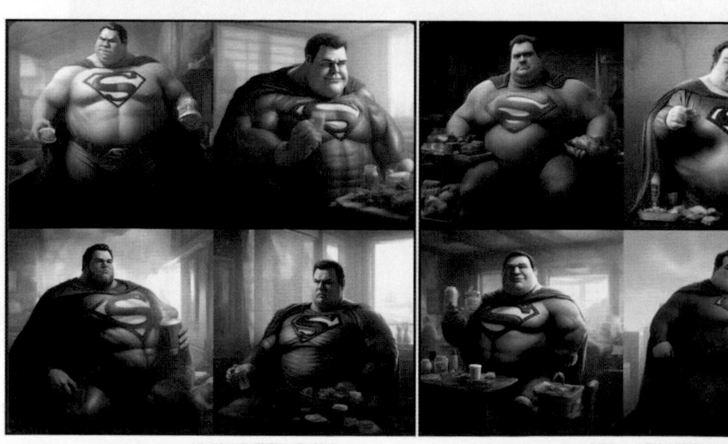

super man as a fat person　　super man as a obese person

除了直接使用「as...」的提示，也可以直接加在要形容肥胖的角色前方，例如「a very fat and cute tiger」。

a very fat and cute tiger,
in the mountain, Ukiyo–e

a very fat and cute tiger,
in the mountain, cartoon style

變瘦

瘦的形容詞可以使用：「slim 瘦、skinny 骨瘦如柴、emaciated 枯瘦」，但變瘦相對變胖而言比較困難，特別是指定了一些名人或明星，因此需要額外透過圖片 Vary (Region) 的功能來實現。

舉例來說，下方的提示詞會創造出一個虛擬的 Elon Musk，雖然提示詞「Elon Musk as a very skinny man,smiling and wearing a white T-Shirt, Standing in the studio, bookcase background, Facing forward, full body」裡使用了 skinny 的文字，但效果仍不如預期，反而出現了「瘦且精壯」的人物。

這時可以先挑選一張圖片，使用 U 產生一張大圖，點擊 Vary (Region)。

點擊 Vary (Region) 後，使用選取工具匡選身體以及五官以外的臉部，將提示詞改成「as a very skinny man,wearing a white T-Shirt, Standing in the studio, bookcase background, Facing forward, full body」，移除名人關鍵字。

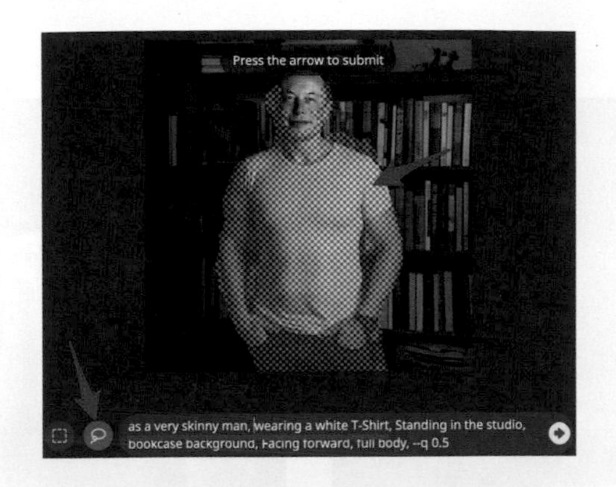

完成後就會得到一張很瘦的 Elon Musk。

完成效果

雷神索爾

神力女超人

7-3 真人照片變成卡通人物

這個 Midjourney 範例會展示兩種真人變成卡通人物的作法，第一種是使用真人的照片，第二種方法是輸入一些名人的姓名，接著再透過一系列的步驟以及提示詞，將這些真人轉變成卡通人物。

上傳圖片、提供網址

透過 Discord 上傳圖片的功能，上傳想要轉變成卡通人物的人物照片。

上傳後，點擊開啟照片，在開啟的照片上按下右鍵，選擇複製連結，就能複製這張圖片的公開網址，如果這張圖片已經有公開的網址，直接使用該網址即可 (注意需要是 http 或 https 開頭，結尾需要是 jpg、jpeg、gif、png 的檔案格式)。

上傳的照片建議臉部最好佔滿畫面的 1/2，或者是單色背景的人物照，避免照片中的其他細節影響了產生卡通人物的判讀，以下方兩張照片為例，左邊的照片產生的效果比較好，右邊因為人臉較小且有其他物品，產生的效果就比較差。

開啟 Remix mode

因為這個範例會使用圖片的 Remix 功能，先輸入 /settings 將「Remix mode」開啟。

產生第一組卡通人物

如果要產生卡通人物的圖案，可以使用下列常用的提示詞：

提示詞	說明
2D cartoon style	卡通風格，可以在前方加上 2D 或 3D。
Cartoonize	卡通風格，跟 cartoon style 類似。
caricature style	似顏繪風格，可以加上 face 凸顯臉部特徵。
bitmoji style	bitmoji 的似顏繪人物風格。
comic style	漫畫風格人物風格。
portrait style	肖像風格，單純使用會產生照片或畫作。
clean outline drawing	使用乾淨外框的方式繪製。
one line drawing	使用單線外框的方式繪製。

如果單純使用提示詞，通常第一次產生都會有意想不到的畫面，特別是如果照片不是名人，或者照片解析度較差，出來的結果都會不太理想，例如下方使用一張穿著西裝的短髮女生照片，單純只用了 cartoon style，結果除了人物有點雷同，其他基本上就是 Midjourney 自由發揮。

為了修正第一組人物的穩定性，建議可以使用「--iw」調整圖片權重，例如下方的範例，同樣的提示詞，加入「--iw 1.5」，就能讓產生的圖片更貼近原本的照片。

> 也可以搭配 --no realistic, photography 來限制不要是真實照片。

除此之外，加入一些額外的提示詞 (例如下圖添加 a smiling female, in the cafe)，更能確保 Midjourney 不會太過發散的去自由創作。

Remix 第一組卡通人物

從第一組卡通人物裡，挑選一張自己覺得「最像的」(可能需要多次產生，從中挑選一張最像的)，將其產生成大圖，如果這張圖片已經很完美就可以直接使用 (如果是這樣就要説聲恭喜)，如果卡通效果仍然不如預期，則點擊 Vary (Subtle) 進行細部的修改。

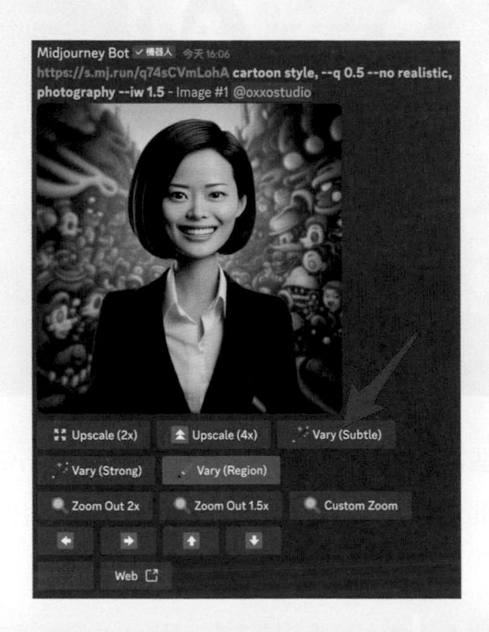

點擊 Vary (Subtle) 後，加入更多屬於卡通角色的提示詞，並保留原本的參考圖片，範例中使用 clean outline、2D cartoon style。

完成送出後，就能產生更接近卡通角色的人物了。

- 為什麼要這麼做？因為純粹的上傳圖片或提供網址，是無法使用 remix 功能，所以必須先由 Midjourney 產生一張圖片，再透過這張圖片進一步修飾，當然，如果第一次就成功就不需要這些後續的步驟。
- 有時可以搭配「--s 0」，降低 Midjourney 的藝術風格，會更貼近原本的照片。

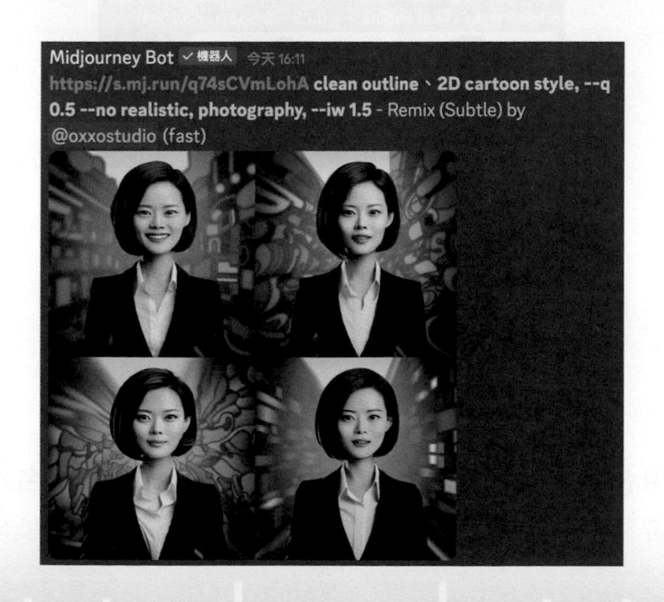

使用名人的名字，產生卡通人物

Midjourney 認得一些有名的人，因此如果單純輸入「名人的名字」，就可以產生出對應的類似效果，舉例來說「Donald John Trump, full body, white background, illustration, bitmoji style」會產生美國前總統川普的卡通人物。

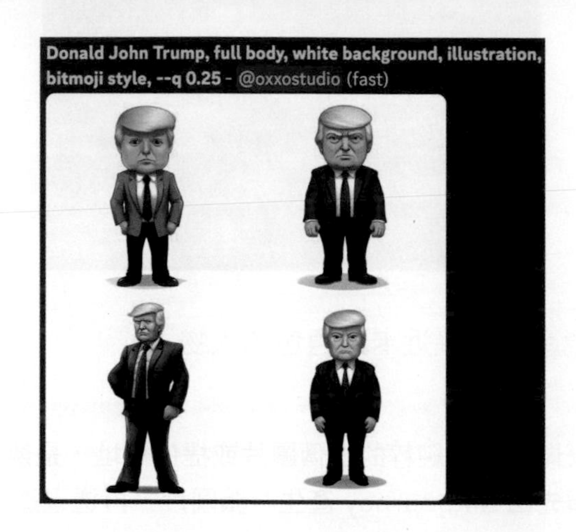

使用「Elon Musk, big head, full body, white background, cartoon, bitmoji style, clean outline」則會產生特斯拉老闆馬斯克的卡通人物。

除了直接使用名字，也可以運用和上方同樣的原理，先產生名人的照片(因為照片比較容易產生，也比較不容易出錯)，然後再將照片轉換成卡通風格，

Elon Musk is smiling and wearing a white T-Shirt, Standing in the studio, bookcase background, Facing forward, full body

Elon Musk is smiling and wearing a white T-Shirt, Standing in the studio, bookcase background, Facing forward, full body, illustration, 2D Cartoon style, --q 0.5 --no 3D, photo

7-4 阿爾欽博托風格，隱藏的人臉或影像

這個 Midjourney 範例會使用產生圖片的 stop 指令，搭配 Remix 圖片的 Vary (Subtle) 功能，產生類似文藝復興時期朱塞佩·阿爾欽博托 (Giuseppe Arcimboldo) 的畫作風格，也就是使用不同的物體和內容，組合成人物的肖像或是其他內容。

什麼是朱塞佩·阿爾欽博托風格？

朱塞佩 阿爾欽博托 (Giuseppe Arcimboldo, 1526-1593)，出生於義大利米蘭，他不僅是畫家，同時也是工程師、服裝設計師和音樂家。阿爾欽博托的作品特色，常以鮮花、水果、蔬菜、動物、昆蟲以及其他物品，組合成「隱藏的臉孔」(hidden faces) 的肖像或靜物畫，下方列出兩張他的經典作品：

The Librarian，油彩畫布，1566

Portrait of Emperor Rudolf II，油彩畫布，1591

開啟 Remix mode

因為這個範例會使用圖片的 Remix 功能，先輸入 /settings 將「Remix mode」開啟。

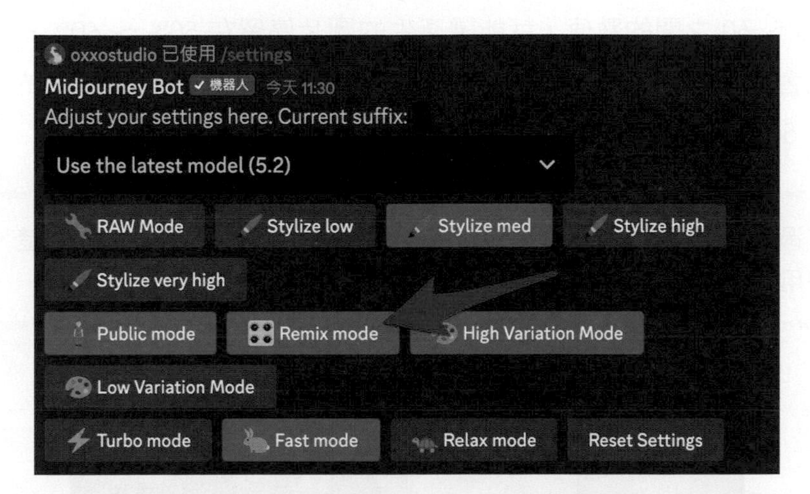

Midjourney 繪製原理

阿爾欽博托的畫作風格，只要「瞇著眼睛」或「遠距離」觀看，就會觀察到影像隱藏的肖像或靜物，因此在使用 Midjourney 產生圖片時，必須要將目標的主角，先轉換成「模糊」的影像，再透過 Vary (Subtle) 功能加入各種細節物件。

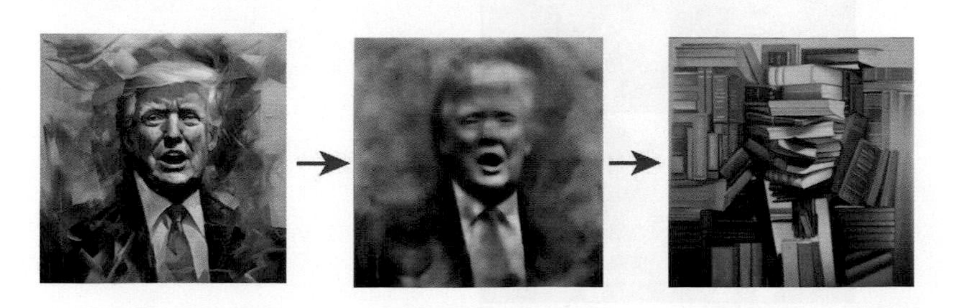

使用 --stop 產生模糊圖片

如果觀察 Midjourney 產生圖片的過程，可以注意到圖片是從「模糊」慢慢變得「清楚」，因此如果要產生一張模糊的圖片，可以使用「--stop」指令，設定 50 ～ 60 之間的數值，就能讓產生的圖片停留在 50% ～ 60% 的產生進度，就會變成模糊的影像，下圖使用川普的關鍵詞，分別讓產生的圖片停在 20、50 和 80。

> **數值過低所產生的影像可能無法辨認，數值過高產生的影像又太過清楚，建議使用 50 ～ 60 的數值。**

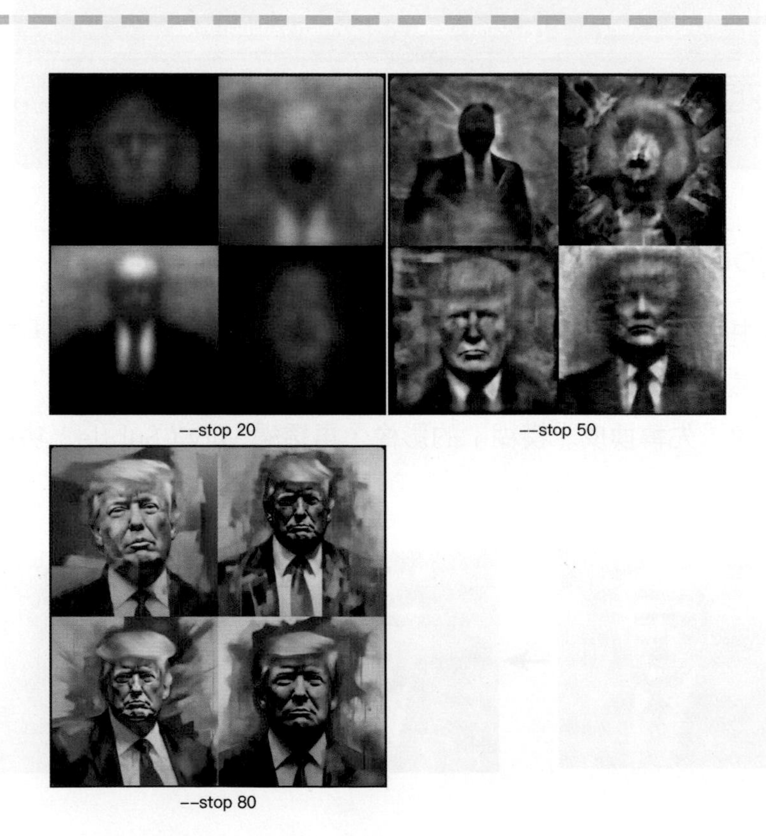

運用這個方式產生圖片，並使用 U 模式產生一張模糊的大圖。

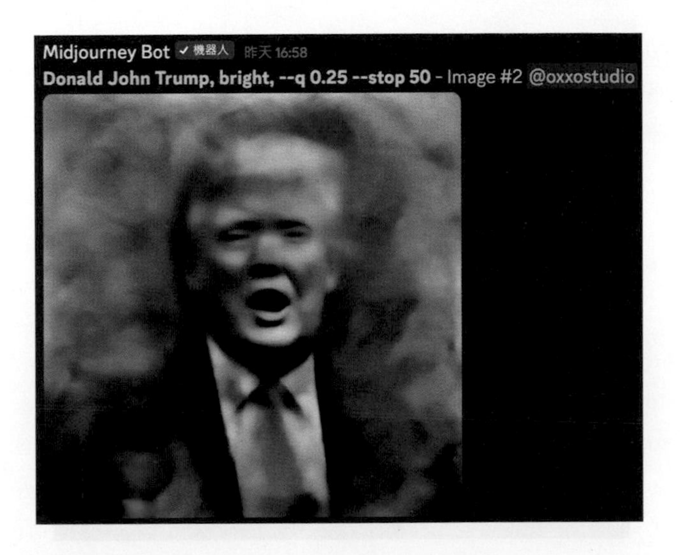

使用 Vary (Subtle) 重繪圖片

產生大圖後，點擊 Vary (Subtle)，就可以保留圖片的顏色和構圖，進行細節的重繪。

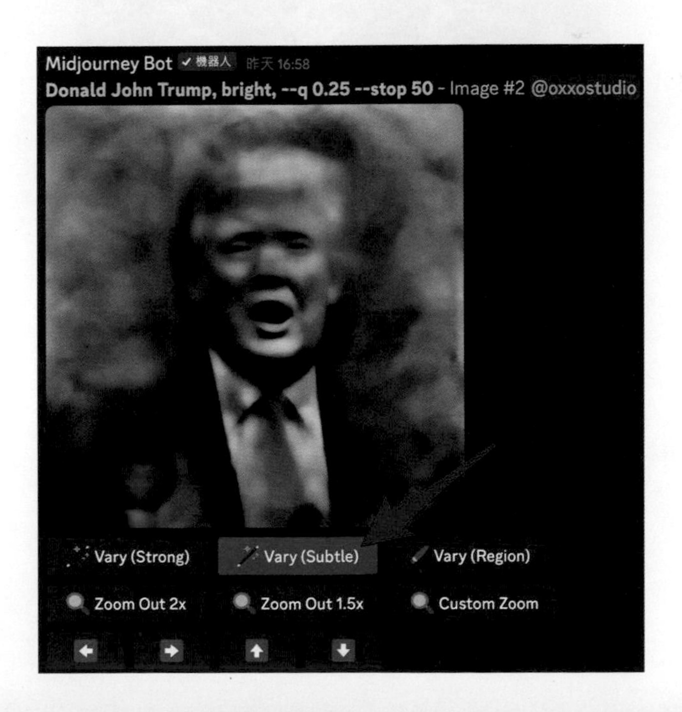

輸入 many fruits 後送出。

就會產生「以水果組合成隱藏的川普臉」影像。

完成效果

運用同樣的原理，使用提示詞「There are many animals in the beautiful forest」，就會用森林裡的動物產生隱藏的川普臉。

使用提示詞「books on bookshelf」，就會用書架上的書本產生隱藏的川普臉。

使用提示詞「there are many people in the market」，就會用市場的人們產生隱藏的川普臉。

小結

透過這個章節的範例練習，不僅可以學會 Midjourney 的提示詞技巧，更能近一步熟悉圖片產生圖片或產生圖片的後續動作，只要熟練這些技巧，就能大幅提高產生圖片的成功率，產生符合自己理想的畫面。

Chapter 08

Leonardo.Ai（簡介＆註冊＆開始使用）

前言

Leonardo.Ai 是一個線上的 AI 產生圖片工具，不僅可以使用文字提示詞，更具有完整的操作介面和豐富的模型功能，越是使用就越會感覺它的方便與強大，這個章節會介紹如何註冊和開始使用 Leonardo.Ai。

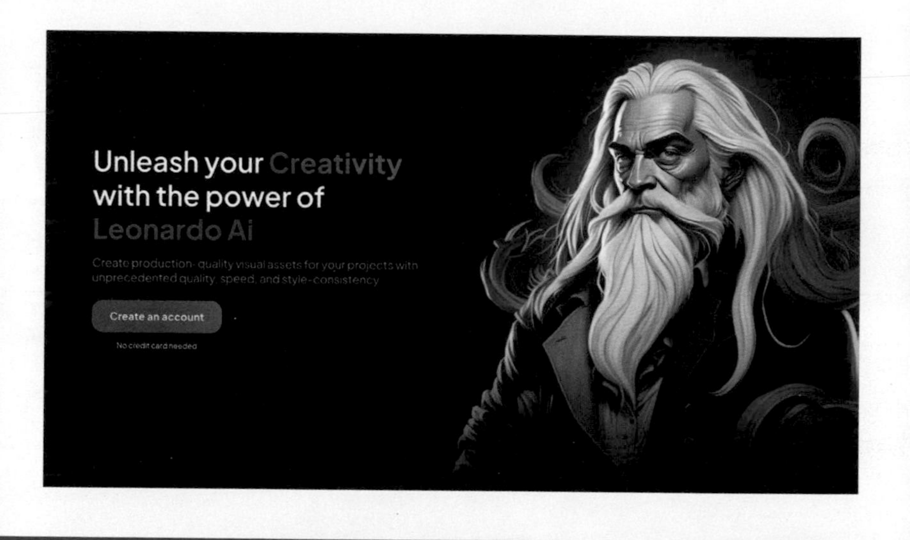

8-1 認識 Leonardo.Ai

Leonardo.Ai 是一個使用文字提示就能產生圖片的線上服務，不僅能產生有如 Midjourney 或 Stable diffusion 品質的影像，更可以搭配 API 串接到自己的服務，是相當優秀的 AI 繪圖工具，這個小節將會引領大家認識 Leonardo.Ai。

Leonardo.Ai 是什麼？

隨著 AI 繪圖的普及，Midjourney、Stable Diffusion 或 Adobe generative ai 等 AI 工具逐漸獨霸市場，然而 Midjourney 需要綁定 Discord，Stable Diffusion 需要繁瑣的安裝以及高階顯示卡，Adobe generative ai 也要購買與學習 Photoshop，因此 Leonardo.Ai 的推出，讓想要入門 AI 繪圖，又不希望 AI 畫得太醜的使用者，有了一個最佳的選擇。

前往 Leonardo.Ai：https://leonardo.ai/

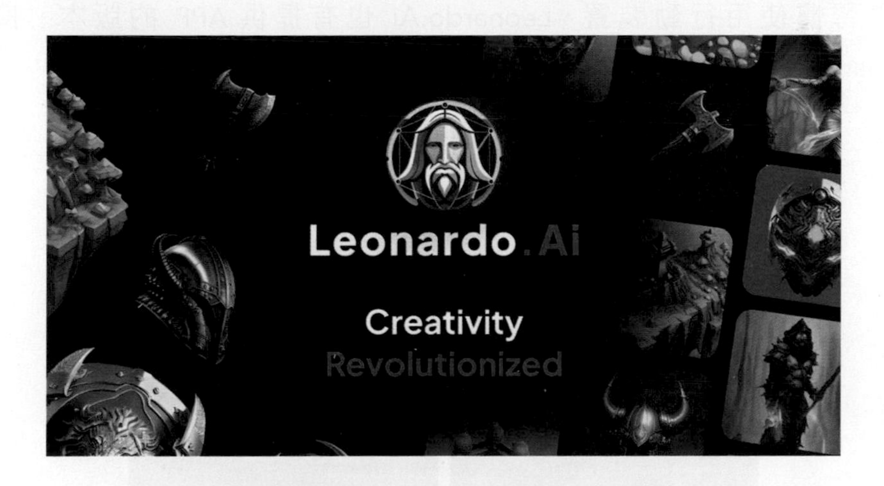

執行 Leonardo.Ai 不需要安裝任何軟體，只要打開瀏覽器就能操作，基本用量也不用付費，只要輸入文字的提示，以及透過介面的操作，就能產生品質如同 Midjourney、Stable Diffusion 的漂亮影像 (Leonardo.Ai 目前使用 Stable Diffusion 的 SDXL 0.9 和 Prompt Magic v3)。

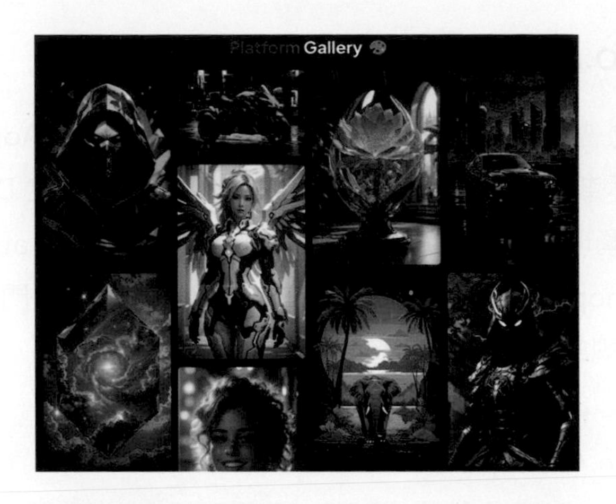

如果習慣使用行動裝置,Leonardo.Ai 也有提供 APP 的版本,搜尋 Leonardo.Ai 下載並安裝就能使用。

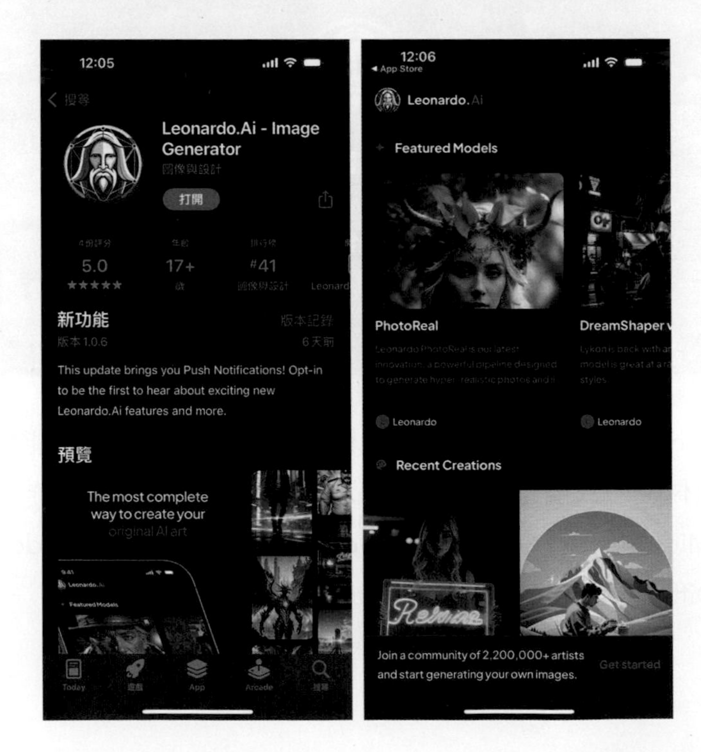

Leonardo.Ai 除了可以訓練自己的模型,使用去背、材質等進階功能,還提供程式語言的 API 串接服務,讓使用者可以將 Leonardo.Ai 運用到自己的

服務，讓 AI 圖形生成的應用更加廣泛。

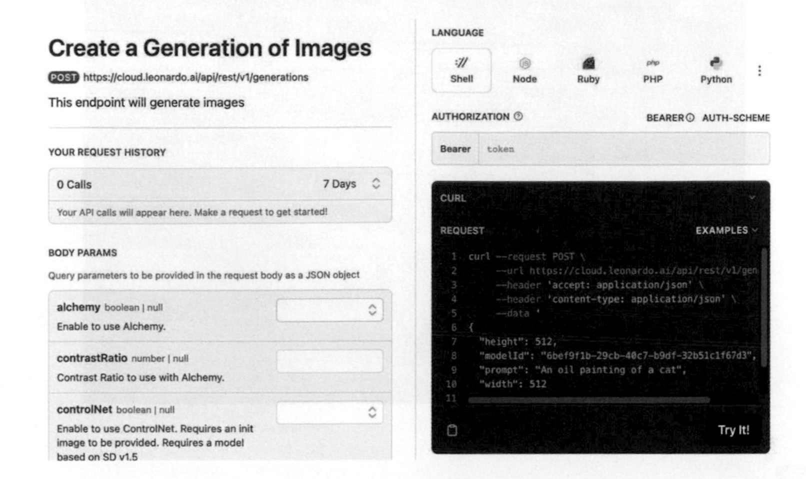

Leonardo.Ai 的收費機制

Leonardo.Ai 可以免費註冊 (不用信用卡)，註冊後，會提供免費使用者最多 150 個算圖 token，每隔 16 個小時會再提供一次，算圖額度並非一張圖一點，而是根據算圖背後消耗的資源來進行計算，有些圖片可能消耗 1 token，有些圖片可能一張就要消耗 20 token。

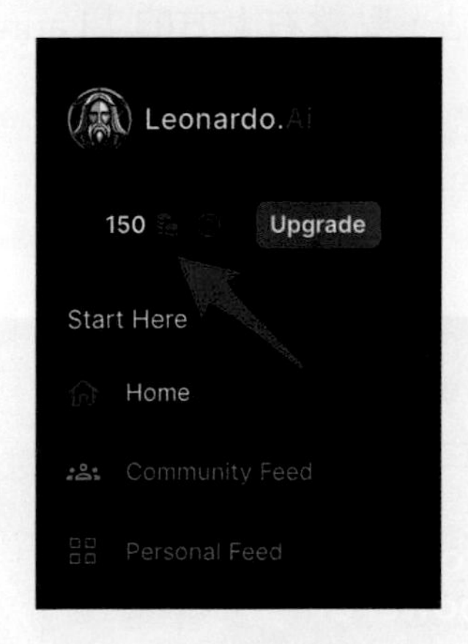

如果需要額外的算圖額度，則可以選擇另外三種付費方案，不同的方案可以使用的功能額度也有所不同 (註冊登入後才能看到付費畫面)。

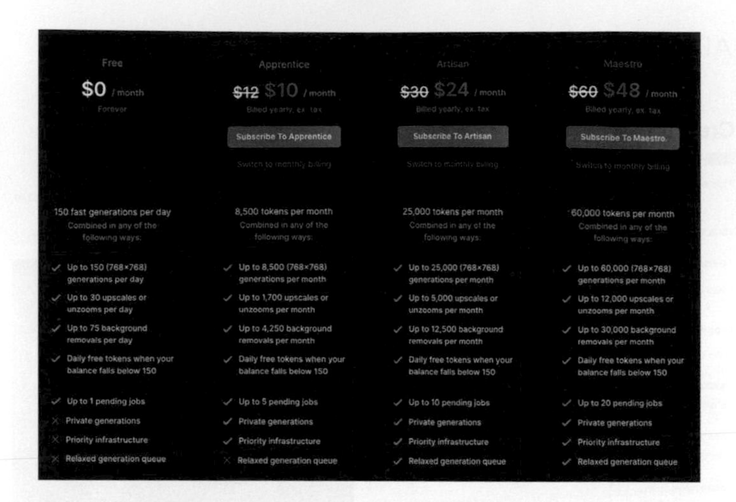

8-2 註冊與登入 Leonardo.Ai

這個小節會介紹如何註冊 Leonardo.Ai，以及登入後的主畫面，還有透過產生圖片的功能，用 Leonardo.Ai 產生第一張圖片。

註冊並登入

前往 Leonardo.Ai 官方網站，點擊右上方的「Launch APP」。

前往 Leonardo.Ai：https://leonardo.ai/

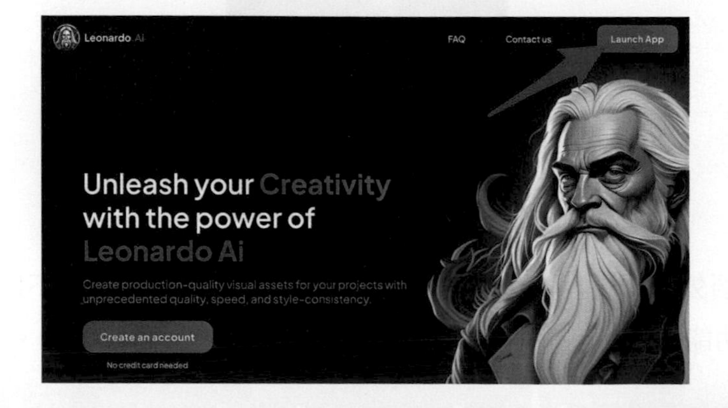

點擊「Yes! I'm whitelisted」。

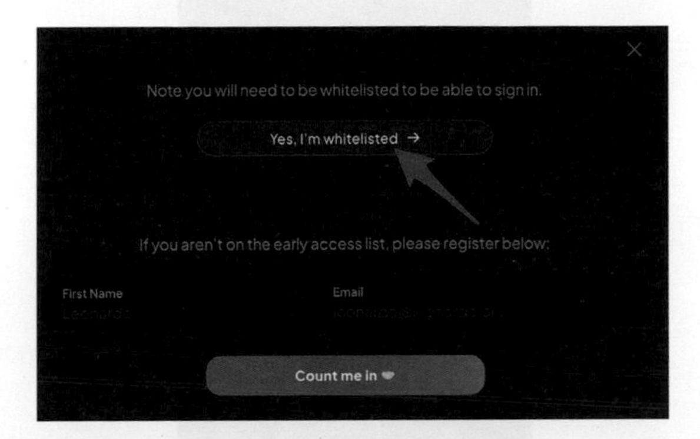

如果已經有帳號直接登入，如果沒有帳號，點擊「Sign up」註冊帳號。

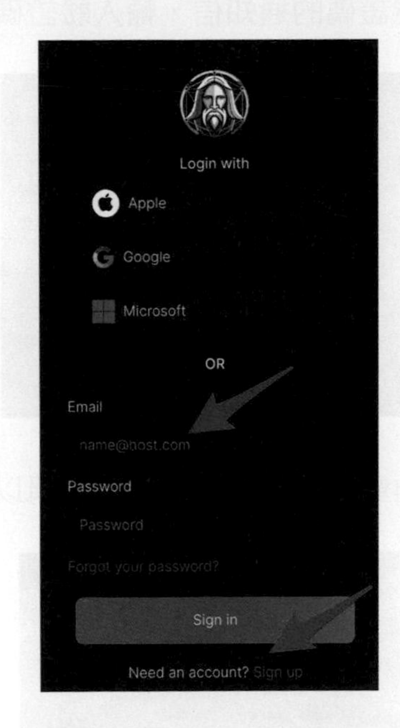

輸入 email 信箱和密碼（須符合規則：大小寫英文字母 + 數字 + 特殊符號），完成後點擊 Sign up。

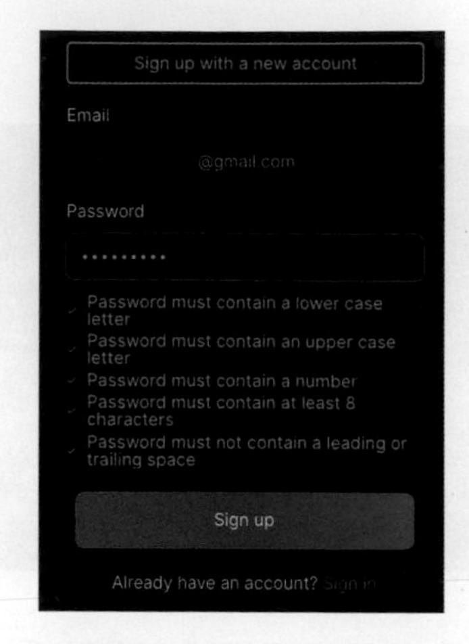

點擊後，信箱就會收到驗證碼的通知信，輸入驗證碼就可以完成註冊。

輸入驗證碼確認後就會自動登入，輸入使用者暱稱以及勾選一些興趣。

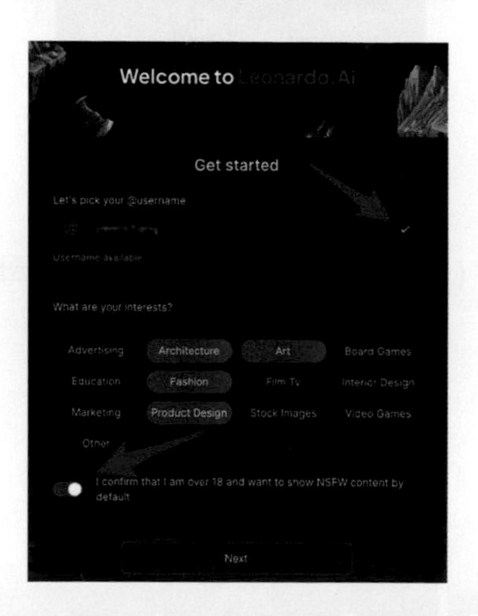

最後確認使用者身份就可以開始使用。

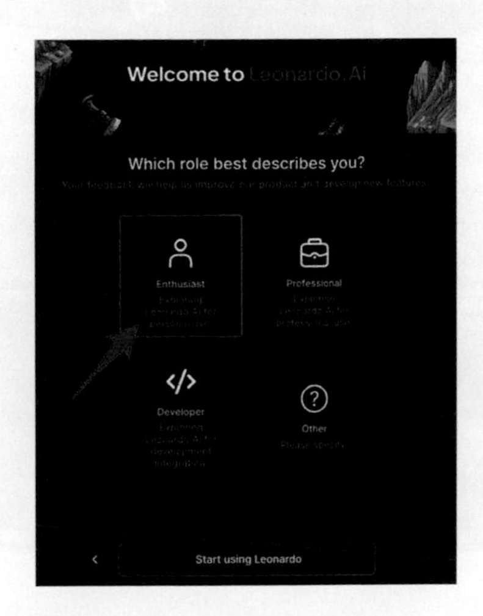

8-3 開始使用 Leonardo.Ai

Leonardo.Ai 主要運作在瀏覽器或 APP，因此有自己獨立的操作介面，相對 Midjourney 而言更適合入門者操作，這個小節會介紹 Leonardo.Ai 的操作介面，並使用 Leonardo.Ai 產生第一張圖片。

> 因為 Leonardo.AI 仍然持續更新，有可能在看到本書的同時，操作介面會略有不同，不過整體的操作程序通常不會改變，仍然可以放心閱讀。

主畫面介紹

登入並開啟 Leonardo.Ai 後，會看到下圖的主畫面，主畫面分成五個區域：

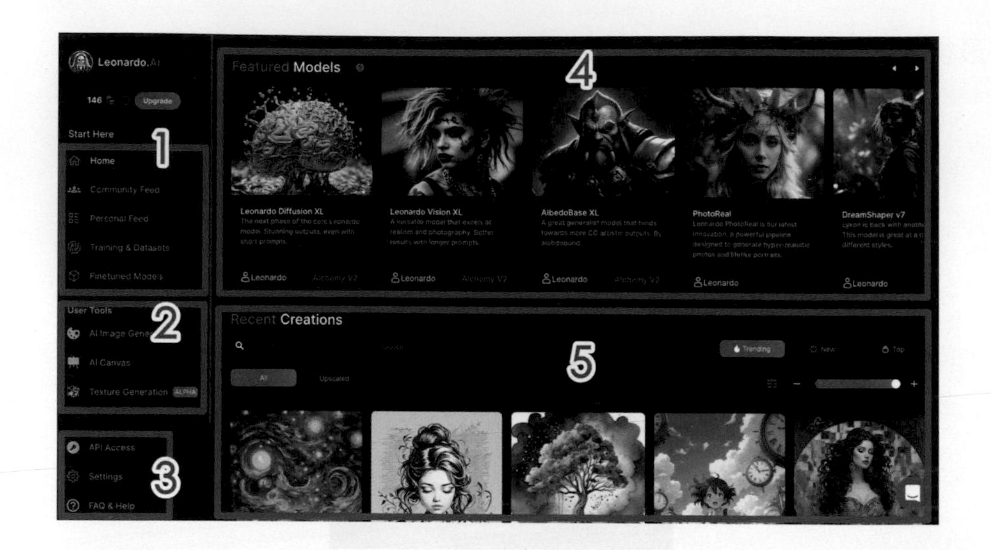

1、**資料與檢視：**

- Home：回到首頁。
- Community Feed：其他使用者的公開分享。
- Personal Feed：自己的創作。
- Training & Datasets：自己訓練的模型和資料。
- Finetuned Models：微調模型。

2、**工具：**

- AI Image Generation：AI 圖片產生工具。
- AI Canvas：AI 畫布。
- Texture Generation：AI 材質產生器。

3、**設定：**

- API Access：使用 API 串接 Leonardo.Ai。
- Setting：使用者設定。
- FAQ & Help：教學説明。

4、現有功能與模型。

5、最新的創作。

產生第一張圖片

點擊左側「AI Image Generation」就能開啟 AI 圖片產生工具，為了避免第一次使用就消耗太多 token，先參考下圖，將產生圖片設定為產生 1 張、關閉真實照片 PhotoReal、高級產生器 alchemy 的選項，並設定圖片大小為 512x512。

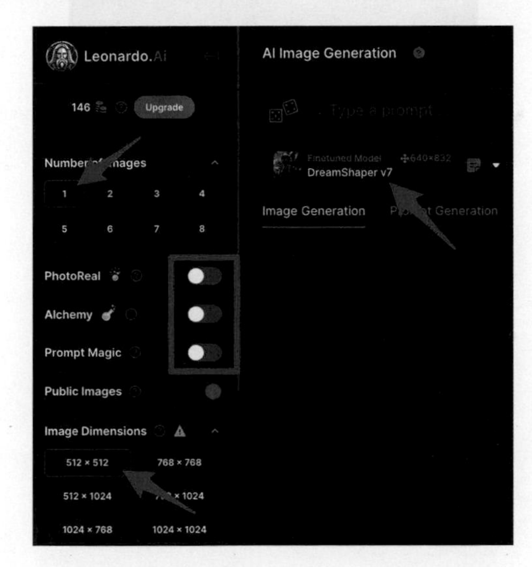

設定後從右側確認是否只消耗 1 個 token。

在中間上方的輸入欄位，輸入要產生圖片的文字提示，範例使用「a cute dog is on the couch」，接著按下 Generate。

完成後就會看到一隻小狗躺在沙發上的影像，透過其他的設定或是輸入其他的提示文字，就能產生更多不同的圖片。

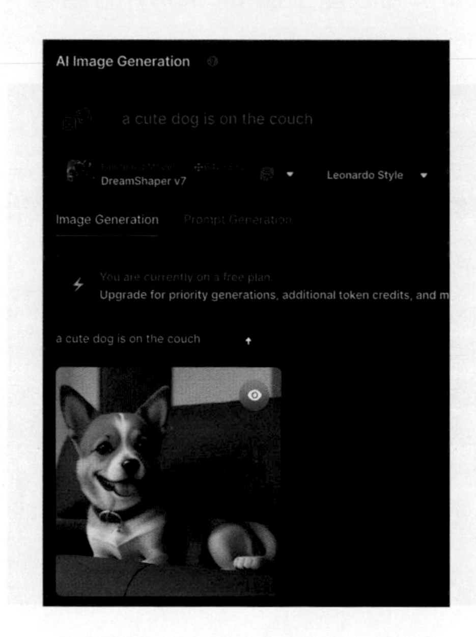

小結

開始使用 Leonardo.Ai 後，就會感覺它的方便與強大，真可説是目前在「價格＋功能＋易用度」最完整的 AI 繪圖工具，也是 Midjourney 和 Stable Diffusion 現階段最大的競爭對手，相信如果好好的使用，一定能夠運用 Leonardo.Ai 畫出許多驚人的作品。

Chapter 09

Leonardo.Ai（產生圖片）

前 言

這個章節會開始正式使用 Leonardo.Ai 產生圖片，從 Image Generation 到 Elements 風格元素，再到 Prompt Magic、PhotoReal、Alchemy，以及 Image to Image，感受 Leonardo.Ai 所帶來的視覺創意饗宴。

9-1 使用圖片產生器 Image Generation

登入 Leonardo.Ai 之後，點擊左側 Image Generation 就可以開始透過文字提示產生圖片，這篇教學會介紹如何使用 Image Generation (圖片產生器)，以及相關的操作介面。

因為 Leonardo.Ai 更新幅度很快，有些畫面可能會有些許差異，但操作用法仍然相同。

開啟圖片產生器 Image Generation

登入 Leonardo.Ai 之後，點擊左側 Image Generation，就會開啟 Image Generation (圖片產生器)，操作介面主要分成左右兩部分：

- 1、左上方：提示目前可用的算圖 token 數量。
- 2、左邊：相關算圖的設定。
- 3、右上：輸入文字提示並進行模型和元素設定。
- 4、右下：顯示產生的圖片、分析的提示詞產生位置。

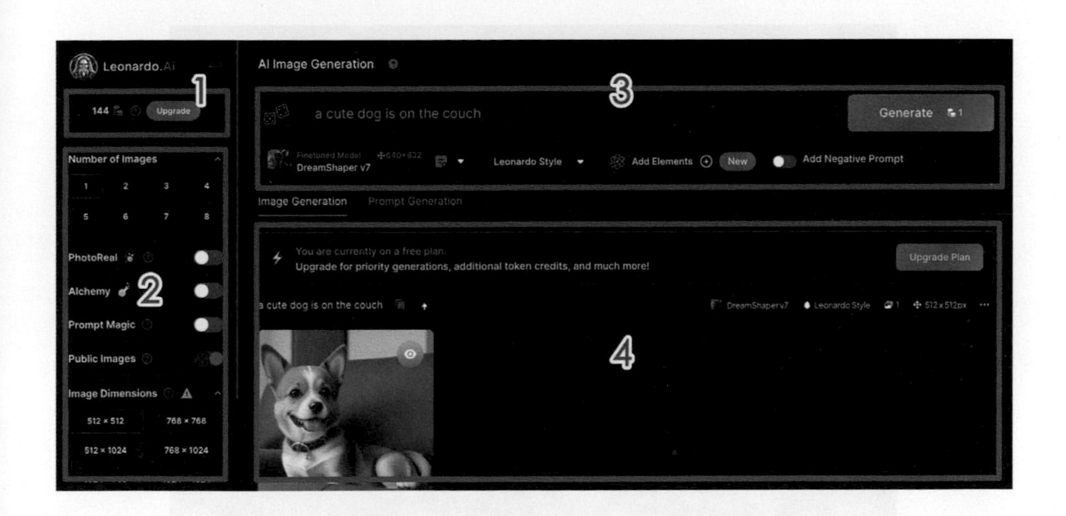

AI Image Generation

右邊主要的 AI Image Generation 畫面，除了可以讓使用者輸入文字提示產生圖片，同時也是產生後圖片所存放和瀏覽的區域，主要有下列幾個功能：

- 1、Type a prompt：提示輸入框：輸入文字提示，前方的骰子按鈕可以產生隨機提示詞，或美化你的提示詞。
- 2、Finetuned Model：選擇算圖模型：不同模型會有不同的強項。
- 3、Add Elements：添加混合風格元素，最多可添加四種，並可設定權重。
- 4、Add Negative Prom：勾選後會多出一欄輸入負面提示，AI 會盡可能排除輸入的內容。
- 5、Generate：算圖按鈕，點擊就會開始產生影像，下方也會有提示文字，提示這次算圖會消耗多少 token。
- 6、Image Generation：產生的圖片、產生圖片的歷史紀錄。
- 7、Image Guidance：運用圖片產生圖片。
- 8、Prompt Generation：AI 幫你想提示詞。

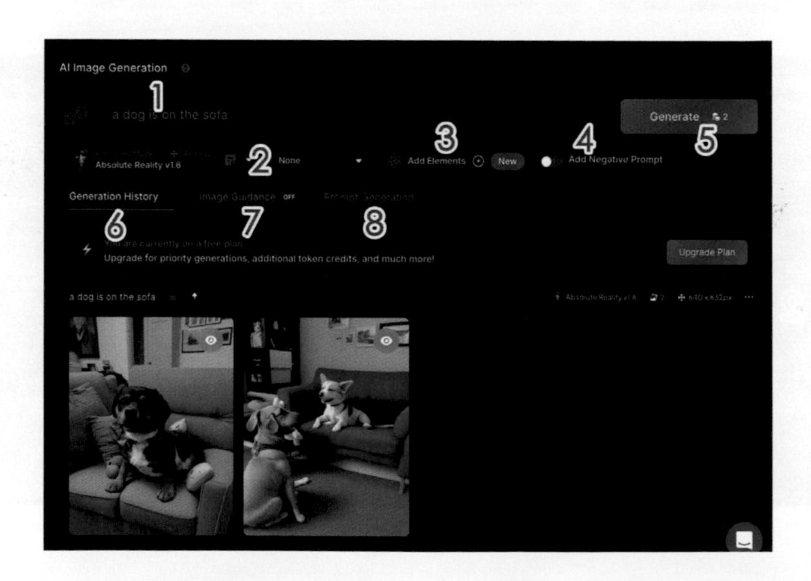

Number of Images

「Number of Images」可以設定要產生的圖片數量，可以選擇 1 ～ 8 張，通常數量越多，「平均」消耗的 token 數會越少，但總消耗的 token 仍然是比較多的。

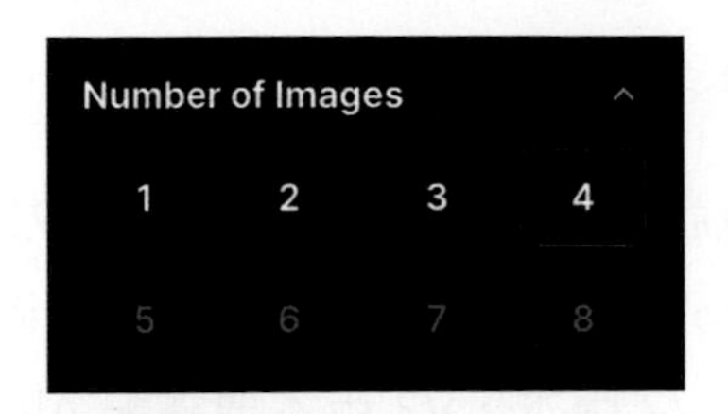

PhotoReal

「PhotoReal」可以產生「極為逼真」的照片，開啟 PhotoReal 功能的同時，也會一併開啟「AlChemy」功能，使用 PhotoReal 不僅會消耗大量的 token，對於免費的使用者，也有 7 天試用期的限制，時間超過後就不能使用，與 Prompt Magic 不能同時使用。

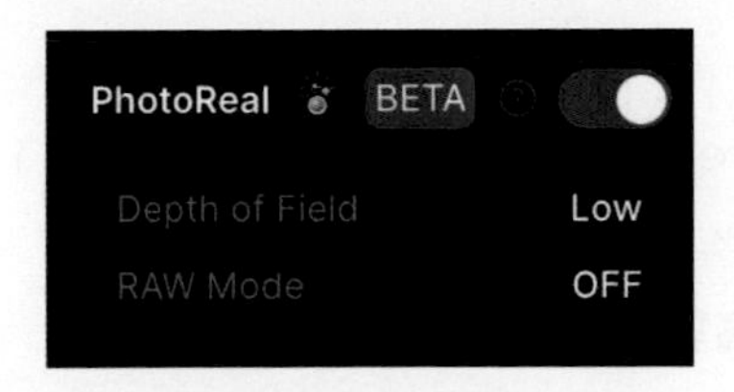

PhotoReal 有兩個設定選項：

- **Depth of Field**：景深控制，Low 表示淺景深 (主體清楚，背景模糊程度高)，High 表示長景深 (主體清楚，背景模糊程度低)
- **RAW Mode**：RAW 模式，圖片會產生更多細節，如果提示內容較多建議開啟，如果提示內容較少則可以關閉。

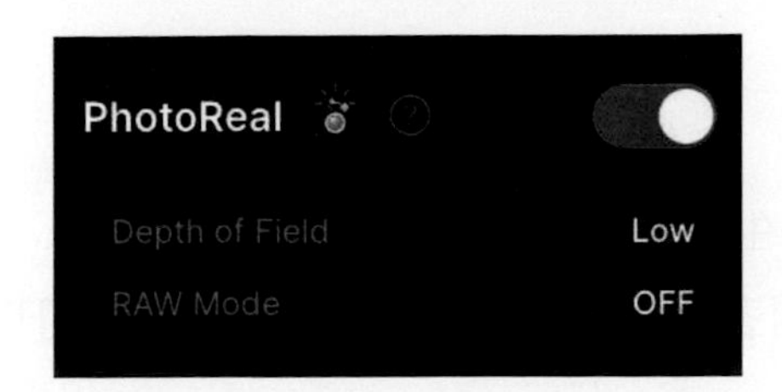

Prompt Magic

「Prompt Magic」可以讓 AI 對於提示更有「想像力」或「創造力」，使用 Prompt Magic 會消耗 token，與 PhotoReal 不能同時使用。近期 Leonardo.Ai 更新後，設定裡只有 V2 版本，V3 版本要搭配 Alchemy。

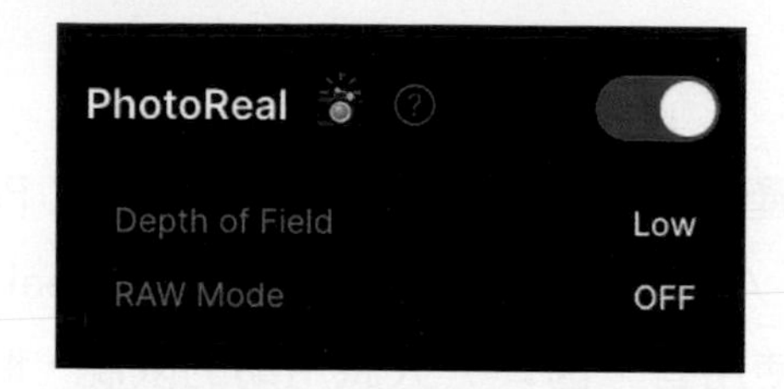

Prompt Magic 有兩個設定選項：

- **Prompt Magic Strength**：**強度，數值範圍 0 ～ 1，數值越大 AI 的想像力或創造力越豐富。**
- **High Contrast**：**高對比，陰影或對比會越明顯。**

Alchemy

「Alchemy」可以產生高品質且符合產圖模型的影像，使用後會大幅消耗 token (這是付費使用者專屬功能，剛註冊的新使用者可以使用十四天左右)。

啟用 Alchemy 後會將 Prompt Magic 整合到設定裡，總共有四個設定選項：

- **High Resolution**：產生尺寸更大的影像，官方建議搭配 Prompt Magic V3。
- **Contrast Boost**：對比度增強，預設 1，官方建議有些影像可以減少數值。。
- **Resonance**：細節增強，數值越多細節越多，官方建議使用 13 ～ 15。
- **Prompt Magic**：魔法提示，可以選用 V2 或 V3 版本，V3 可以啟用 RAW Mode 模式輔助較多的提示詞，也會增加產生圖片彼此間的差異。

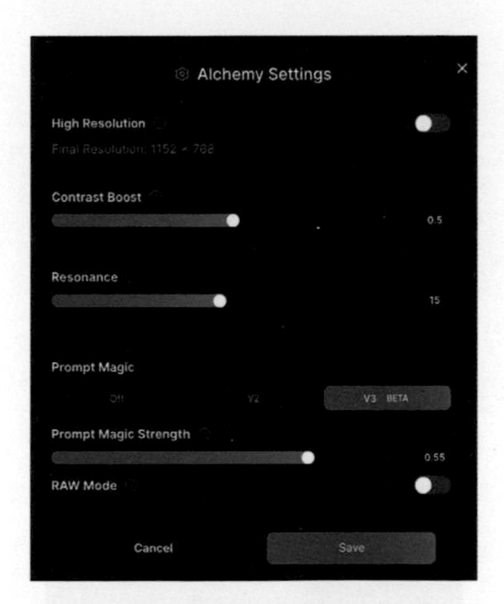

如果使用某些特殊算圖模型，會自動將 Alchemy 變成 V2 版本 (效果更強大)。

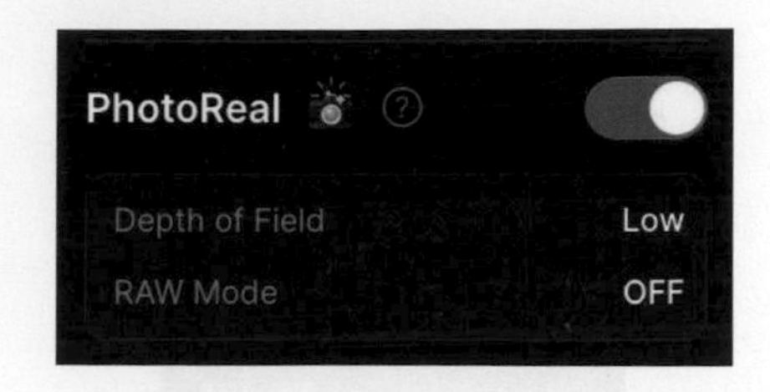

Public Images

「Public Images」可以設定是否公開影像，只有付費使用者才能夠將影像設為私有。

Input Dimensions

「Input Dimensions」可以設定產生圖片的長寬比例或尺寸，數值越高所消耗的 token 也越多。

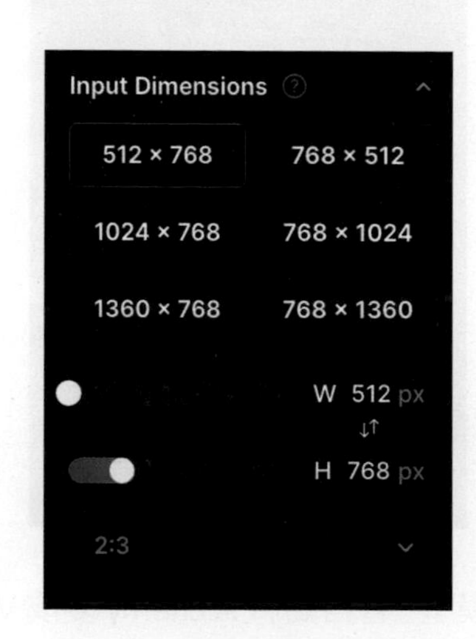

Image Guidance

「Image Guidance」可以上傳單張圖片，透過圖片產生類似的影像，點擊 Image Guidance 就能開啟使用圖片產生圖片的介面，如果是付費使用者，可以同時使用四張圖片作為產生圖片的素材。

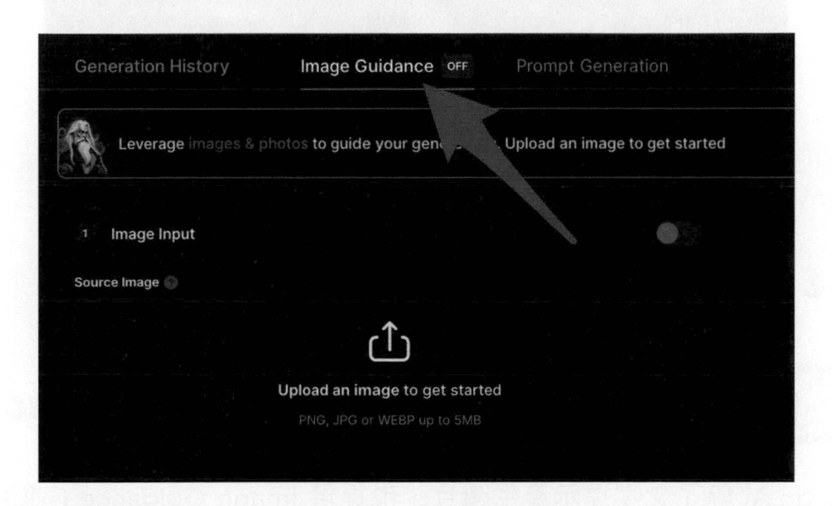

選擇並開啟圖片後，上方 Image Guidance 標籤會呈現「ON」的狀態，如果左側開啟 Prompt Magic，Image Guidance 就只能使用 Image Prompt 的圖片提示模式。

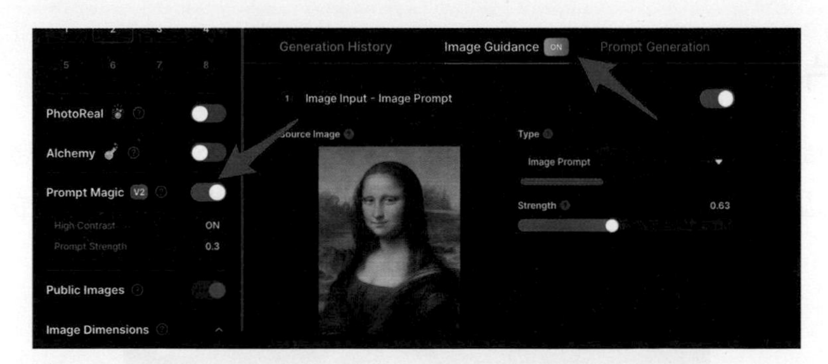

如果左側關閉 Prompt Magic，Image Guidance 就能使用十種圖片產生圖片的模式。

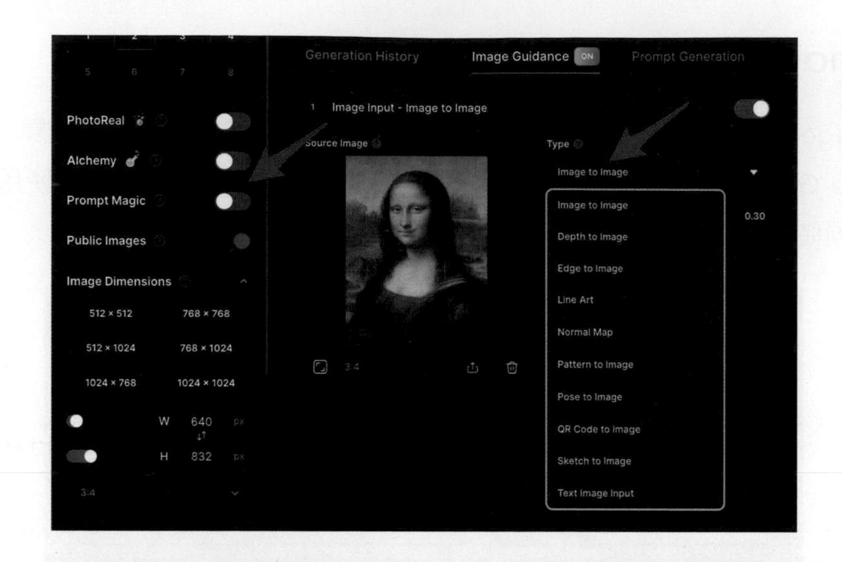

9-2 使用圖片產生圖片 (Image Guidance)

Leonardo.Ai 除了文字提示產生圖片，也提供 Image Guidance (運用圖片產生圖片) 的功能，只要上傳範例圖片，Leonardo.Ai 就會參考圖片進而生成圖片，這篇教學會介紹 Image Guidance 裡強大的圖片產生圖片功能以及各種模式。

圖片產生圖片的功能

點擊 Image Guidance 頁籤，就能開啟圖片產生圖片的功能，如果啟用了圖片產生圖片的功能，在 Image Guidance 的頁籤旁邊會出現「ON」的提示。

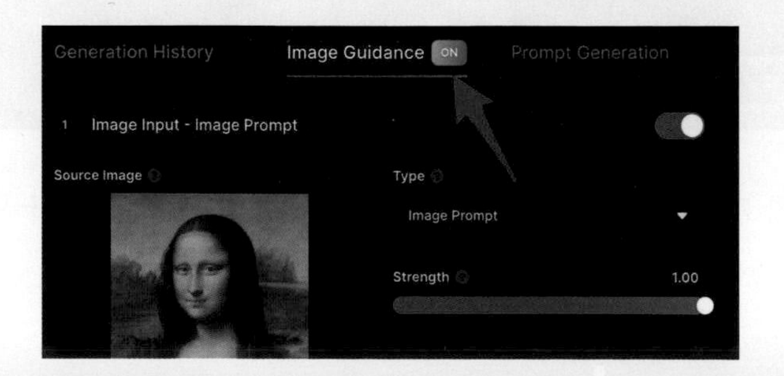

Leonardo.Ai 提供許多種圖片產生圖片的功能，主要可以分成是「搭配 Prompt Magic」和「不搭配 Prompt Magic」兩種，功能說明如下：

- **搭配 Prompt Magic**：使用 Image Prompt 模式，將圖片內容作為提示的一部分，類似 Midjourney 的 Blend 功能。
- **不搭配 Prompt Magic**：使用十種圖片產生圖片模式，內建 ControlNet 控制網格功能。

例如下圖的介面，如果啟用了 Prompt Magic，產生圖片的模式就只能使用 Image Prompt。

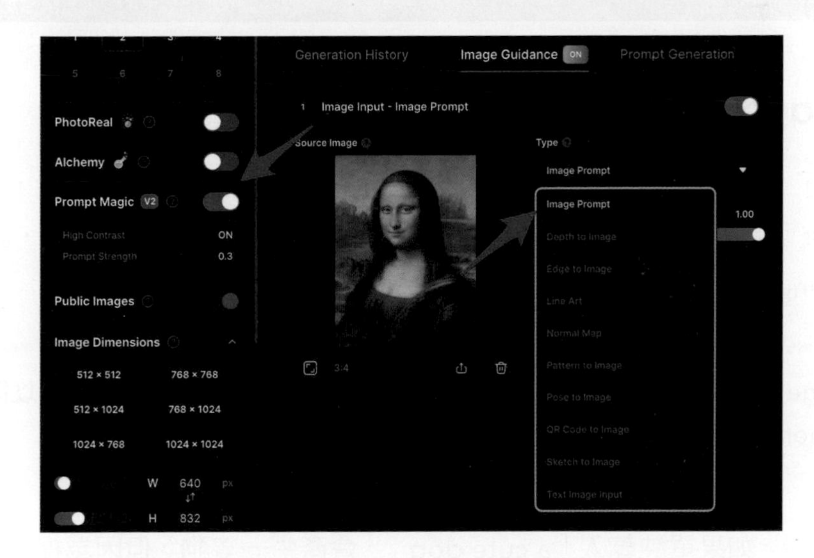

如果是付費的使用者，可以同時使用四張圖片作為圖片產生圖片的素材。

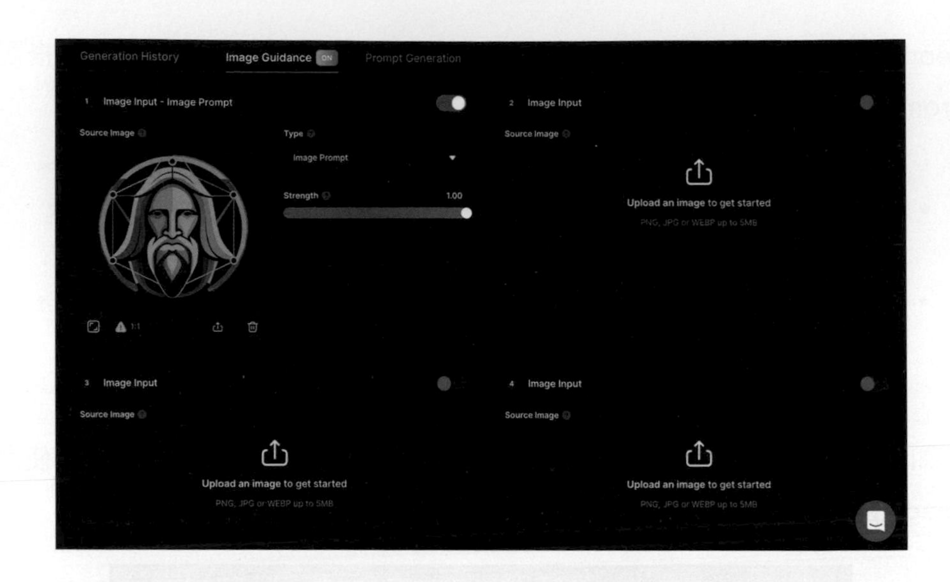

Image Prompt 圖片提示

啟用了 Prompt Magic 之後就能使用「Image Prompt」功能，Image Prompt 可以將圖片作為提示使用，功能類似 Midjourney 的 Blend，設定參數 Strength 表示該張圖片提示的強度，範圍 0 ～ 1。

> **Image Prompt 不能和「PhotoReal」功能一起使用，付費的使用者可以搭配 Alchemy 使用 (Alchemy 須設定 Prompt Magic 為 V2)。**

舉例來說，如果單純輸入「a cute dog」，會產生一隻狗，但因為提示太少，所以產生的小狗不論是背景還是毛色都無法掌握。

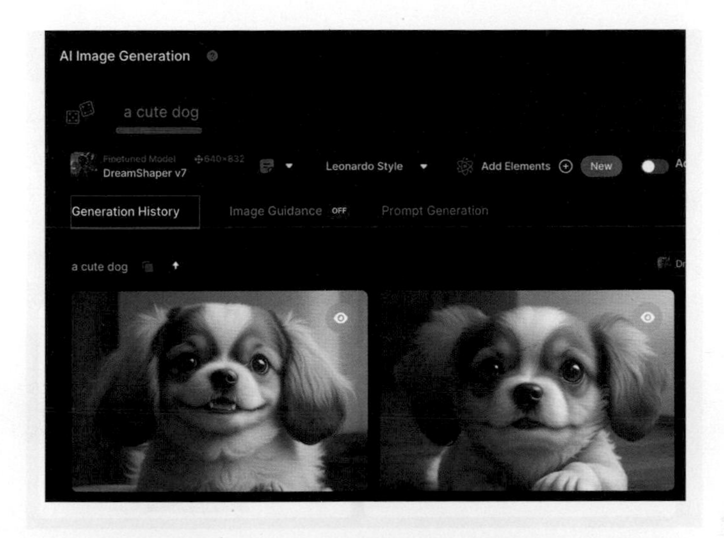

如果上傳一張石膏像的圖片作為 image prompt。

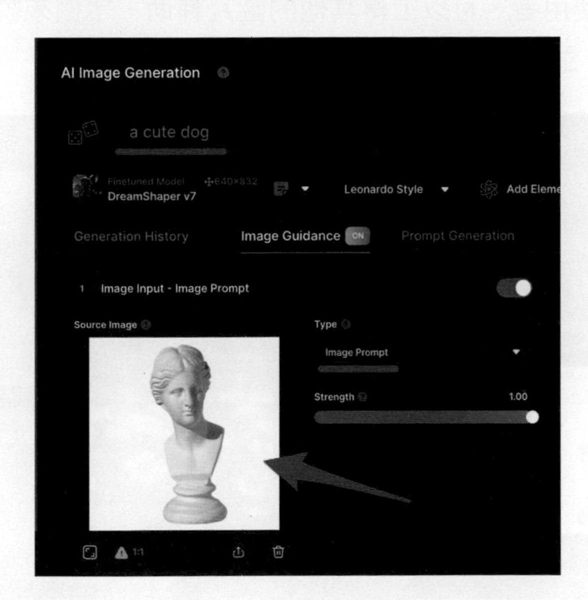

產生的小狗就會是白色的毛，背景也會是白色的。

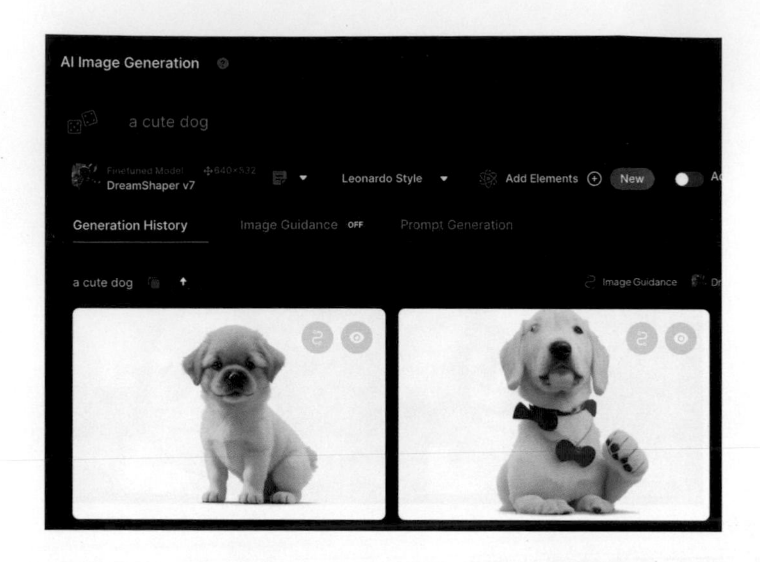

如果是付費的使用者，可以上傳其他的圖片輔助，舉例來說可以再上傳一張花朵的圖片，並調整圖片提示的強度。

最後產生的圖片就會變成白色的狗在綠色草地上。

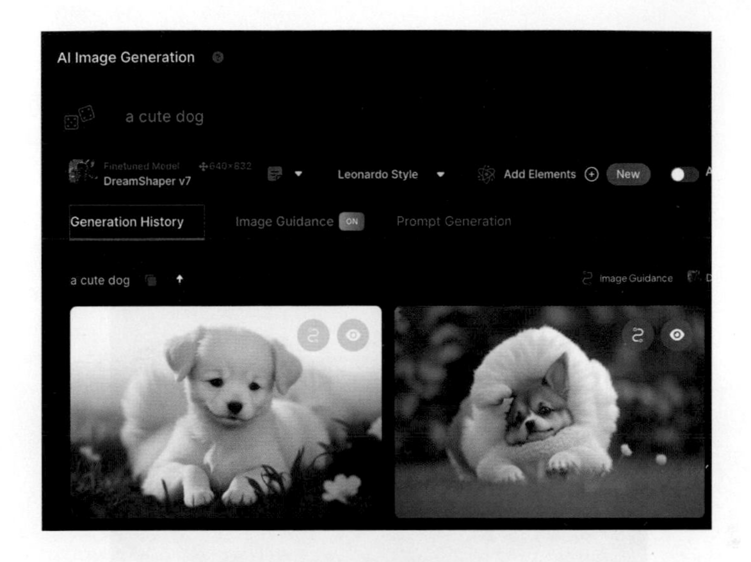

Image to Image 圖片產生圖片

「Image to Image」功能可以提供「單張」圖片，搭配提示詞和設定產生相似的圖片，功能類似 Midjourney 的 Remix，設定參數 Strength 表示該張圖片提示的強度，範圍 0 ～ 1。

> **使用 Image to Image 功能時，產生的圖片與參考圖片需要「長寬比例相同或接近」，如果兩者差異太大，就可能產出無法控制的詭異的圖片，且無法使用兩張圖片進行 Image to Image。**

下方的範例上傳了一張正在瑜珈運動的女生，Strength 設定 0.3，點擊圖片左下方的長寬比按鈕，可以設定產生圖片比例跟原始圖片相同。

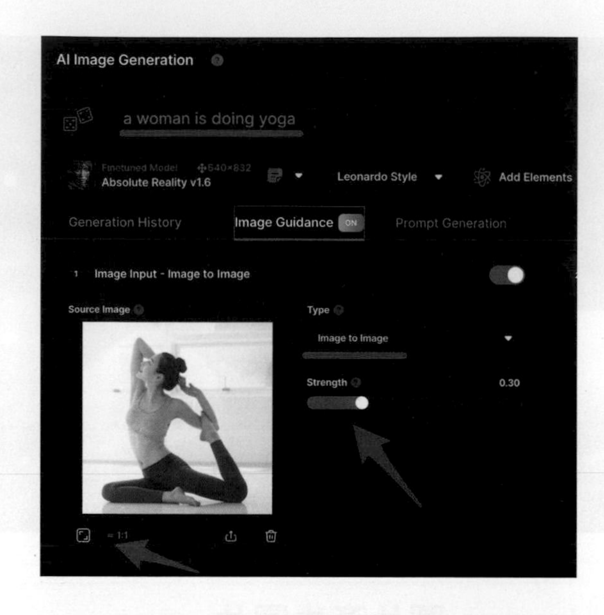

輸入文字提示「a woman is doing yoga」，Leonardo.Ai 就會在原本的圖片中進行加工，由於圖片權重 Strength 只設定 0.3，所以除了姿勢以外，不論穿著和長相都有些變化。

同理如果改成「a man is doing yoga」，參考圖片就會更換成一個正在做瑜珈的男性。

Pose to image 姿勢

「Pose to image 姿勢」是 ControlNet 的其中一種模型，會擷取參考圖片中主體的「姿勢」，再將文字提示詞套用這個姿勢，擷取的姿勢類似下圖，Strength 表示提示的強度，範圍 0 ～ 2。

> 使用 Pose to image 需要注意，Leonardo.Ai 判讀姿勢以「真人」為主，如果是插圖、動物 ... 等非人的姿勢，在判讀上就會有差異，舉例來說，如果使用了插圖的瑜珈女生，產生的影像就會很詭異。

舉例來說，參考圖使用正在瑜珈的女性，，Strength 設定 0.3，根據提示「a man is doing yoga at school」產生圖。

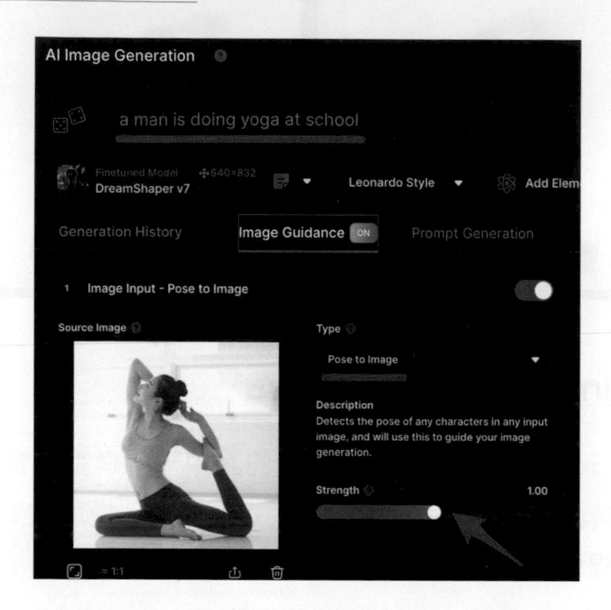

最後結果就會變成男生在學校裡面做瑜珈。

Edge to image 邊緣

「Edge to image 邊緣」是 ControlNet 的其中一種模型，會擷取參考圖中主體的「邊緣」，再將文字提示套用這個邊緣，擷取的邊緣類似下圖，Strength 表示提示的強度，範圍 0 ～ 2。

下面的範例上傳了一張用小畫家隨意畫出的圖，套用文字提示「a cute monster」後，就會使用怪獸的造型與顏色，填滿邊緣。

如果使用插圖的瑜珈女性作為參考圖片，根據提示「a woman is doing yoga, realistic, photography」，就變成在做瑜珈的真人女生。

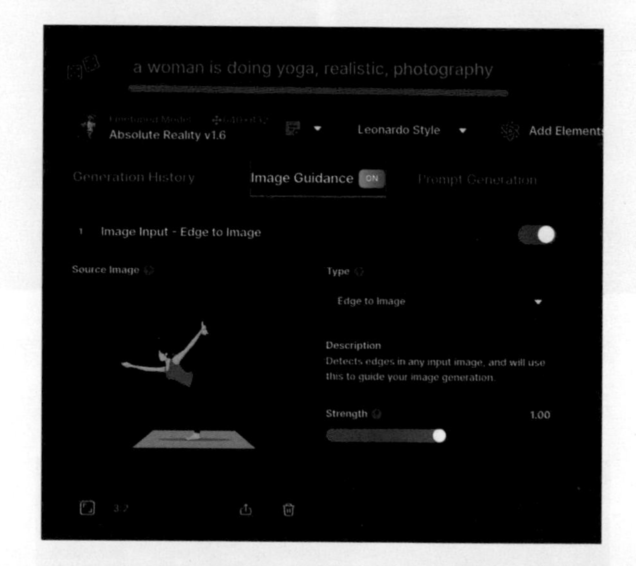

Depth to image 深度

「Depth to image 深度」是 ControlNet 的其中一種模型，屬於大面積色塊的模型，會擷取參考圖片中的「景深」，將文字提示套用在「清楚的景深」裡，擷取出來的景深類似下圖，會先產生黑白的影像，然後將文字提示套用在白色的部分，顏色越白套用越多，Strength 表示提示的強度，範圍 0～2。

下面的範例上傳了一張用小畫家隨意畫出的圖，套用文字提示後，就會發現怪獸主要都產生在白色的區域。

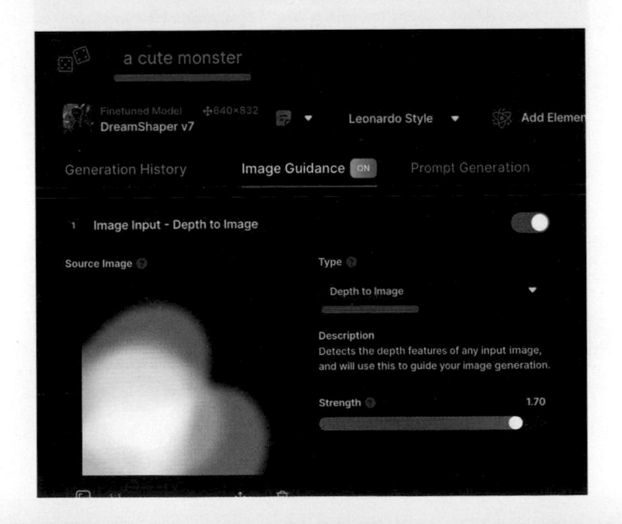

Pattern to image 圖案

「Pattern to image 圖案」是 ControlNet 的其中一種模型，會擷取參考圖片中的「圖案與花紋」，將文字提示套用在「圖案與花紋」裡，換句話說會使用文字提示中的內容，產生出來類似圖案和花色的東西，舉例來說如果提供蘋果的圖片，但是提示為山脈，則產生的山脈會按照蘋果的圖案進行排列，變成由山脈組成的蘋果，Strength 表示提示的強度，範圍 0 ～ 2。

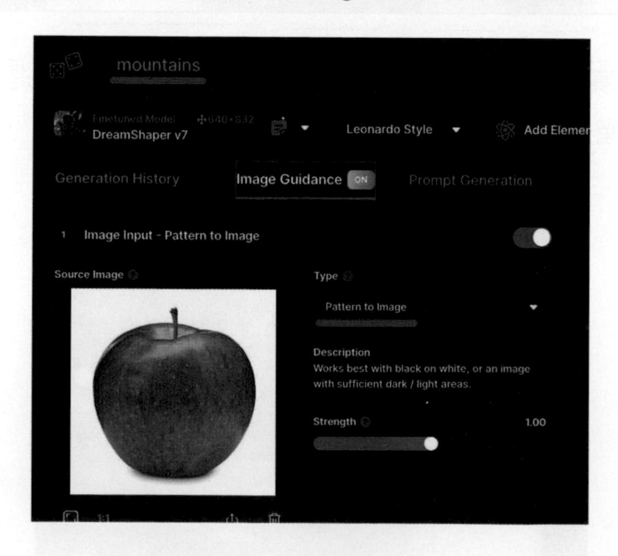

這個做法的原理其實會先將圖片進行「二值化」為黑白影像，再根據黑白影像繪製對應的內容，如果圖片的顏色對比不夠明顯，產生的黑白影像就會不夠清楚，得到的結果也就不盡理想，所以要使用 Pattern to Image，盡可能要讓「主體與背景的顏色對比明顯」，甚至可以直接使用其他繪圖軟體產生黑白影像，效果就會更好，舉例來說，下圖黃色香蕉白色背景，因為黃色白色太接近，二值化的效果不好，產生的香蕉圖案就不明顯。

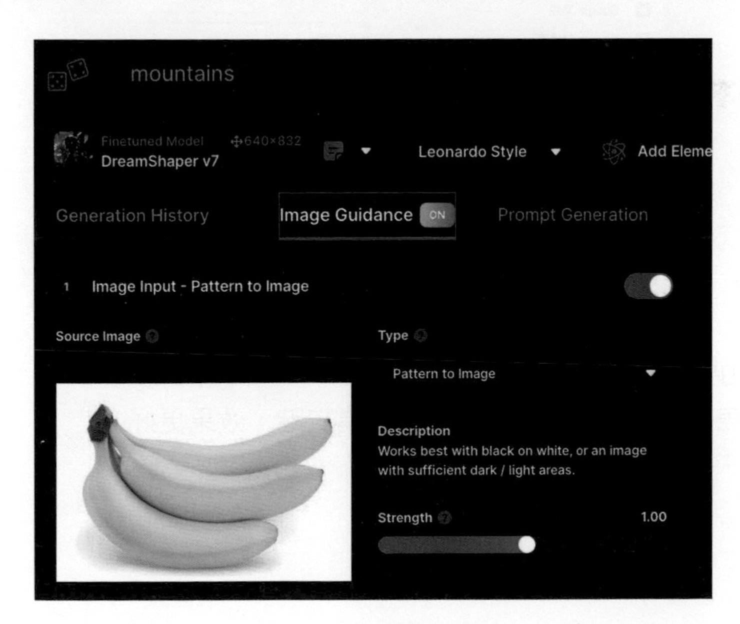

為了讓 Pattern to image 的效果更好，可以使用一些繪圖軟體增加圖片對比度，舉例來說可以使用 Google 雲端硬碟內建的「Google 繪圖」工具。

使用 Google 繪圖工具開啟香蕉圖片，調整香蕉的亮度和對比度，使其主體和背景的差異較為明顯 (也可調整顏色為灰階，效果更好)。

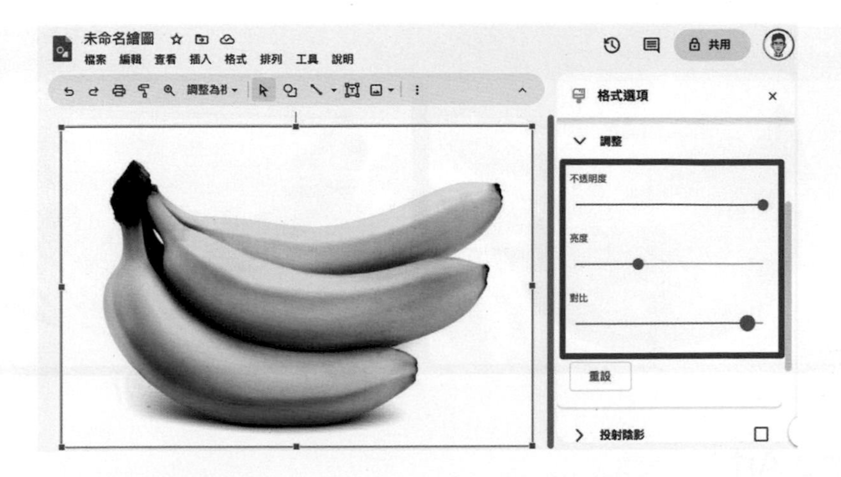

完成後下載為 jpg 檔案。

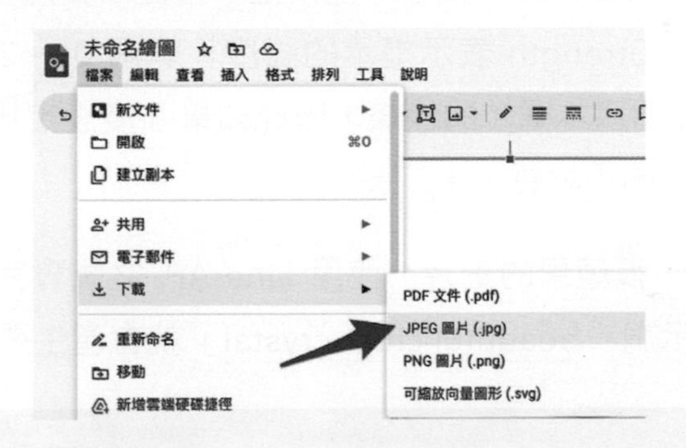

回到 Leonardo.Ai，使用調整後的香蕉產生影像，就能得到更為漂亮的隱藏香蕉影像了。

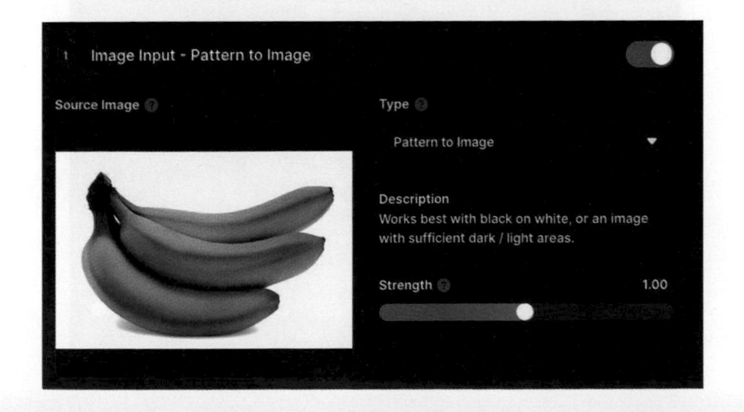

Line Art

「Line Art」是 ControlNet 的其中一種模型，會提取圖片中的線稿，讓圖片更加精細和豐富，Strength 表示提示的強度，範圍 0 ～ 2，因為使用 Line Art 線稿會非常強調原本圖片的線條，因此如果強度設定比較高，提示詞反而會趨向增加圖片的「材質」。

舉例來說，使用一張蘋果的圖片，使用 Line Art 之後會完全保留蘋果的線條細節，搭配提示詞「beautiful clear crystal」就會產生透明水晶的蘋果。

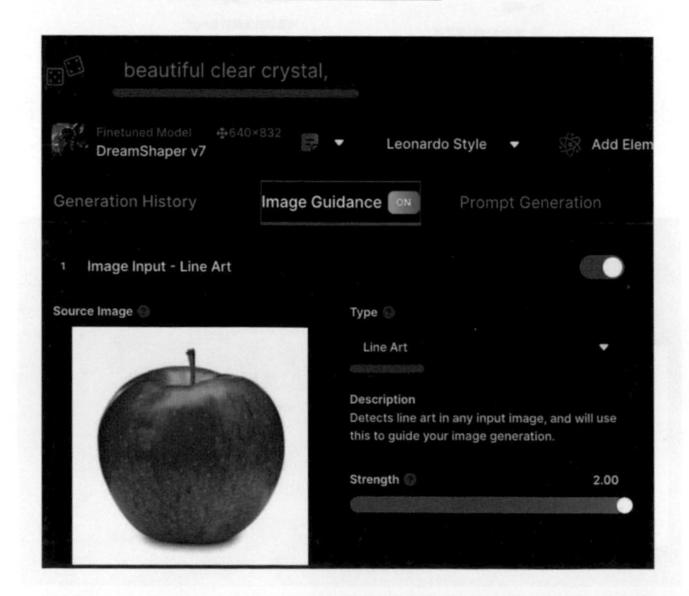

另外一個例子，如果使用的是人像圖片，也可以使用 Line Art 保留圖片的邊緣線條，搭配提示詞「sketch, pencil art」就能做到手繪效果。

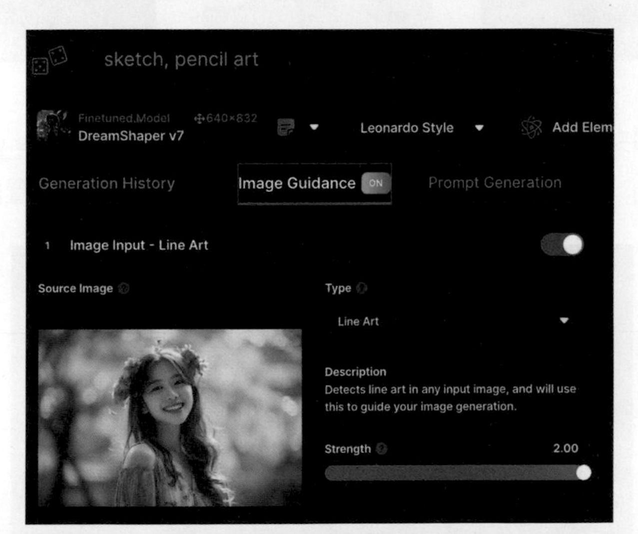

Normal Map

「Normal Map」是 ControlNet 的其中一種模型，會計算圖片中物體的表面法向量，進而計算物體表面的方向，透過表面的方向和光影還原原始圖片的立體感，Strength 表示提示的強度，範圍 0 ～ 2。

下圖使用一個女生的人像攝影素材照片，搭配提示詞「a cute girl at school , 2d cartoon」，完成後就會按照光影變化，產生同樣光影位置的卡通角色。

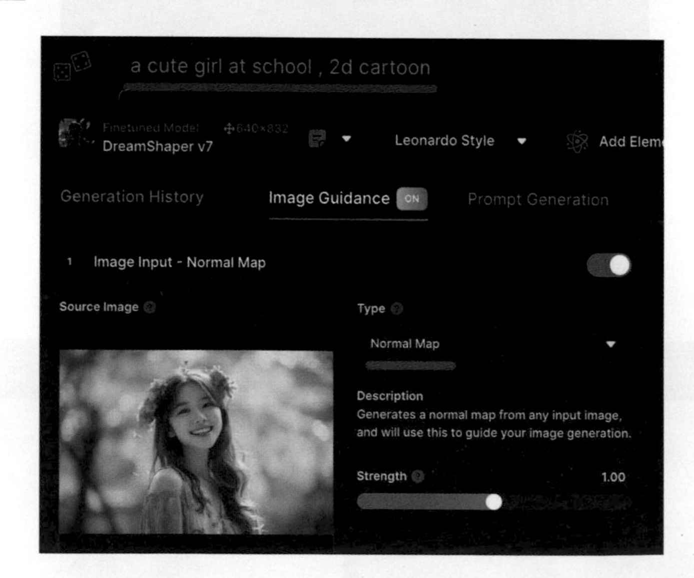

QR Code to Image

「QR Code to Imagep」是 ControlNet 的其中一種模型，會根據提示詞，填滿或修飾 QRCode 原本的形狀，Strength 表示提示的強度，範圍 0～2，建議數值使用 1.5 以上，產生的 QRCode 才比較容易識別。

下圖使用一張 QRCode 圖片，搭配提示詞「some fruits」，完成後就使用水果去組合成 QRCode。

使用同樣的方式，提示詞改成「brick maze, bird view, in the jungle」，就會出現像是磚頭迷宮的 QRCode。

Sketch to Image

「Sketch to Image」是 ControlNet 的其中一種模型，會會將素描或手繪的影像，轉換成上色的影像，Strength 表示提示的強度，範圍 0 ～ 2。下圖使用一張簡單的速寫圖片，搭配提示詞「a hand holds a pen」，完成後就會將速寫轉換成上色的圖片。

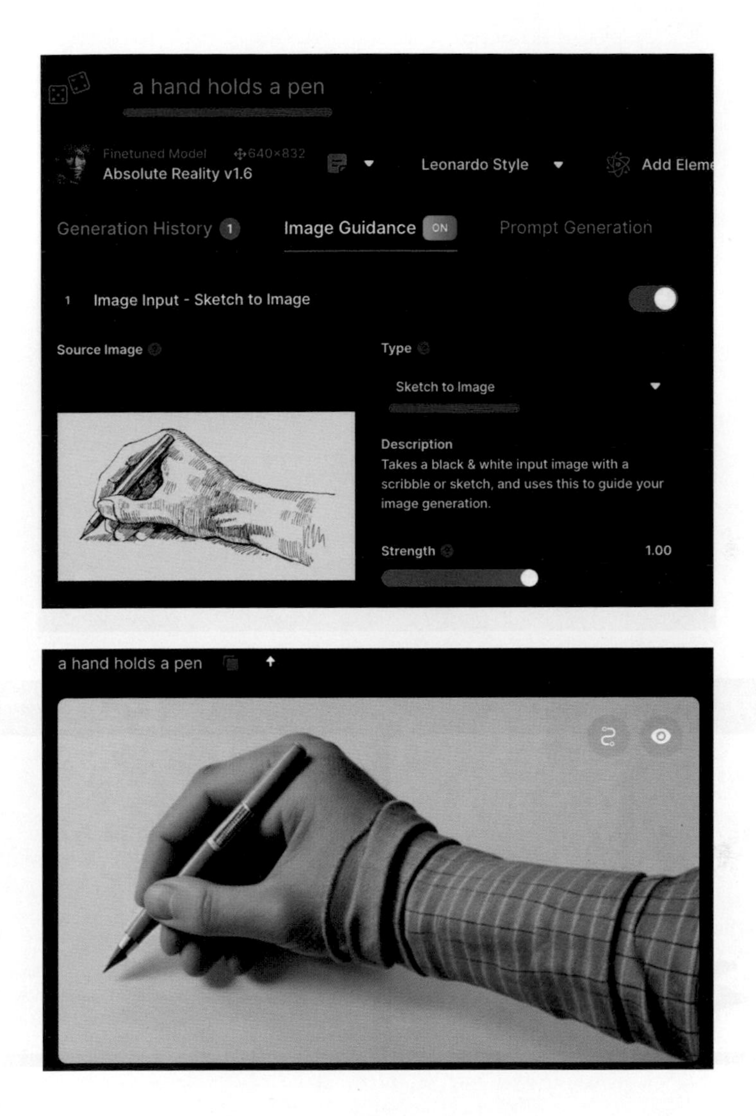

運用這種方法，也可以將小朋友的手繪圖，轉換成上色版本的影像。

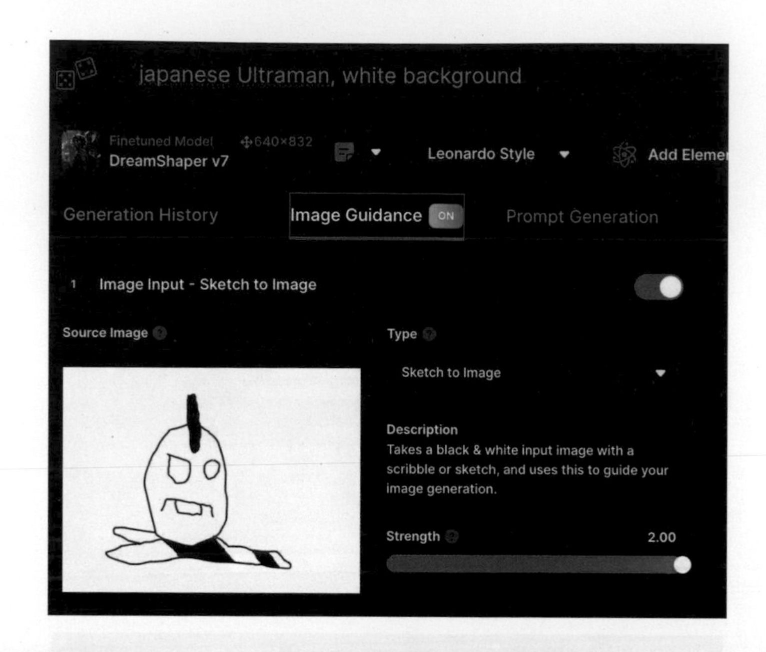

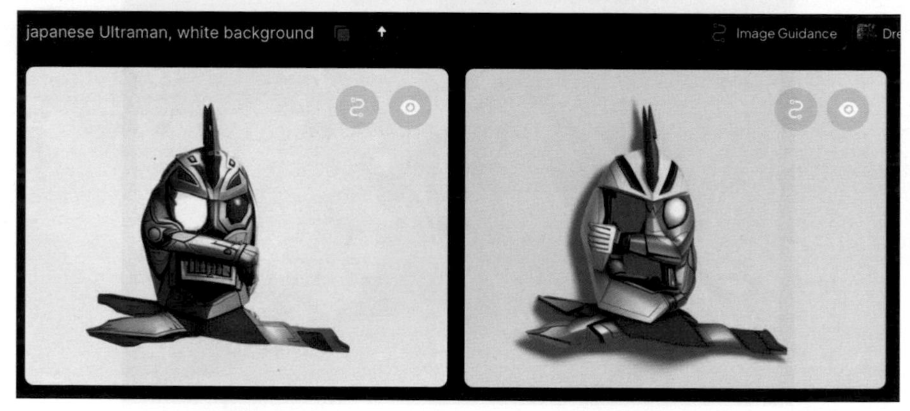

Text Image Input

「Text Image Input」是 ControlNet 的其中一種模型，會將「文字圖片」作為基底，運用提示去組合成文字圖片的樣子，Strength 表示提示的強度，範圍 0 ~ 2。下圖使用一張「讚」的黑白文字圖片，搭配提示詞「many fruits」，完成後就會用水果去組合成文字。

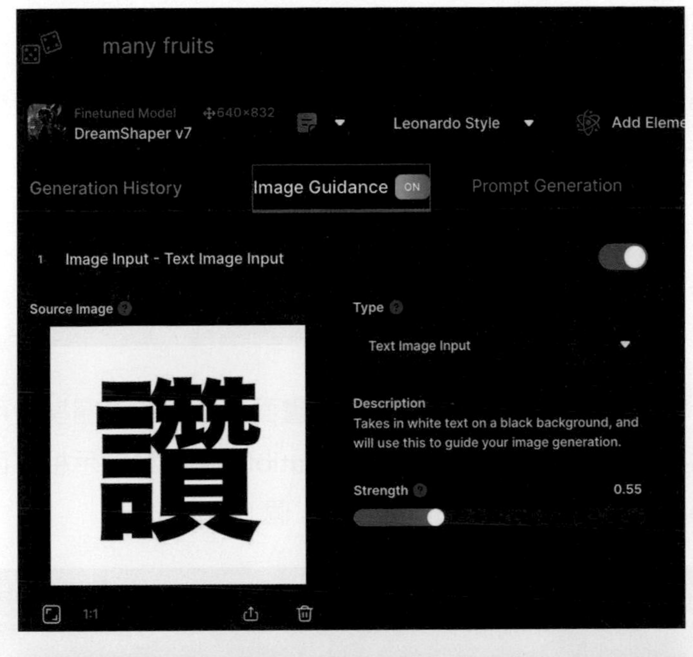

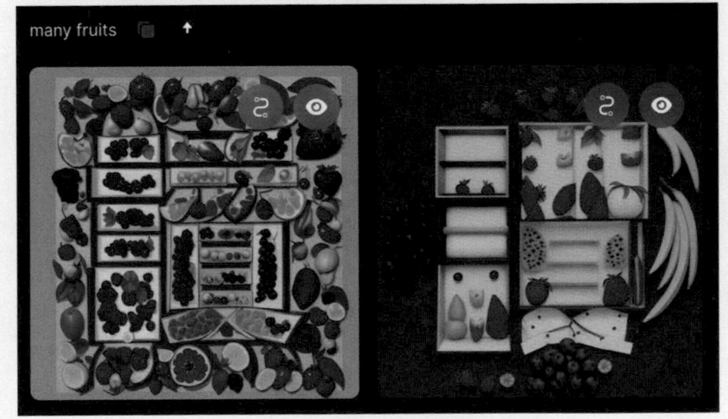

9-3 Elements 風格元素

「Elements 風格元素」是 Leonardo.Ai 在 2023 年九月新推出的功能，可以搭配產生圖片工具一同使用，透過選擇和調整權重的方式，替文字提示添加和混合常用的風格，這篇教學會介紹如何使用和添加 Elements 風格元素。

使用 Elements 風格元素

登入 Leonardo.Ai 之後，進入 AI Image Generation，在選擇模型的後方，會看見「Add Elements」的按鈕。

點擊按鈕，就會開啟 Elements 風格元素畫面，不同的產圖模型可以使用的 Elements 也不同，勾選上方 Show Compatible only 會顯示相容目前產圖模型的 Elements，使用時可一次選擇 1 ～ 4 個 Element。

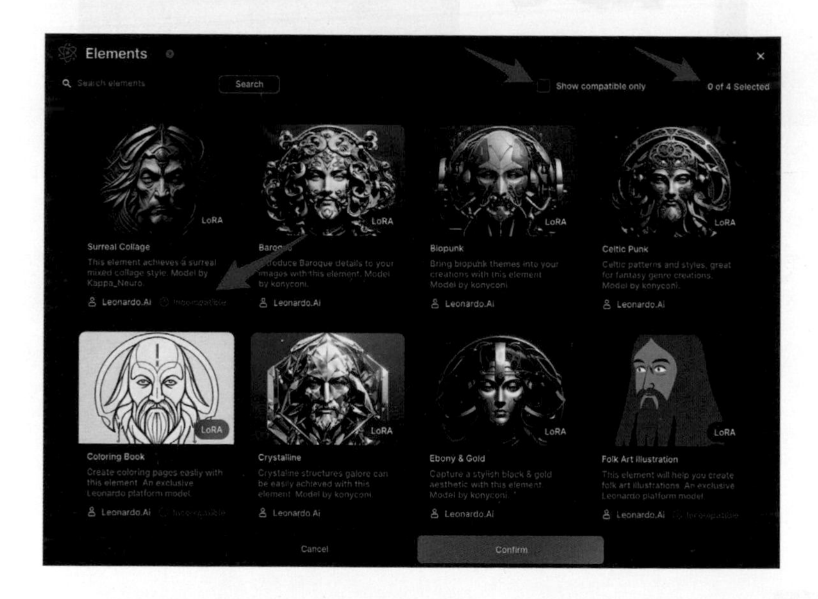

舉例來說，勾選 Crystalline 和 Glass & Steel 的風格元素。

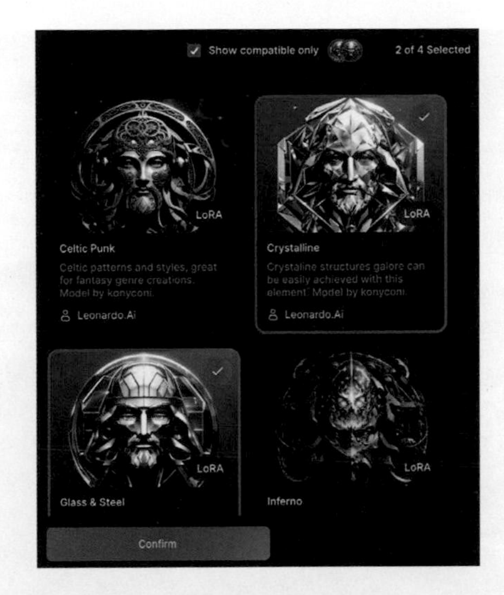

點選 confirm 回到圖片產生器，畫面中就會出現剛剛勾選的兩個 Elements 選項，切換開關能夠關閉或開啟該 Elements，調整拉桿則可以設定要套用該風格的權重，權重範圍 -1 ～ 2。

設定完成後輸入提示詞產生圖片，就會產生融入這兩種風格的影像，同時產生的影像也會有套用 Elements 的提示（提示詞使用 a toy tiger on the table）。

調整 Elements 風格元素權重

透過調整拉桿，可以控制各個風格元素加入的權重 (加入多寡程度)，舉例來說，如果將 Crystalline 設為 2，Glass & Steel 設為 -1，則產生的影像就會以結晶風格為主。

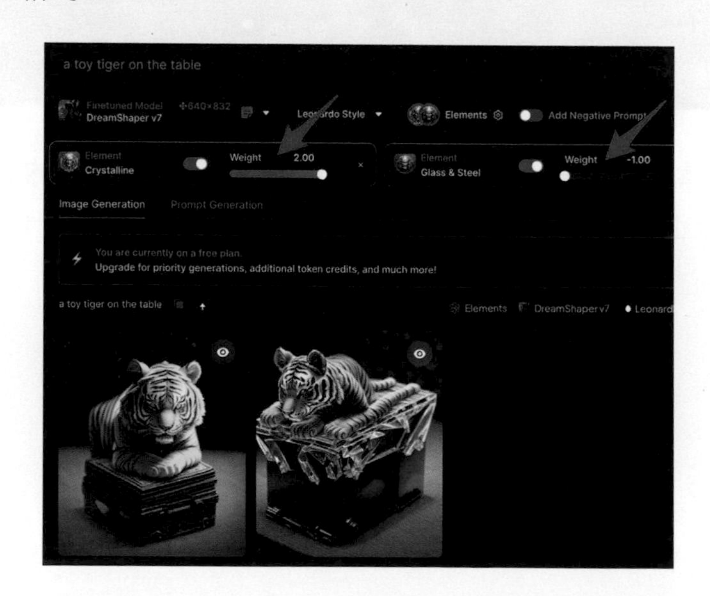

如果將兩者數值顛倒，則會產生玻璃和鋼風格為主的影像。

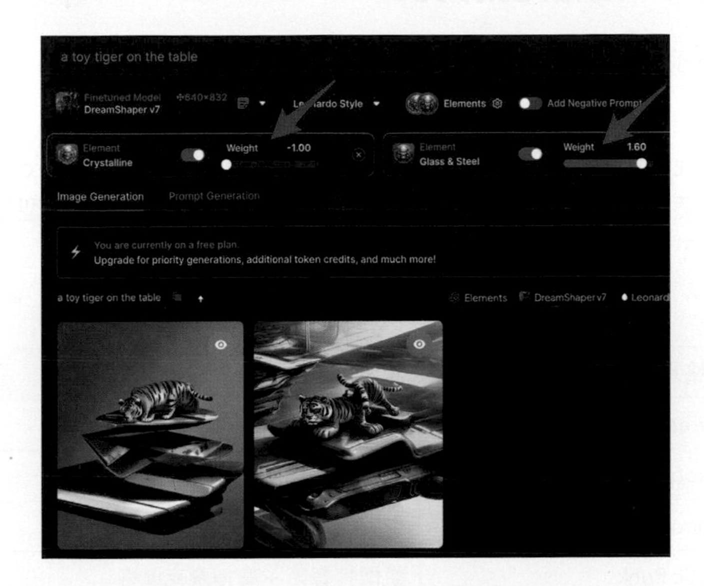

不過有時風格元素也不能添加太多，若添加太多可能會聯同提示詞一起被取代了，以下方的範例而言，若將 Glass & Steel 設為 2，連同老虎都消失了。

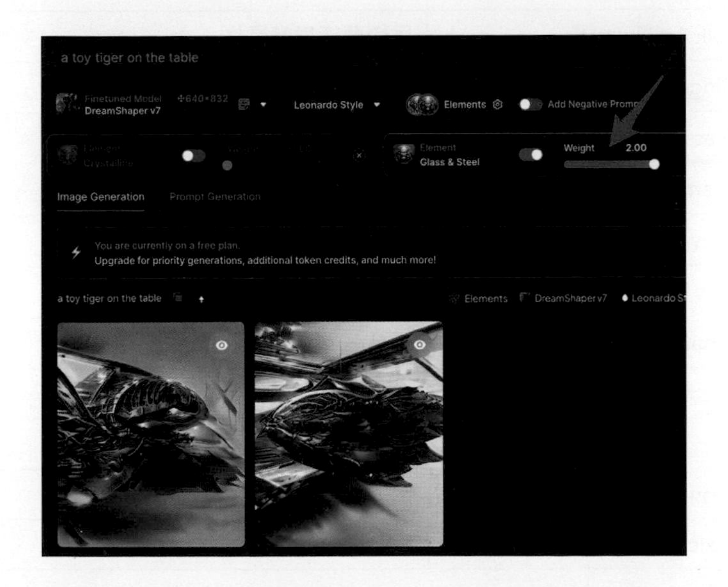

Elements 風格元素列表

下方列出目前 Leonardo.Ai 所提供的風格元素：

這些風格元素都各自相容的產圖模型，由於這個功能屬於 Leonardo.Ai 新功能，未來還會有所變動，因此就不列出相容的模型，只要選擇模型後無法使用，就是不相容。

風格元素	說明
Surreal Collage	超現實拼貼風格
Baroque	巴洛克風格
Biopunk	生物 + 賽博龐克風格
Celtic Punk	凱爾特藝術 + 賽博龐克風格
Coloring Book	著色本風格
Crystalline	結晶風格
Ebony & Gold	烏木和金色風格
Folk Art Illustration	民間藝術插畫風格
Gingerbread	聖誕節薑餅風格
Glass & Steel	玻璃和鋼鐵風格、未來主義風格
Inferno	火與煙的地獄元素風格
Ivory & Gold	象牙和金色風格
Kids Illustration	兒童插畫風格
Lunar Punk	月亮 + 賽博龐克風格
Pirate Punk	海盜 + 賽博龐克風格
Tiki	Tiki 藝術風格
Toon & Anime	卡通與動漫風格
Toxic Punk	紫色綠色的毒 + 賽博龐克風格

Elements 風格元素範例

下圖使用蒙娜麗莎的微笑作為圖片參考，使用 Image to Image 並開啟 ControlNet 設定 post to Image，在沒有開啟風格元素的情形下，使用 a woman 作為提示詞產生的結果。

Baroque

Biopunk

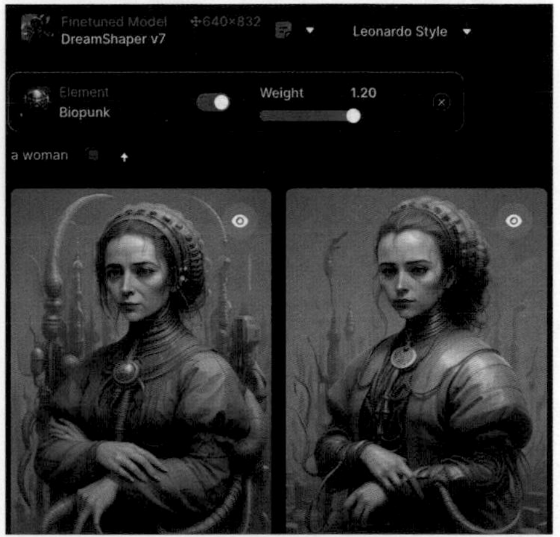

Celtic Punk

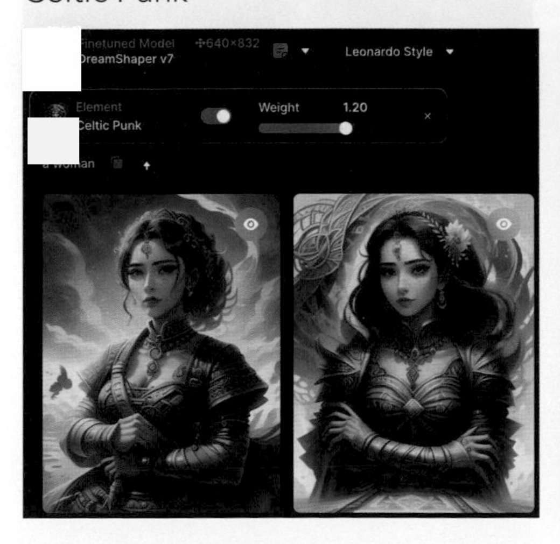

Crystalline

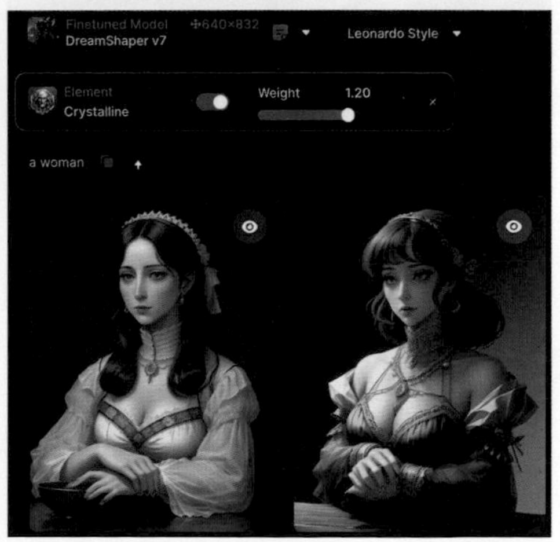

Ebony & Gold

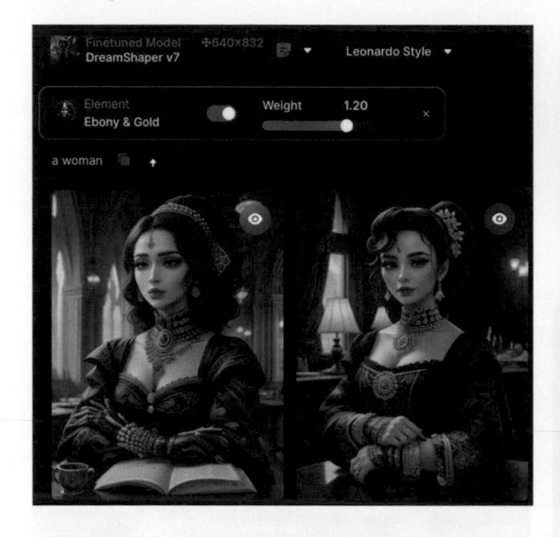

Gingerbread

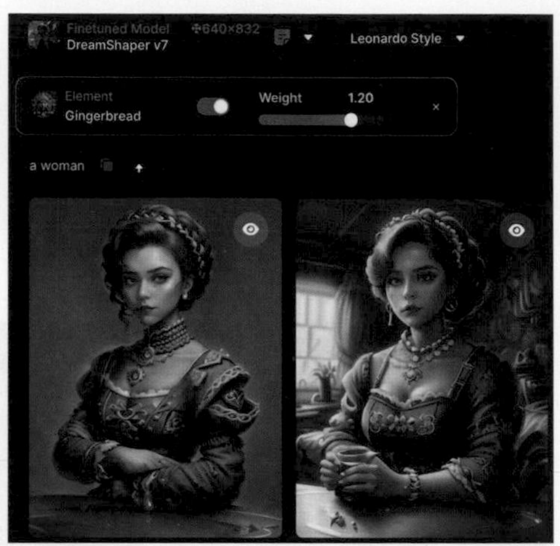

Glass & Steel

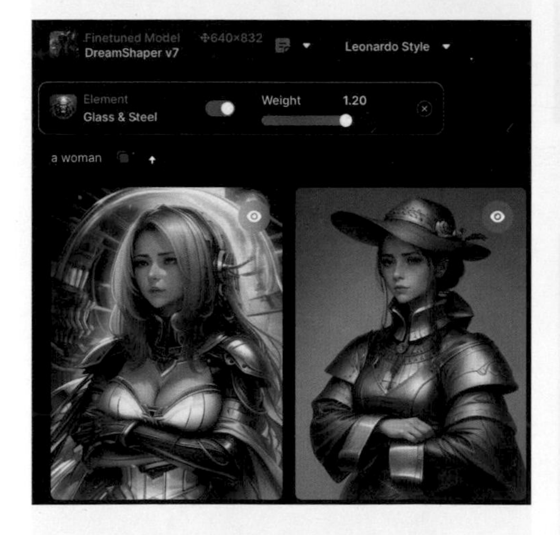

Inferno

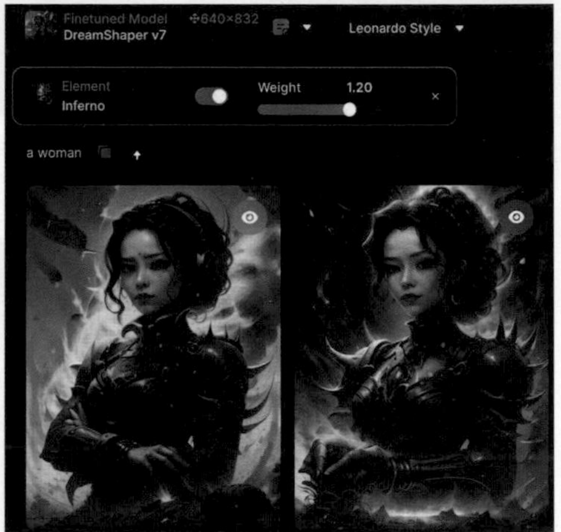

Ivory & Gold

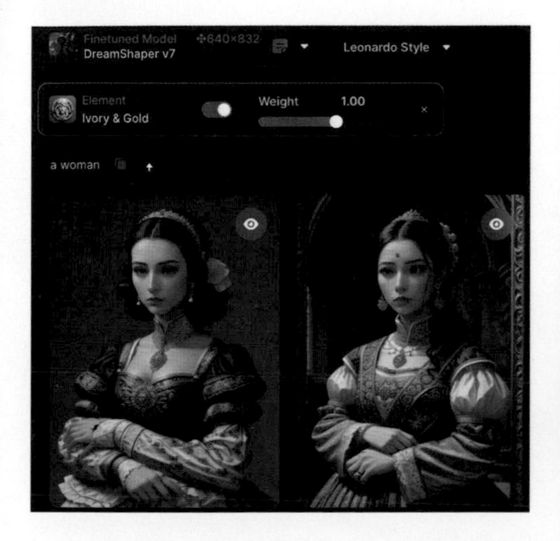

Lunar Punk

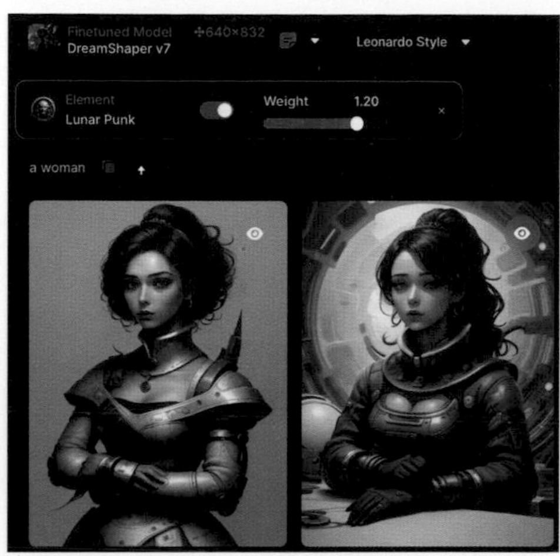

Pirate Punk

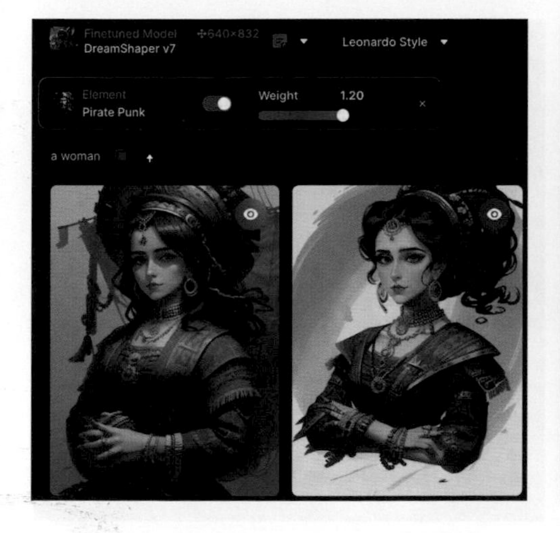

Tiki

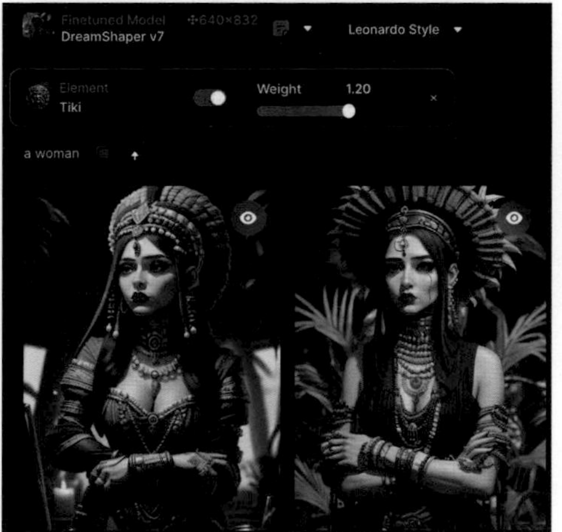

Toxic Punk

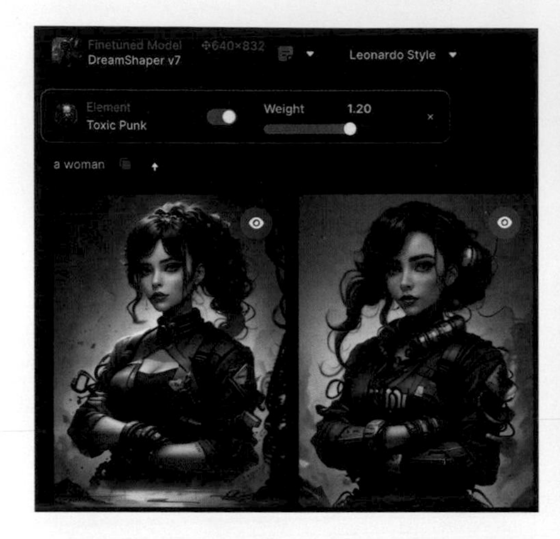

Folk Art Illustration

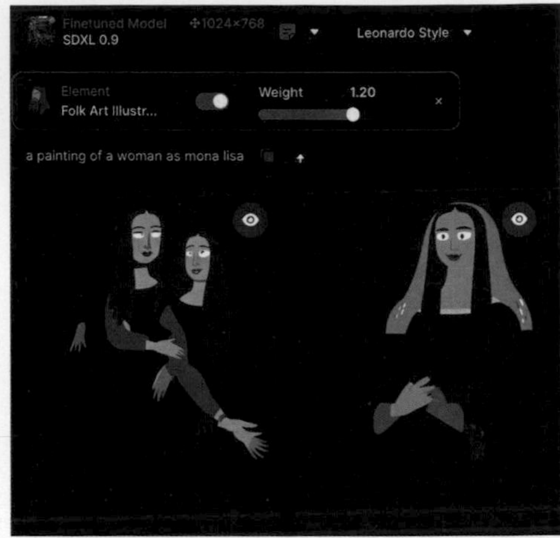

Coloring Book

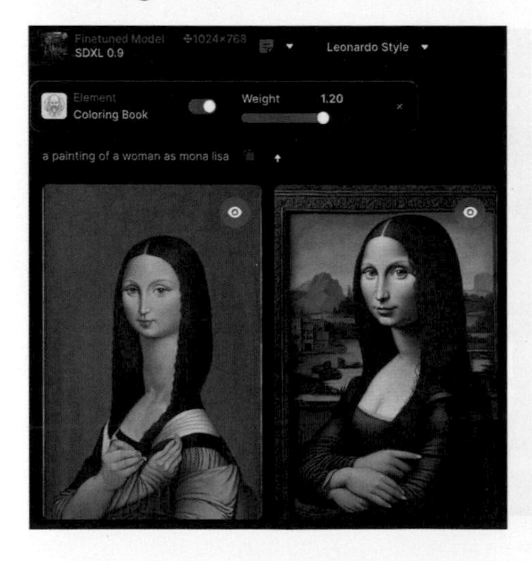

Kids Illustration

Toon & Anime

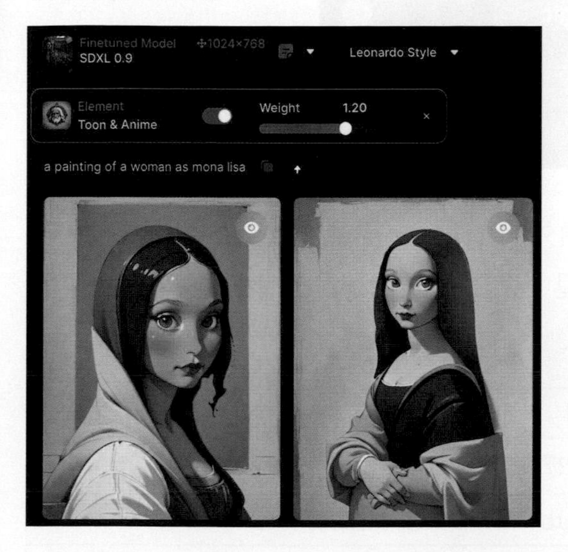

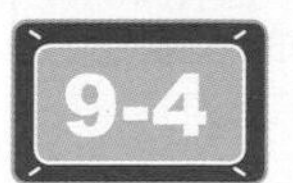

9-4 Prompt Magic 魔法提示

Prompt Magic（魔法提示）是 Leonardo.Ai 的特色功能，會根據 AI 與所有使用者對於特定提示詞的撰寫經驗，讓使用者的提示詞更為精準，這篇教學會介紹 Prompt Magic。

認識 Prompt Magic

通常在撰寫產生圖片的提示詞（prompts）時，往往會遇到詞窮或不知道該如何描述的狀況，為了解決這種困擾，Leonardo.Ai 推出了 Prompt Magic 魔法提示的功能，Prompt Magic 會根據 AI 以及其他所有使用者，對於特定提示詞的撰寫經驗，針對使用者撰寫提示詞進行改善，就算使用者寫了比較廣泛的提示詞，也能產生較符合預期的結果。

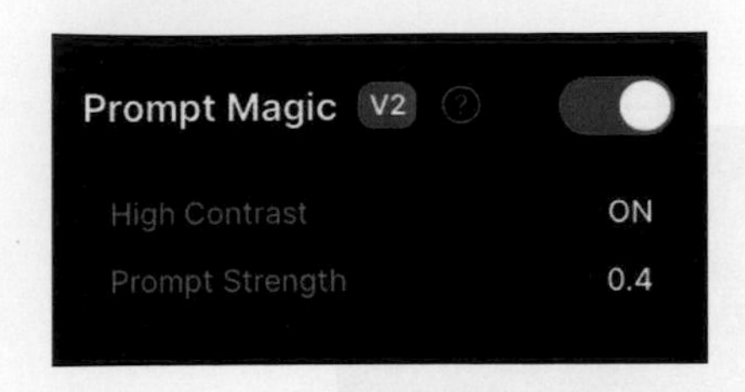

使用 Prompt Magic 會需要消耗額外的 token，開啟 Prompt Magic 預設使用 V2，V3 已經整合在 Alchemy 裡，只要開啟 Alchemy 就能選擇要使用 V2 還是 V3，相關說明如下：

版本	設定	說明
V2、V3	Prompt Magic Strength	魔法提示的強度，數值越高 AI 所添加的修飾詞會越多。
V2	High Contrast	高對比，透過對比度增加影像特色。
V3	RAW Mode	RAW 模式，如果提示詞很多建議開啟，會盡可能滿足提示詞內容，提示詞較少則建議關閉，啟用 RAW Mode 也會讓產生的圖片彼此之間出現較多的差異。

下圖是 V2 的設定。

下圖是整合到 Alchemy 裡的 V3 設定。

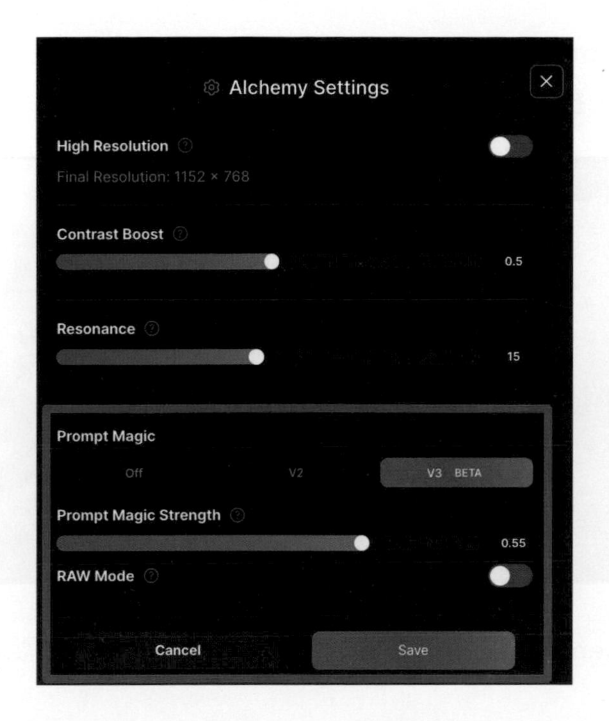

有無使用 Prompt Magic 的差別

下圖使用「a girl is playing with a dog」作為提示詞，不啟用 Prompt Magic，不添加任何風格、光線或情境描述，產生的結果很普通，且還出現了「兩個」女孩。

下圖啟用 Prompt Magic，設定為 V2，使用同樣提示詞產生的的影像就出現一些光暈效果，整體風格也更為立體。

下圖啟用 Alchemy 並設定 Prompt Magic 為 V3，產生的影像品質就比 V2 更加強大。

下圖關閉 Prompt Magic，單純使用 Alchemy，雖然產生的影像品質很不錯，但總缺少了一些光線提示 (因為原本提示詞沒有寫)。

9-5 PhotoReal & Alchemy

透過 Leonardo.Ai 產生影像時，如果啟用 PhotoReal (超逼真照片) 和 Alchemy (影像鍊金術) 這兩個功能，就能產生非常逼真且高品質的影像，這篇教學會介紹 PhotoReal 和 Alchemy。

PhotoReal 和 Alchemy 屬於付費功能，第一次註冊的使用者可以有七天的試用期，有時會有一些活動讓使用者可以免費使用 (不確定未來會不會改變)。

什麼是 PhotoReal 和 Alchemy ？

初次使用 Leonardo.Ai 時，可能會覺得產出的影像不如預期，甚至無法和 Midjourney 相提並論，但這往往是沒有啟用 PhotoReal 和 Alchemy 所導致，只要啟用 PhotoReal 和 Alchemy，就能產生非常高品質或超逼真的影像，這也是 Leonardo.Ai 主打的付費特色之一。

PhotoReal 和 Alchemy 屬於付費功能，第一次註冊的使用者會有七天的試用期，啟用 PhotoReal 和 Alchemy 產生圖片時會消耗大量的 token，舉例來說，下圖的設定同時啟用 PhotoReal 和 Alchemy，單張圖片就會消耗 16 個 token，關閉時只需消耗 1 token。

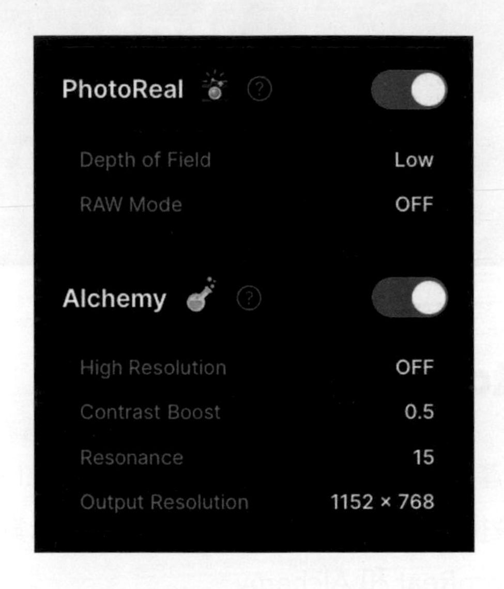

PhotoReal (超逼真照片)

啟用「PhotoReal」之後，會自動開啟「Alchemy」並關閉「Prompt Magic」，啟用後無法選擇產圖模型，改為下拉選單選擇四個風格的其中一個：

模式	說明
Cinematic	電影風格。
Creative	充滿創造性風格。
Vibrant	充滿活力風格。
None	不套用風格。

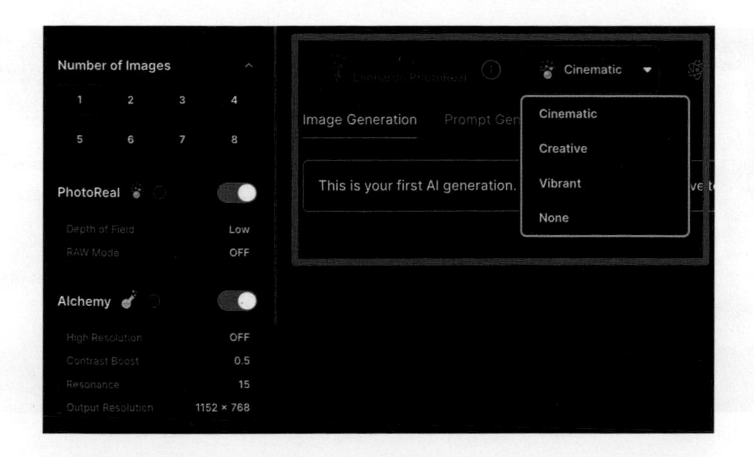

PhotoReal 有兩個設定：

設定	說明
Depth of Field	可以控制景深，low 表示淺景深 high 表示長景深。
RAW Mode	啟用後可以紀錄更多提示的細節，官方建議提示詞較多時可以啟用。

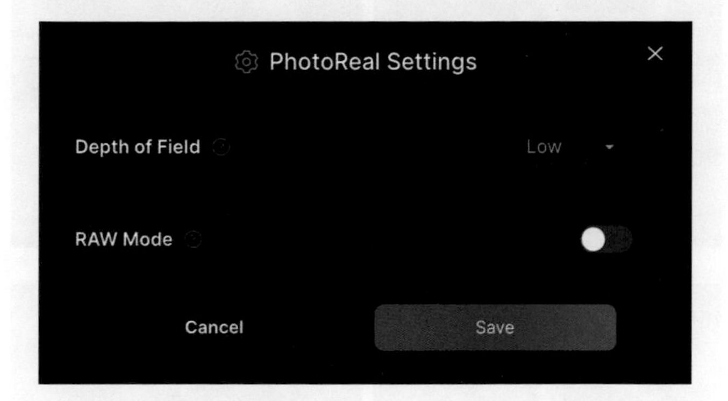

下圖是單純使用 Dreamshaper v7 和 Absolute Reality v1.6 所產生的影像，看起來完全不逼真，還有一種說不出的違和感（提示詞：A little girl is playing with a puppy,In the park,full-body shot）

Dreamshaper v7　　Absolute Reality v1.6

下圖是啟用 PhotoReal 之後不同模式的影像，看起來就相當逼真 (提示詞：A little girl is playing with a puppy,In the park,full-body shot)。

Cinematic　　Creative

Vibrant　　None

Alchemy（影像鍊金術）

啟用「Alchemy」後，原本產圖模型的模式，會從原本 Leonardo style 變成下列幾種模式：

模式	說明
Anime	動漫模式。
Creative	創意模式，會添加更多內容和想法。
Dynamic	動態模式，類似 General 的加強版。
Environment	環境模式，針對自然或風景的模式。
General	通用模式，根據提示產生高品質內容。
Illustration	插畫模式，產生插畫風格影像。
Photography	照片模式，如果提示包含許多攝影詞彙可以使用。
Raytraced	光線追蹤模式，針對遊戲畫面影像。
3D Render	3D 渲染模式，針對 3D 圖形和 2D 圖形互相轉換。
Sketch B/W	黑白鉛筆模式。
Sketch Color	彩色鉛筆模式。

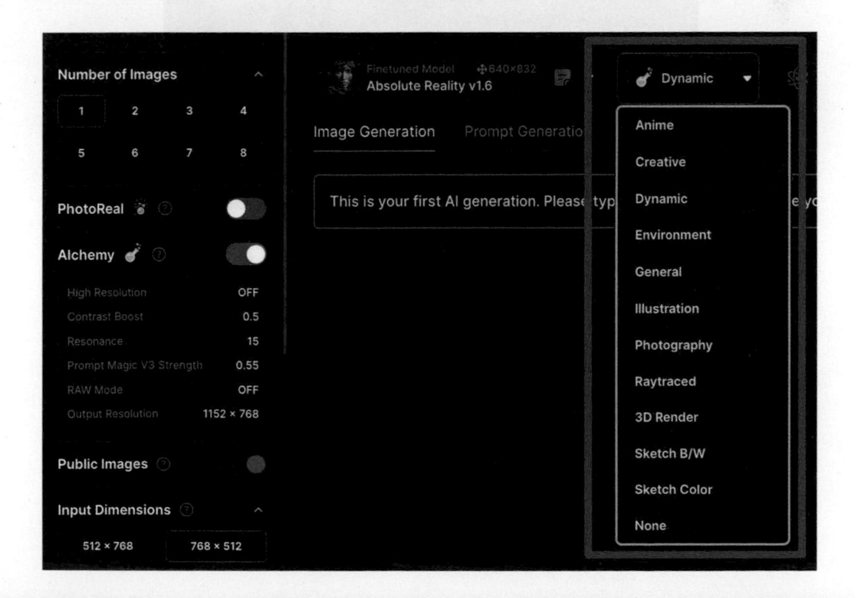

Alchemy 有四個設定：

設定	說明
High Resolution	高解析度，啟用後可以到達 1536 x 1024。
Contrast Boost	對比增強，影響擴展動態的添加可能性。
Resonance	影像細節度，數值越高細節越多，官方建議 13 ～ 15。
Prompt Magic	魔法提示詞，可以切換 V2、V3 或關閉。

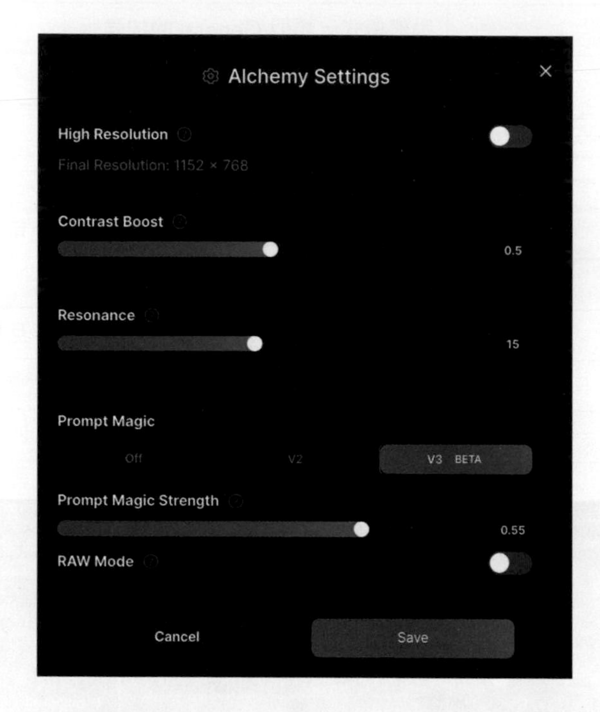

下圖列出一些不同風格模式所產生的影像：

小結

Leonardo.Ai 不僅是生成圖片的工具，更是一場引導創意的奇幻之旅。透過 Elements 風格元素的運用，能夠更精準地掌握風格混合的比例，不需要額外的風格提示詞。而 Prompt Magic 則提供了一個強大的輔助提示工具，讓提示詞更加精準而有趣。從 PhotoReal & Alchemy 的逼真影像到 Image to Image 的創意激發，Leonardo.Ai 不僅簡化了繁複的設定，更帶來了不同算圖模型的樂趣！

Chapter 10

Leonardo.Ai (提示與操作技巧)

前言

這個章節將深入介紹文字提示語法和基本準則，以及產生圖片後的後續步驟，運用這些提示技巧和修圖步驟，將可以在圖像生成的藝術領域中顯得游刃有餘，最後還會介紹超好用的 AI Canvas，運用 AI 產生圖片的方式修飾、合成或擴展圖片。

10-1 文字提示語法和準則

由於 Leonardo.Ai 也會使用 Stable diffusion 作為主要的產圖模型，因此相關的文字提示也會使用類似 Stable diffusion 的提示規則，這個小節會介紹 Leonardo.Ai 的文字提示語法和一些基本的準則。

由於 Leonardo.Ai 仍斷在更新，所以部分操作截圖會有點不同，但文字提示的準則仍然相同。

如何提示？

在輸入提示的欄位寫入相關提示詞，每一組提示詞的內容使用「空白分隔」，就像在寫英文句子一般，不同組的提示詞之間採用「逗號分格」，舉例來說：「a cute girl, in her room, reading a comic book, illustration」這句文字提示中有四組提示詞，分別描述不同的情境。

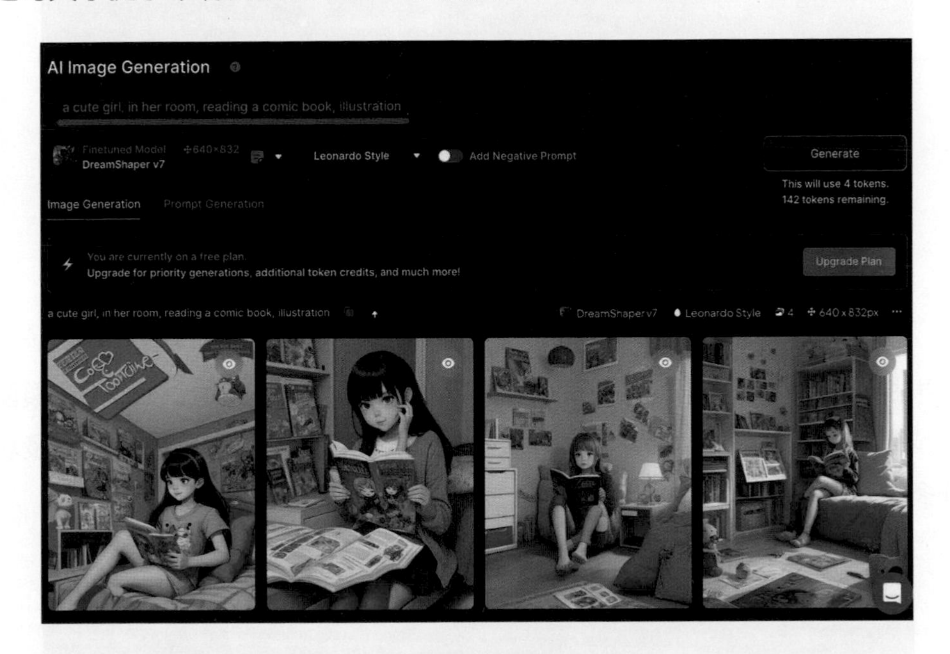

提示的數量

由於 Stable diffusion 對於提示詞有 75 個詞彙 (單字) 的上限，因此 Leonardo.Ai 可能也是採用同樣的提示數量，對於文字提示詞的數量，盡可能把握一個原則：「**不要太少，也不要太多**」。

如果提示詞太少：意思表示只寫了一兩個詞，例如「a girl、a man」之類的提示詞，當提示的數量太少，AI 就會天馬行空的去想像，導致產生的影像與心中所想差距甚大，甚至會根據不同的產圖模型產生該模型擅長的風格 (當然，如果是要尋找靈感就另當別論)。

如果提示詞太多：AI 無法區分提示詞的重要性，導致主角被忽略，凸顯配角或背景，例如下方的例子，雖然設定了一大堆提示詞，但最後結果發現許多提示詞都被忽略了。

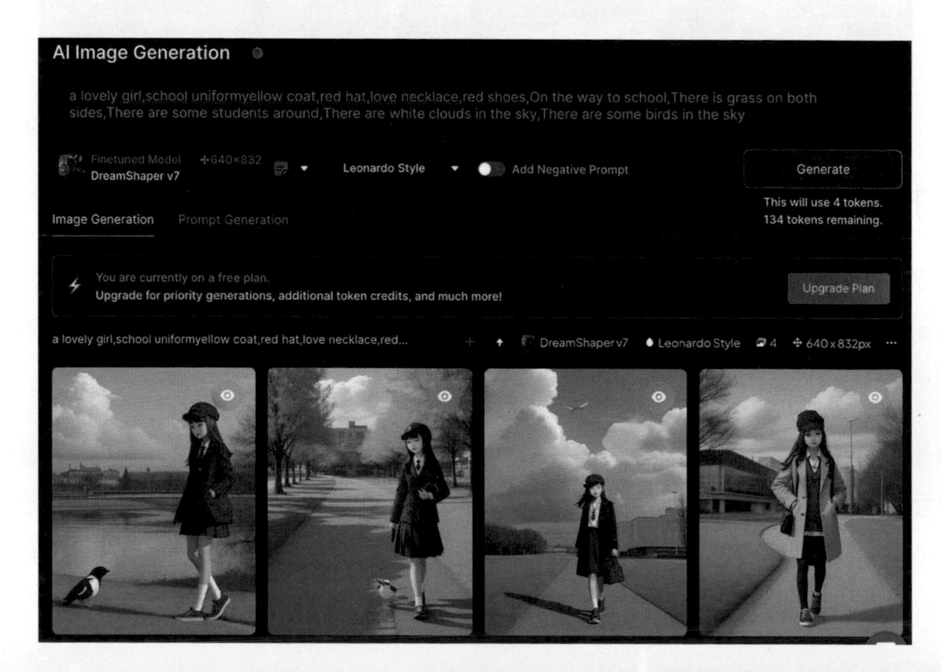

多重提示的順序

當提供給 Leonardo.Ai 的提示詞超過一個英文單字，就屬於「多重提示」，雖然 Leonardo.Ai (也可說 Stable diffusion) 沒有明確表示順序對於權重的影響，但根據許多使用者產生圖片的經驗來看，提示詞的順序多少是有影響圖片裡生成物的權重，因此仍然建議採用下列的提示詞順序：「越往前排列的單字越容易是主題，越往後的單字越容易被歸納成背景、風格、材質或裝飾」。

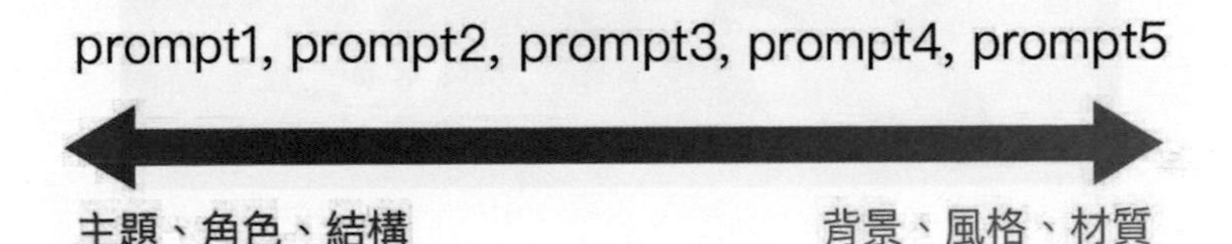

多重提示的權重

Leonardo.Ai 對於多重提示的權重，同樣也是比照 Stable diffusion 的規則，除了順序會有些許的權重影響，也可以使用下列的符號來強調或降低權重：

權重符號	範例說明
(:)	權重的倍數，(dog:2) 表示 dog 權重 x2，(dog:0.5) 表示 dog 權重 x0.5。
()	權重的 1.1 倍，(dog) 表示 dog 權重 x1.1，(((dog))) 表示 dog 權重 1.1x1.1x1.1=1.331。
[]	權重的 0.952 倍，[dog] 表示 dog 權重 x0.952，[[[dog]]] 表示 dog 權重 0.952x0.952x0.952=0.863。

舉例來說，使用「two dogs, black dog, (((white dog:2)))」就能提高白色狗的比例。

如果遇到無法調整權重的狀況，重複多寫幾次提示詞有時也能解決。

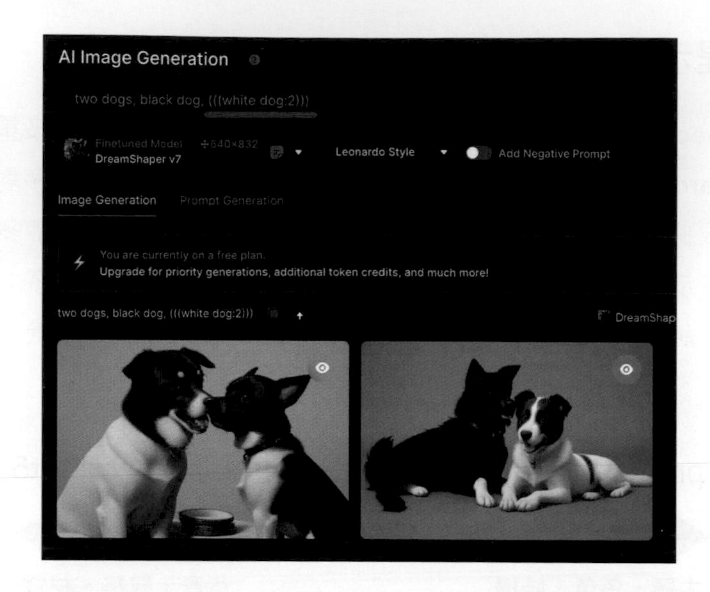

拼寫錯誤的提示詞

如果給予提示詞時發生「拼寫錯誤」的情形，Leonardo.Ai 就會將該單字進行「拆字」，當拆解出「認識的文字」後，就會以該文字作為提示詞使用，舉例來說，原本想要寫「a cute doll」，結果寫成「a cute dogl」，AI 拆字之後認識「dog」，畫出來的圖就會都是狗的影像。

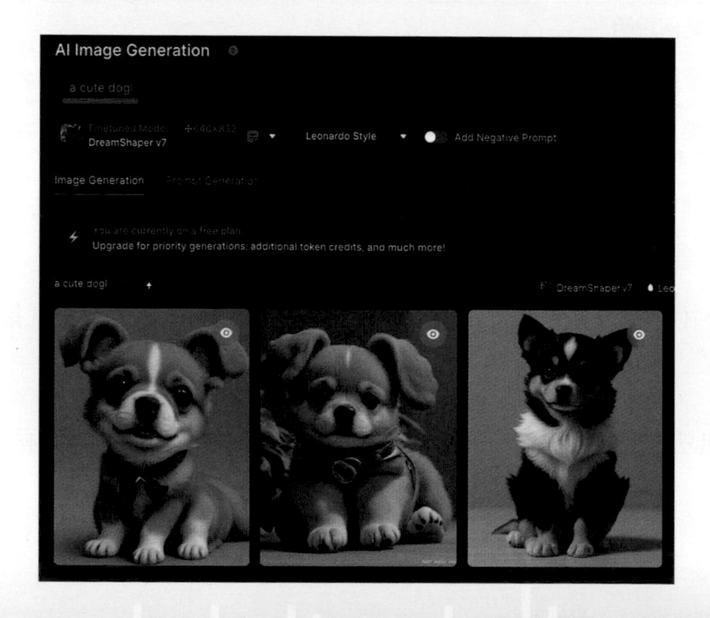

負面提示詞

Leonardo.Ai 提供「面提示詞 Negative Prompt」的功能，點擊「Add Negative Prompt」就會開啟面提示詞的輸入欄位。

負面提示詞的語法和提示詞相同，差別在於 Leonardo.Ai 會「盡量排除」負面提示詞的內容，舉例來說，如果輸入「A group of people」會產生有男有女的一群人，但如果增加負面提示詞「women, girls, girl, woman, ladies, lady, female」，就會降低女生出現的比例。

注意，負面提示詞只會「降低出現機率」而並非不會出現。

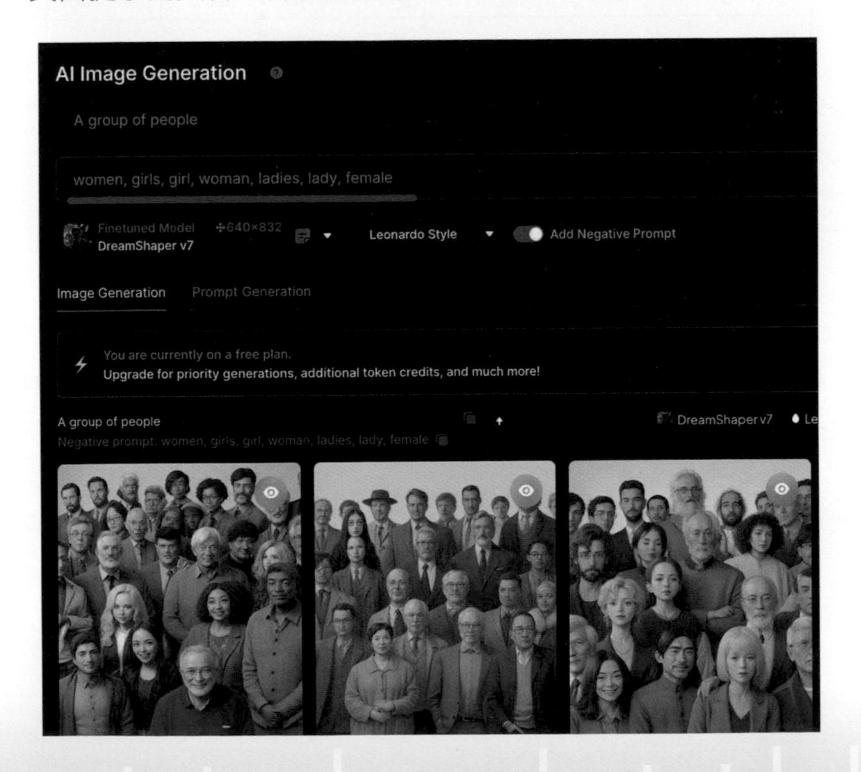

Leonardo.Ai 通常會參考 Stable diffusion 常用的的負面提示詞，這些提示詞目的在於避免「醜陋、扭曲臉型，奇怪肢體、多出來的肢體 ... 等」，下方列出常見的負面提示詞：

負面提示詞	說明
mutated hands and fingers	變異的手和手指
deformed	畸形的
bad anatomy	解剖不良
disfigured	毀容
oorly drawn face	臉部畫得不好
mutated	變異的
extra limb	多餘的肢體
ugly	醜陋
poorly drawn hands	手部畫得很差
missing limb	缺少的肢體
floating limbs	漂浮的四肢
disconnected limbs	肢體不連貫
malformed hands	畸形的手
out of focus	脫離焦點
long neck	長頸
long body	身體長

舉例來說，單純使用「A group of people taking selfies」產生的自拍照，會發生一些畸形的詭異影像。

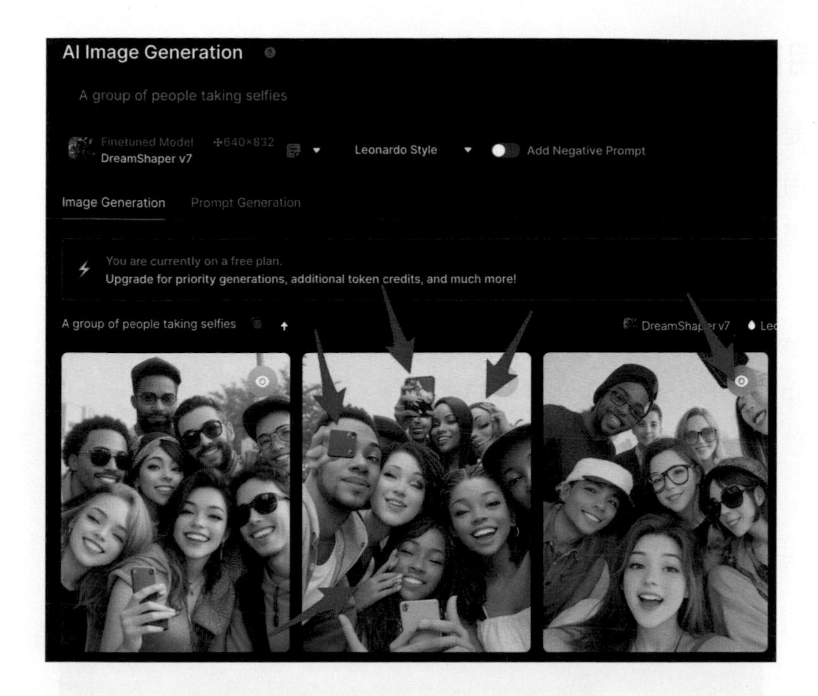

參考上述的負面提示詞，加入「mutated hands and fingers,deformed,bad anatomy,disfigured,poorly drawn face,mutated,extra limb,ugly,poorly drawn hands,missing limb,floating limbs,disconnected limbs,malformed hands,out of focus,long neck,long body」之後，產生的影像就會正常許多。但負面提示詞也不能太多，因為 Leonardo.Ai 仍然有可能會忽略負面提示詞。

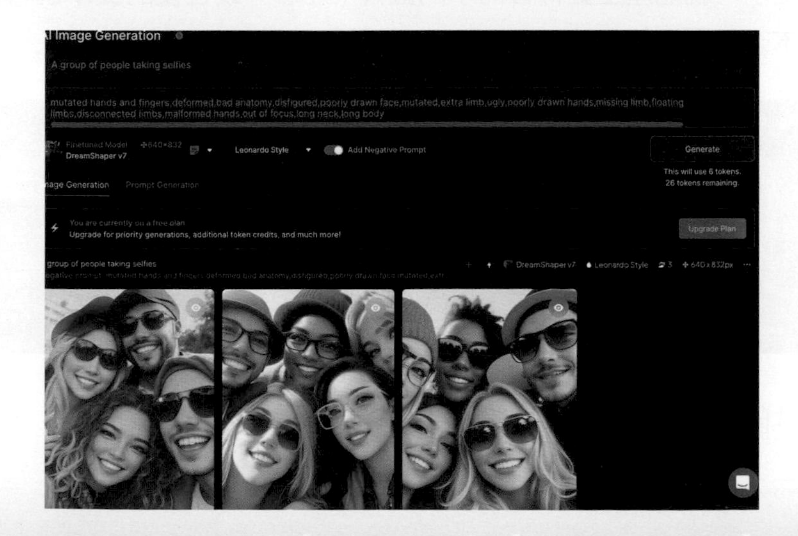

使用隨機和美化功能

如果不是很清楚自己需要什麼的提示詞，點擊輸入欄位前方的骰子按鈕，就能使用隨機提示和改善提示的功能，這個功能會消耗「AI 提示詞數量」，但根據畫面的說明，會固定一段時間就重置一次。

- New Random Prompt：隨機提示詞。
- Improve Prompt：美化現有的提示詞。

舉例來說，「a cute girl, in her room, reading a comic book, illustration」這句文字提示經過 Improve Prompt 改善後，會變成一大串提示詞，透過更完整的提示，就能產生更符合需求的圖片 (注意，改善後的提示詞可能會出現一些不合規範的文字，例如一些可能產生腥羶色的提示)。

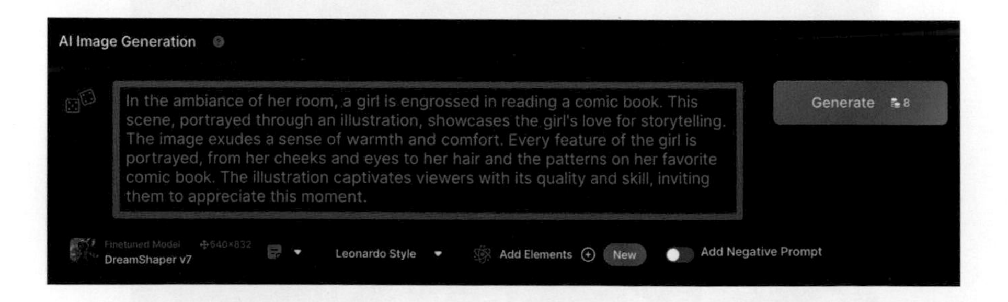

範例圖片的上半部是改善後的提示詞，下半部是原本的提示詞。

10-2 產生圖片的後續步驟

透過 Leonardo.Ai 產生圖片後，除了單純下載圖片，還可以透過一些後續的功能和步驟，進一步去應用產生的影像，例如 Remix、擴展、再次利用、結合 AI Canvas... 等，這個小節會介紹產生圖片後的相關功能。

圖片功能選項

Leonardo.Ai 產生圖片後，除了點擊查看資訊，還提供了一些功能選項，選項有：

選單項目	說明	消耗 token
Download image	下載圖片。	不會
Delete image	刪除圖片。	不會
Use for Image to Image	作為圖片產生圖片使用 (參考教學)。	產生之後會

選單項目	說明	消耗 token
Edit in Canvas	透過 AI Canvas 編輯 (參考教學)。	編輯之後會
Unzoom image	拉遠影像，將主體往後退，自動補滿周圍空間。	會
Remove background	移除背景。	會
Alchemy Upscaler	影像鍊金術增強器，增強影像細節。	會
Alchemy Refiner	付費功能，影像鍊金術改善器，改善奇怪的臉、手等細節。	會

有兩個位置會出現圖片的功能選項，第一個位置在最外層的圖片預覽區，使用滑鼠移動到圖片上方，就會出現相關選單。

第二個位置在點擊圖片後，開啟大圖的下方，就會出現相關選單 (額外多出複製的選項)，如果已經有使用過修改圖片的功能，就可以使用下拉選單，切換修改後的圖片，就能針對該圖片使用下載、刪除等其他功能。

Download image 下載圖片

開啟大圖後，透過下拉選單選擇已經編修的照片，點擊下載圖片的按鈕，就能將圖片下載到本機儲存。

Delete image 刪除圖片

開啟大圖後，如果只有一張圖或選擇 original image（原始圖片），點擊刪除按鈕就會將原始圖片連同修改的圖片一併刪除。

如果下拉選單選擇修改後的圖片，點擊刪除按鈕就只會將這張修改後的圖片刪除。

Use for Image to Image 圖片產生圖片

Use for Image to Image 會將圖片導入「Image to Image」工具，就能針對這張圖片進行 remix 或 blend 的相關動作。

Edit in Canvas 使用 AI 畫布編輯

Edit in Canvas 會將圖片導入「AI Canvas」工具，使用 AI 畫布的功能進行後續編輯。

Unzoom image 拉遠影像

Unzoom image 類似相機 zoom out 的功能，會將中間的部分拉遠，並自動填補周圍。

Remove background 移除背景

Remove background 表示移除背景 (去背)，會自動判斷影像中的「主體」，將非主體的部分移除並變透明。

Alchemy Upscale 影像煉金術增強器

Leonardo.Ai 提供兩種 Alchemy 影像煉金術增強器來強化產生的影像，分別是：

影像增強器	說明
Alchemy Smooth Upscale	使用 Alchemy 影像煉金術技術，聚焦主體，加強主體細節。
Alchemy Crisp Upscale	使用 Alchemy 影像煉金術技術，聚焦主體，加強主體細節，同時也保留一些原本的細節。

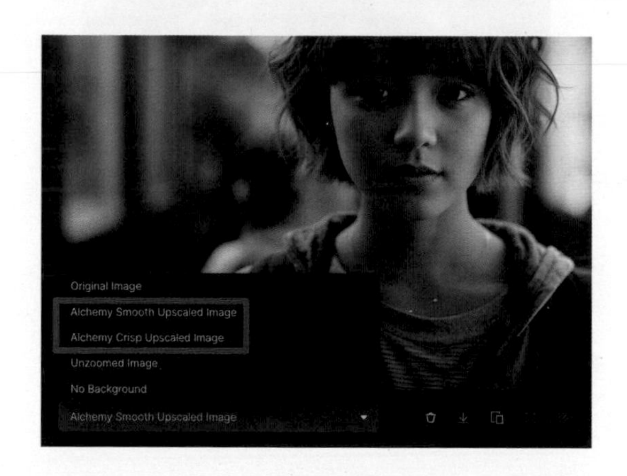

Alchemy Refiner 影像煉金術改善器

Alchemy Refiner 是付費版本的功能，主要可以改善影像中奇怪的部分 (例如奇怪的臉、手、動作 ... 等)，使用後影像品質會大幅提升，可以設定的選項如下：

選項	說明
Refiner Strength	增強獲改善圖片品質
Smooth Mode	改善手部和臉部，但可能會降低圖片細節。

舉例來說，下圖裡女生的「手」看起來很奇怪，點擊 Alchemy Refiner 進行改善。

將 Refiner Strength 設定 high，啟用 Smooth Mode。

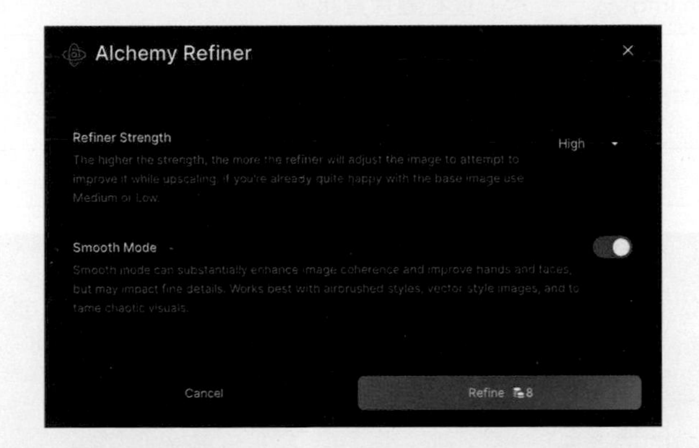

改善後就會看見除了已經改善奇怪的手，許多影像的細節也都被強化，左下角也會看到是 Alchemy Refiner Smooth 產生的新影像。

查看資訊與延伸修改

Leonardo.Ai 產生圖片後，點擊圖片後方「...」，就可以開啟圖片選單，選單內容有：

選單	說明	付費版功能
Upscale all	增強所有影像。	是
Download all	下載所有產生的圖片。	是
Download all transparent	下載所有編修後的圖片。	是
Generate Again	用同樣的設定再次產生。	不是
View Generation Info	查看圖片資訊。	不是
Copy Seed	查看種子。	不是
Make Private	設定為私有模式。	是
Delete all	刪除所有產生的圖片。	不是

點擊 View Generation Info 之後，會開啟圖片資訊的視窗，以下圖為例主要有四個部分：

- **1、延伸功能：**Copy Prompt 複製圖片提示詞，Image2Image 將圖片作為圖片產生圖片使用，Remix 使用同樣的設定準備再次產生圖片。
- **2、圖片資訊：**圖片所使用的設定以及種子資訊。
- **3、切換其他圖片：**如果產生的圖片超過一張，點擊箭頭可以切換。
- **4、其他人的圖片：**在 Leonardo.Ai 社群中使用這個產圖模型的使用者所生成的圖片。

點擊 Image2Image 後會將圖片導入圖片產生器，就能根據圖片再度產生圖片。

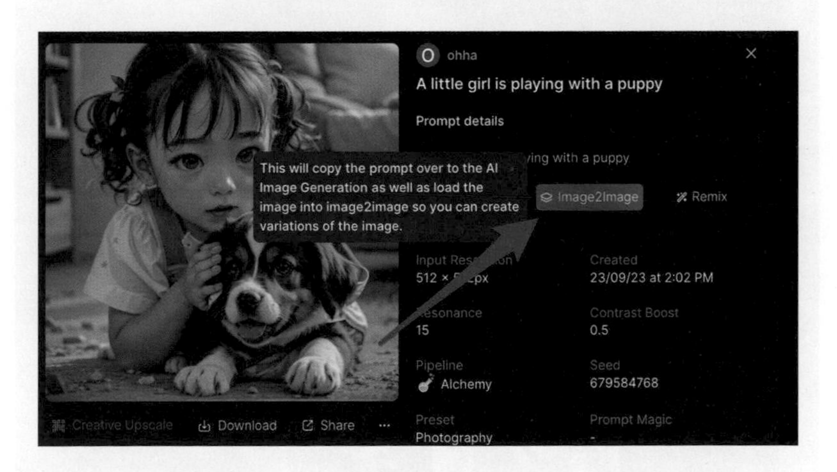

點擊 Remix 則可以把目前圖片所有的設定導入圖片產生器，然後進一步修改這些設定，這個功能非常適合在看到一張很讚的圖片時，將相關設定導入到自己的圖片產生器中，例如下面這張很棒的魯夫圖片，點擊 remix。

點擊後就可以參考所有的設定進行產圖，如果不做任何修改，就幾乎能產出相同的圖片。

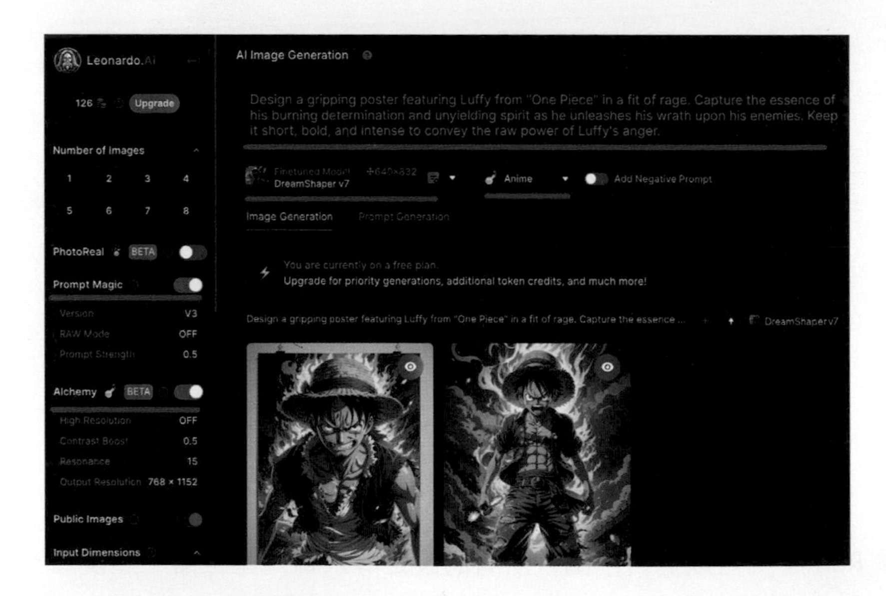

10-3 使用 AI 畫布 (AI Canvas)

Leonardo.Ai 除了可以透過文字或圖片產新影像，也提供了「AI 畫布 (AI Canvas)」的好用工具，AI Canvas 除了內建透過提示產生圖片的功能，最強大的地方在於可以透過 AI 編修圖片，替原本的圖片擴展範圍或填補內容，這個小節會介紹如何使用 AI 畫布 (AI Canvas)。

AI Canvas 工具介面

登入 Leonardo.Ai 之後，點擊左側「AI Canvas」，就會開啟 AI Canvas 工具。

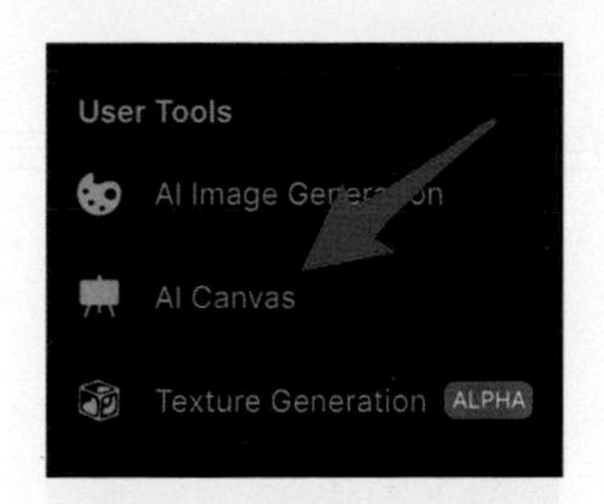

AI Canvas 工具的介面主要分成六個部分：

- 1、**編輯工具**：移動、選取、遮罩、橡皮擦、畫筆、文字、載入圖片、清空、下載。
- 2、**編輯工具設定**：根據不同的編輯工具，出現不同的設定 (例如畫筆粗細)。
- 3、**畫面縮放**：縮放編輯畫面。
- 4、**產生圖片設定**：產生圖片的相關設定，幾乎等於是「圖片產生器」的設定。
- 5、**畫布區域**：編輯與最終產生圖片的區域。
- 6、**提示詞輸入欄位**：輸入提示詞語產生圖片的按鈕。

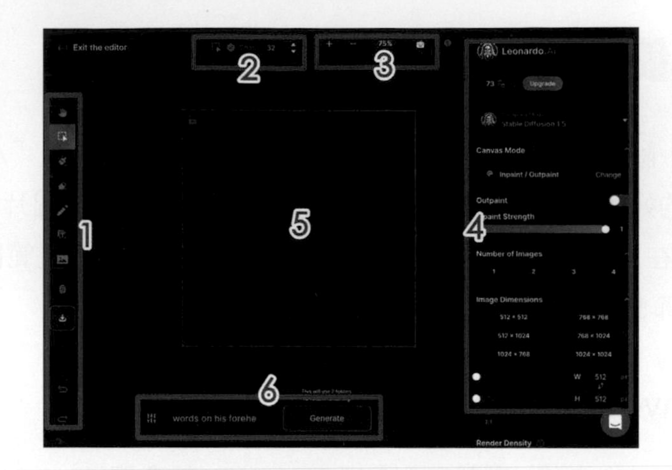

畫布區域

「畫布區域」是由一個紫色的矩形構成，矩形的左上角有一個鎖頭的圖示，點擊可以開啟或關閉鎖頭，開啟時可以移動畫布，關閉後不能移動畫布。

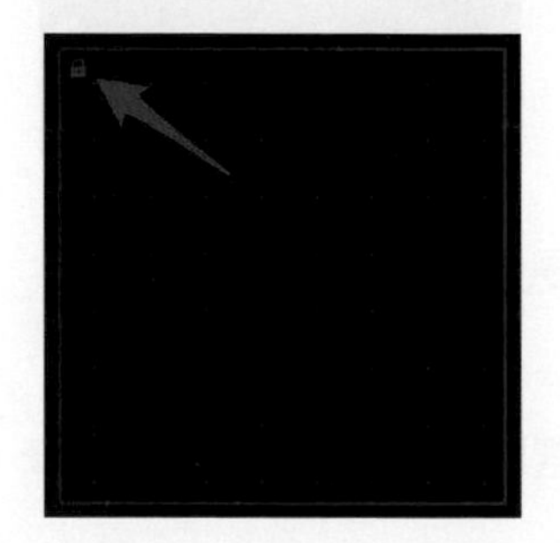

畫布的長寬無法透過滑鼠拖拉改變，需要使用右側圖形產生器的 Image Dimensions 功能進行調整。

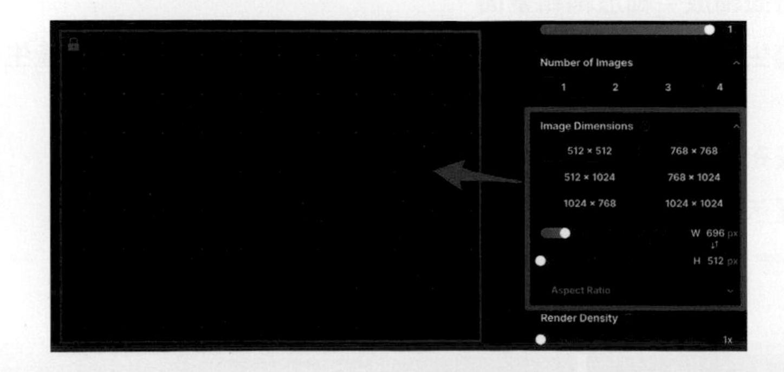

移動工具

「移動工具」可以移動「整個瀏覽畫面」，不論上面有畫布區域、圖片、筆刷、遮罩 ... 等都會一起移動。

選取工具

「移動工具」可以「單獨」移動「某個元件」，例如畫布區域、圖片、筆刷、遮罩 ... 等都可以單獨移動。

如果勾選上方的 snap，移動時就會鎖定移動並自動對齊指定區間，例如設定 24px，移動後都會將元件放置在 24 倍數的位置，同時畫面上也會有灰色小點提示。

遮罩工具

「遮罩工具」可以 * 繪製要產生影像的區域。

遮罩工具可以從上方設定遮罩筆刷的大小，使用遮罩時，畫面上會用洋紅色的斜線標示遮罩區域。

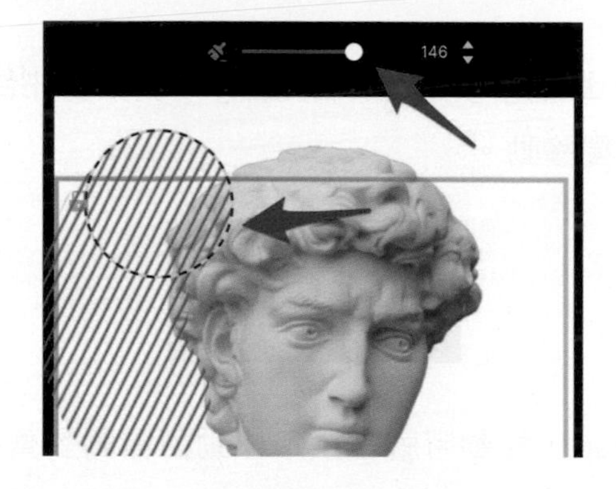

使用選取工具可以選取遮罩，選取後可以移動、縮放和刪除 (按下鍵盤的 del) 遮罩。

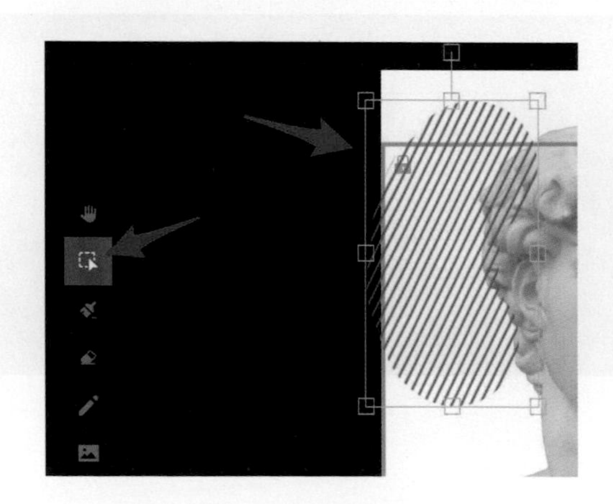

遮罩表示要產生影像的區域，當模式使用 Inpaint 模式時，就會將文字提示的內容產生在遮罩中。

橡皮擦工具

「橡皮擦工具」可以擦除圖片的某些區域。

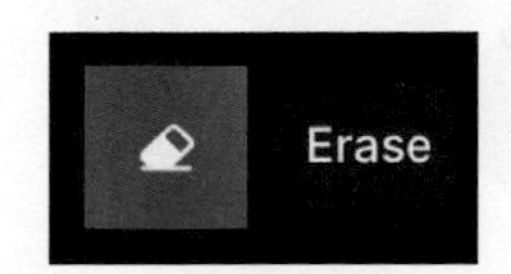

橡皮擦工具可以從上方設定橡皮擦的大小，以及要擦除哪個種類的元件，使用橡皮擦時，擦除的區域會顯示下方的內容 (下圖的下方是黑色，所以顯示黑色)。

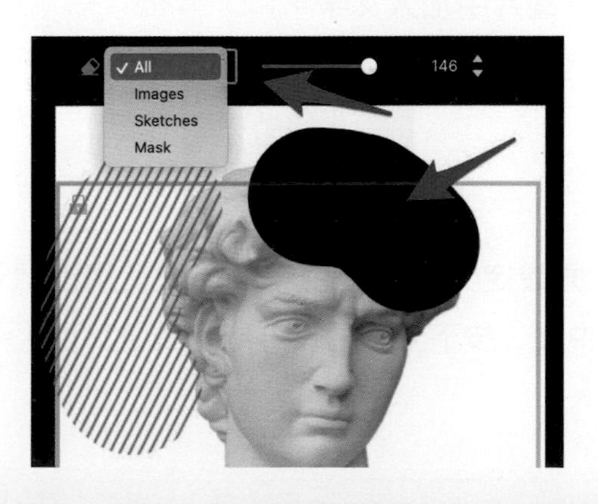

畫筆工具

「畫筆工具」可以在圖片上繪圖，類似小畫家的功能。

畫筆工具可以從上方設定畫筆的顏色和大小，也有滴管工具可以吸取畫面上的顏色。

文字工具

「文字工具」可以在圖片中加入文字。

文字工具可以從上方設定文字的顏色和大小，使用滑鼠可以改變位置和大小 (注意如果使用中文，按下 enter 有可能會觸發算圖)。

上傳圖片

「上傳圖片」可以上傳電腦的圖片、載入自己產生的圖片、載入社群公開圖片。

例如點擊了 From Community，就會開啟目前 Leonardo.Ai 社群裡的公開圖片，挑選合適的圖片就能載入。

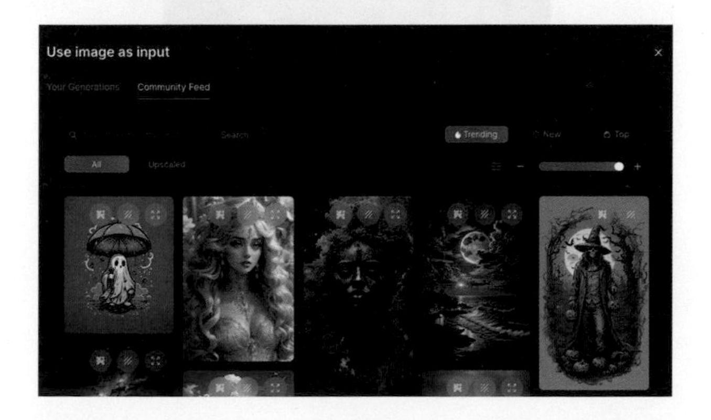

清空

「清空」可以清空畫布內容。

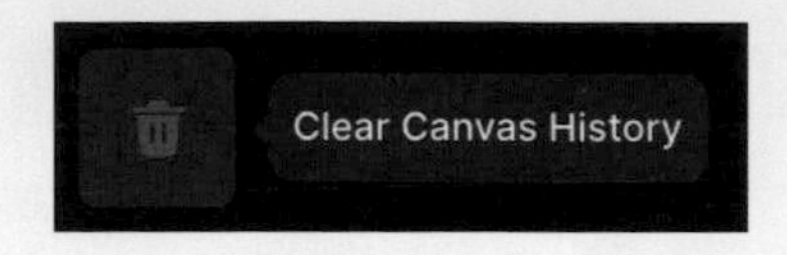

下載圖片

「下載圖片」可以將畫布區域下載為圖片。

產圖模式

點擊右側的 Canvas Mode 就能切換模式。

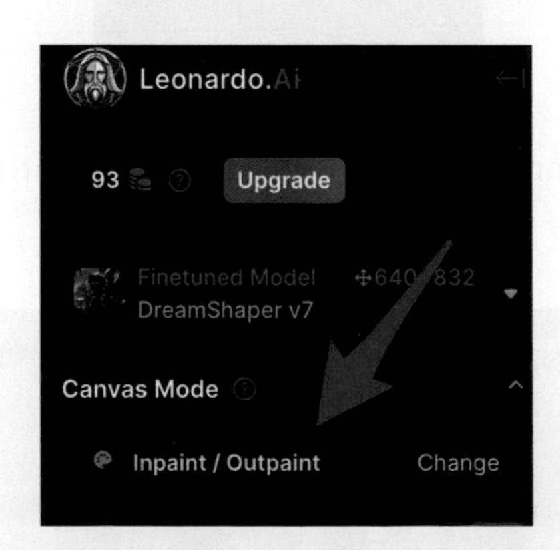

AI Canvas 提供四種產生圖片的模式，最常使用的是「Outpaint/Inpaint」模式，四種模式分別是：

- Text2Img：使用文字提示在畫布裡產生影像，幾乎等同外部的圖形產生器。
- Outpaint/Inpaint：根據提示詞擴展影像內容或填補影像內容。
- Img2Img：使用圖片產生影像。
- Sketch2Img：使用畫筆產生影像。

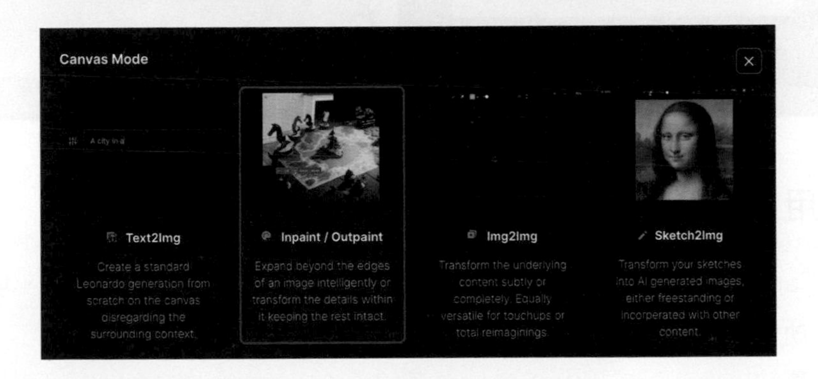

使用 Outpaint 擴展畫面

當 AI Canvas 產圖模式設定為「Outpaint」，就可以根據原本圖形的內容，延伸出新的內容。

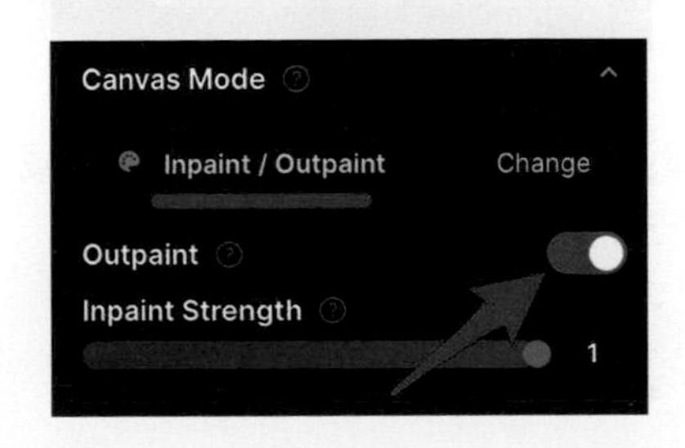

使用 Outpaint 會根據原圖去擴展畫面，文字提示所能影響的比重較小，以下圖為例，將喝咖啡阿伯的梗圖擴展後，就可以增加周圍的景物。

使用 Inpaint 產生內容

當 AI Canvas 產圖模式設定為「Inpaint」，就可以根據文字提示，填補原本圖形所缺少內容。

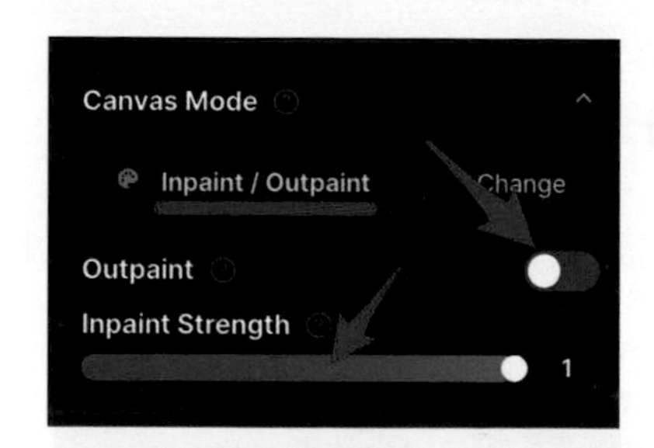

下圖的例子使用「遮罩工具」，繪製出要取代的區域，接著使用「a bottle of coke」的提示詞。

使用 Inpaint 產生圖片後，就可以將咖啡杯換成可口可樂的瓶子，當影像產生後，如果有設定產生的「張數」，則可以透過左右箭頭預覽不同的生成影像，最後挑選最合適的，點擊 Accept 確認產生完成。。

小結

這個章節涵蓋了 Leonardo.Ai 重要而基本的原則，不論是多複雜的提示語句，都離不開這些概念。然而，在生成圖片的過程中，不斷的產圖與修正是不可或缺的一環，AI 畫布 (AI Canvas) 作為一項強大工具，可以輕鬆實現修復、填補和生成影像中的影像，而 Leonardo.Ai 的後續工具和步驟更能彌補生成圖片的不足，實現更為完美的 AI 影像。

Chapter 11

Leonardo.Ai（使用模型）

前言

Leonardo.Ai 在產生圖片的一大優勢，就是結合了各種不同風格的模型，只要選擇適合風格的模型，就能使用簡單的提示，繪製出精準又漂亮的影像，如果內建的模型無法滿足需求，也可以自行訓練模型，創造獨一無二的風格，這個章節將會介紹如何自行訓練模型，以及使用內建的各種模型。

11-1 訓練自己的 AI 產圖模型

Leonardo.Ai 有一個很棒的特色，就是可以使用各種現成的 AI 產圖模型，也可以讓使用者透過一系列的圖片，產生自己專屬的模型，產生模型後，就能透過模型產生與模型相似的圖片，這個小節會介紹如何訓練自己的 AI 產圖模型，最後透過模型產生虛擬的國父孫中山。

開啟 Training & Datasets

登入 Leonardo.Ai 之後，點擊左側 Training & Datasets，就能開啟訓練和資料集的工具。

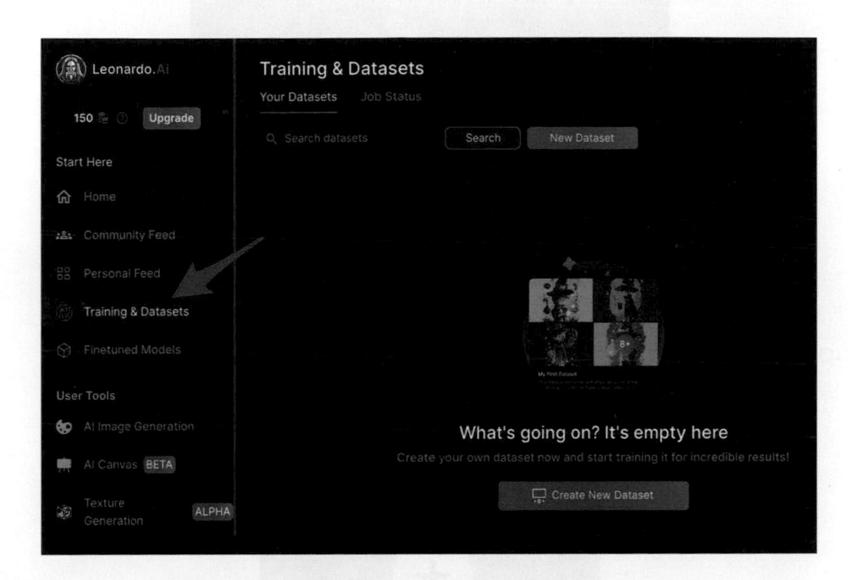

上傳照片或圖片

開啟 Training & Datasets 後，點擊 Create New Dataset，就能進行上傳資料集的動作。

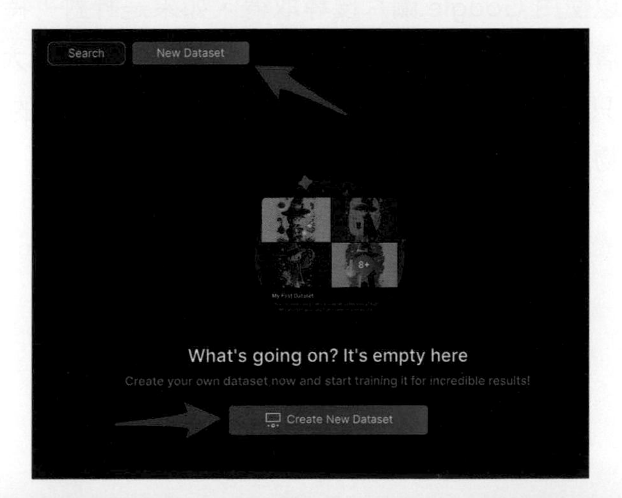

開啟建立資料集的視窗，輸入資料集的名稱和說明，範例使用國父孫中山的英文名字「Sun Yat Sen」，希望能夠訓練出國父孫中山的人臉模型。

點擊 upload 上傳圖片按鈕，就可以開始上傳國父孫中山的照片。

上傳的照片可以使用 Google 圖片搜尋取得，如果是針對「特定人物」，只要把握「臉部清晰、單人、正面」等原則，圖片尺寸盡可能大於 512x512，以下圖為例，只挑選紅色框起來的類型，其他國父孫中山的照片裡出現其他人或是其他物體，都屬於比較不好的照片。

訓練模型

上傳照片後，畫面裡就會出現照片的縮圖，點擊 Train Model 就可以開始訓練模型。

> 注意！免費版本只能訓練「一個」模型，訓練後就無法再訓練其他的模型。

輸入 Model Name (模型名稱) 為 Sun Yat Sen，因為是人物模型，所以將 Category (分類) 選擇 Characters (角色)，Instance Prompts (提示) 使用 Sun Yat Sen，完成後點擊 Start Training 就可以開始訓練。

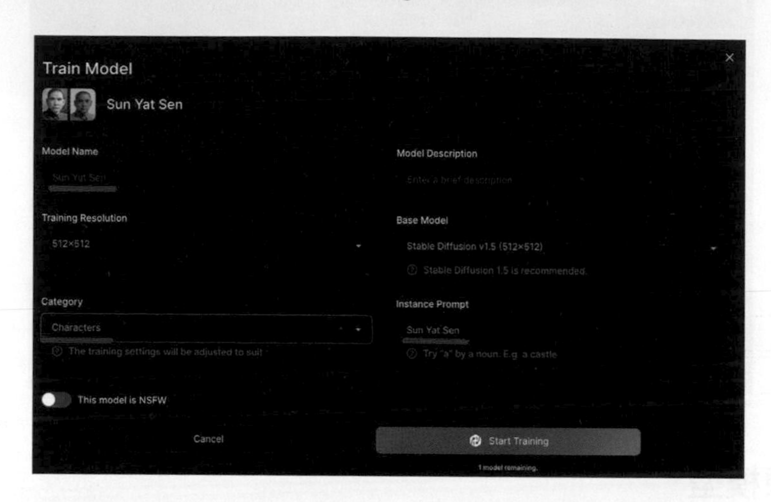

開始訓練模型後，可以從外層 Job Status 觀察目前訓練的狀況，如果 Status 是 Processing 表示正在訓練中。

訓練完成會出現 done 的提示，同時也會寄送 email 通知。

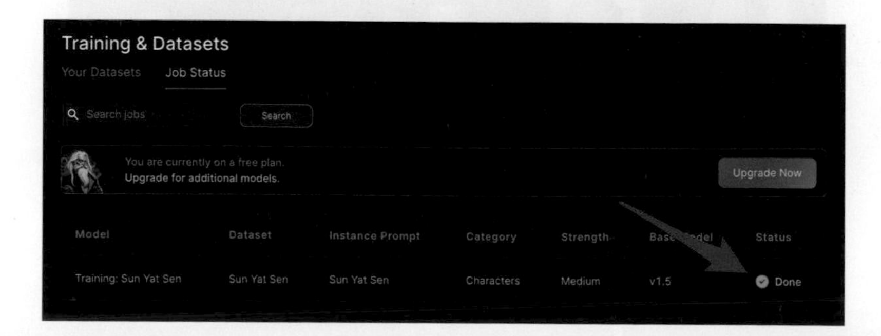

測試與使用模型

前往 AI Image Generation，點擊 Finetuned Model 下拉選單選擇「Select Custom Model」。

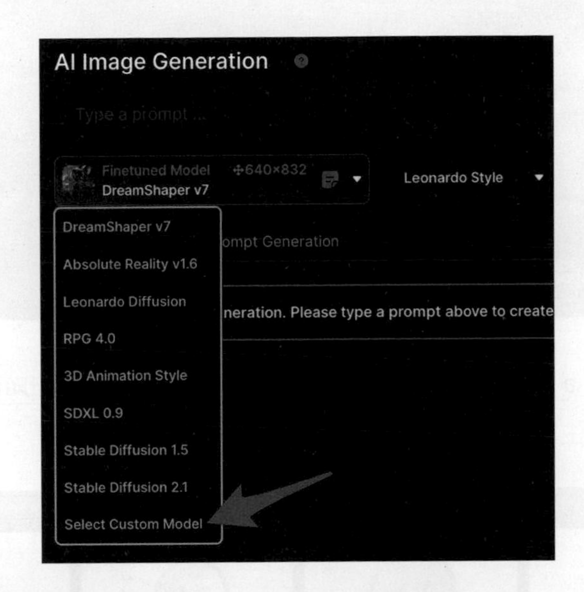

選擇剛剛建立完成的 Sun Yat Sen 模型，點擊 View。

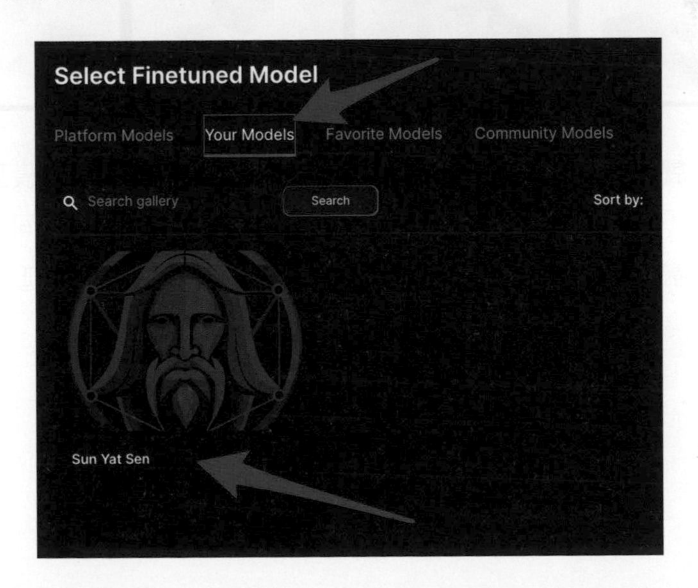

點擊「Create with this model」，回到外層，就能看見已經準備使用 Sun Yat Sen 模型開始產圖。

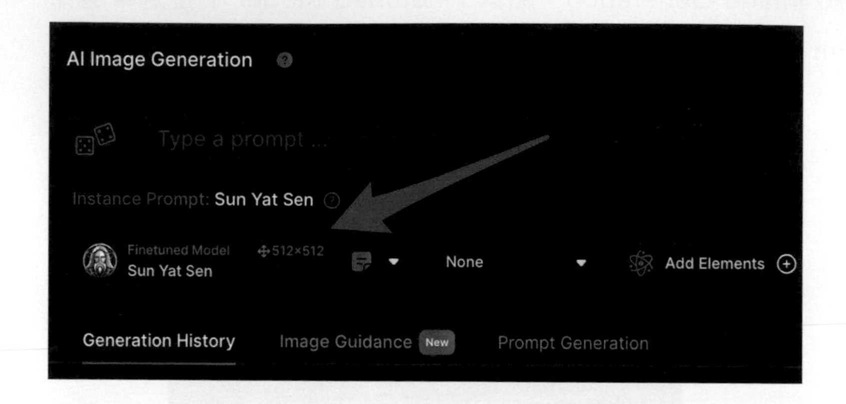

輸入提示詞「a smiling man, wear t-shirt, water color painting, Sun Yat Sen」，就能產生國父孫中山的影像。

依此類推，就能產生許多虛擬的國父孫中山。注意！自行訓練模型需要注意的是，如果「訓練集裡面沒有的東西，也就無法產生」，就如同廚房裡沒有那種食材，廚師就煮不出特定的菜，下圖是一些國父孫中山的延伸作品。

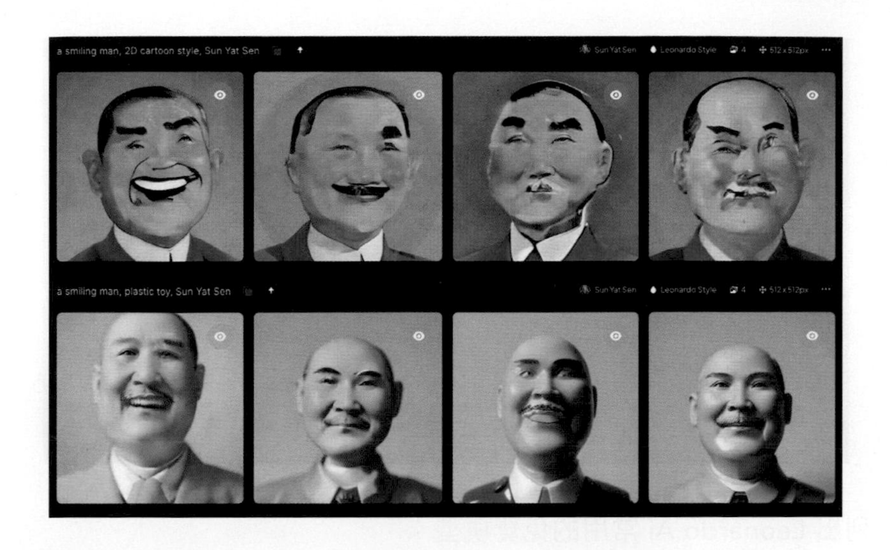

 Featured Models 特色模型

Leonardo.Ai 最大的特色之一，就是和 Stable Diffusion 一樣，可以使用各種不同的產圖模型，透過不同的模型，就能針對不同類型的影像，產生更符合其類型的樣貌，這個小節會介紹 Leonardo.Ai 裡常用的特色模型 Featured Models。

關於 Featured Models 特色模型

登入 Leonardo.Ai 之後，除了在上方可以看到官方推薦的模型，也可以點擊左側選單 Finetuned Models 觀看全部的模型。

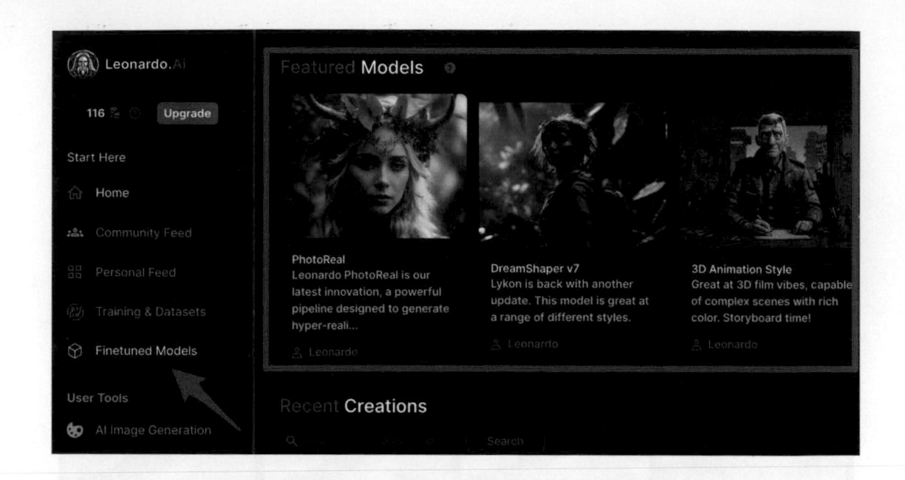

下方列出 Leonardo.Ai 常用的免費模型：

因為 Leonardo.Ai 仍然不斷推出新模型，所以可能還會有其他相關模型，但下列已存在的模型用法仍然相同。

模型	說明	開發者
PhotoReal	非常逼真的照片。	Leonardo.Ai
DreamShaper v7	產生各種常用風格。	Leonardo.Ai
3D Animation Style	3D 動畫。	Leonardo.Ai
Anime Pastel Dream	動漫風格。	Leonardo.Ai
RPG v5	遊戲風格。	Leonardo.Ai
Absolute Reality v1.6	真實風格照片。	Leonardo.Ai
Deliberate 1.1	寫實主義畫作。	Leonardo.Ai
Leonardo Diffusio	提高陰影和對比。	Leonardo.Ai
Luna	神秘卡通生物。	voimages
Isometric Scifi Buildings	3D Pixel Art 等比例。	Leonardo.Ai
Paper art style	摺紙、剪紙藝術。	voimages
Cute Animal Characters	可愛卡通角色。	Leonardo.Ai

模型	說明	開發者
Pixel Art	像素圖。	Leonardo.Ai
Ilustration V2	插畫。	Blademort
Christmas Stickers	聖誕貼圖。	Leonardo.Ai

PhotoReal

PhotoReal 可以產生「非常逼真的照片」，使用後就會開啟需要付費的 PhotoReal 模式，產圖時也會消耗大量的 token，雖然如此，但通常用過這個模型都會讚不絕口，是 Leonardo.Ai 主打的特色模型。

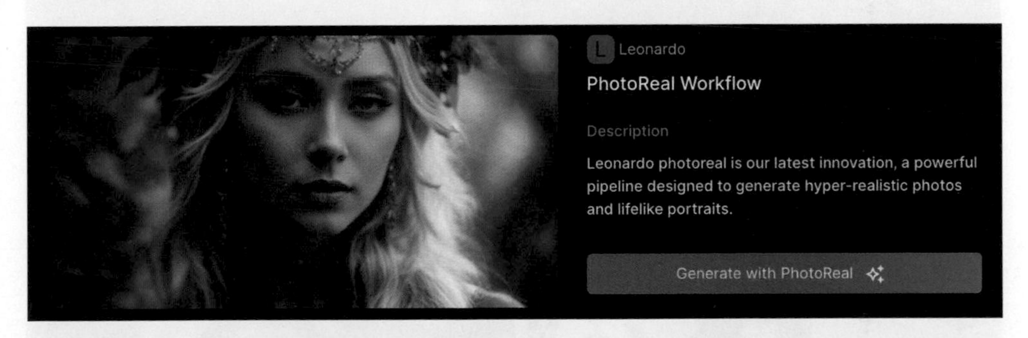

DreamShaper v7

DreamShaper v7 是 Leonardo.Ai 主要的產圖模型，可以快速產生各種常用風格，由於是免費模型，有時需要來回調教提示詞，或者搭配 Alchemy 才會有比較好的表現。

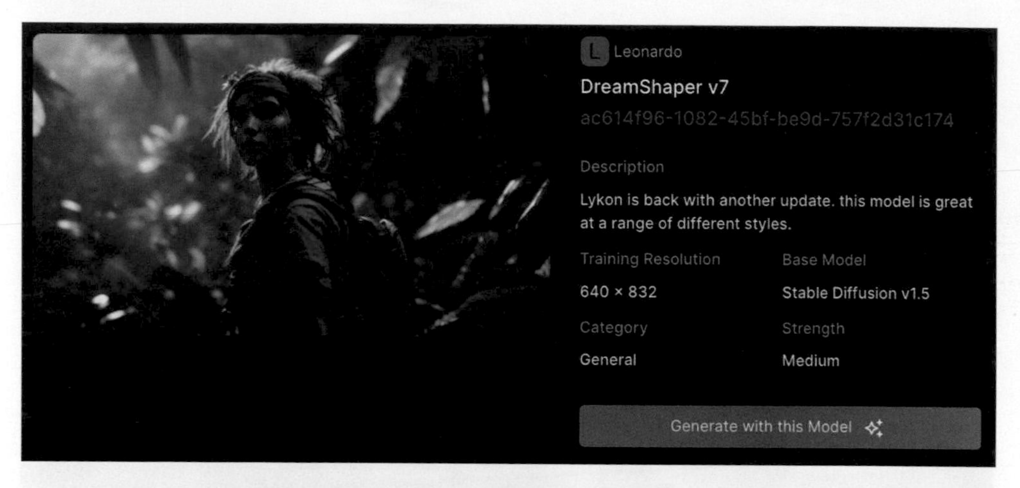

3D Animation Style

3D Animation Style 是「3D 動畫」模型，使用後主要會產生 3D 動畫相關的影像，這個模型常作為「真人轉換成卡通人物」使用。

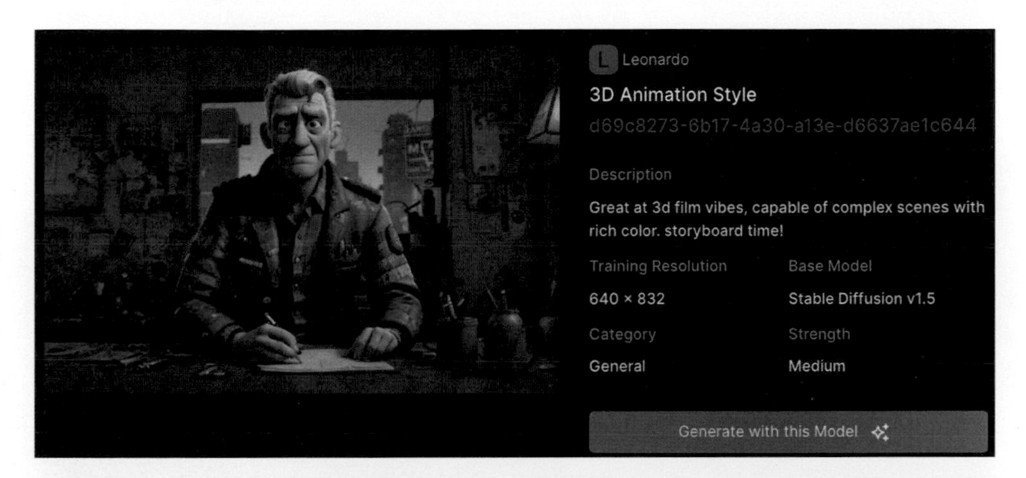

Anime Pastel Dream

Anime Pastel Dream 是「動漫風格」模型，使用後會產生動漫風格的影像，這個模型常作為「真人轉換成卡通人物」使用。

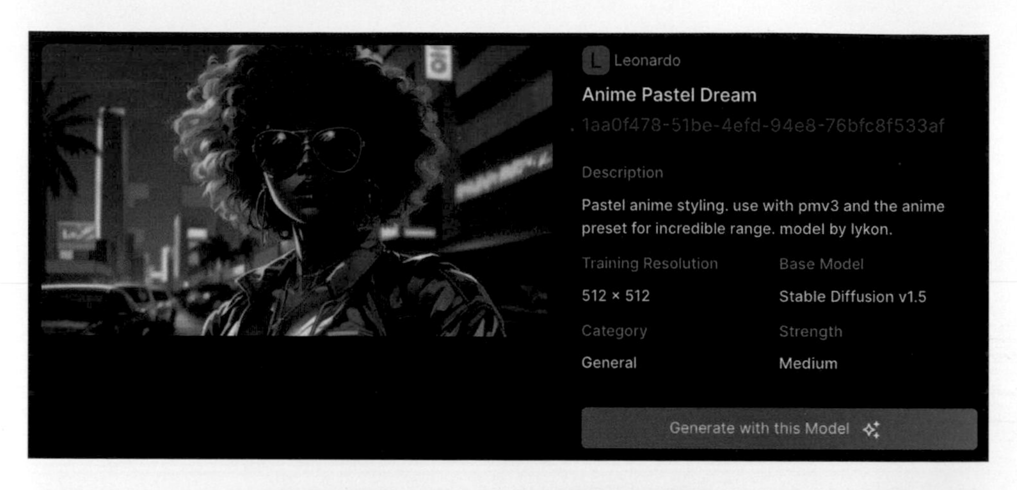

RPG v5

RPG v5 是「遊戲風格」模型，使用後會產生遊戲風格相關的影像。

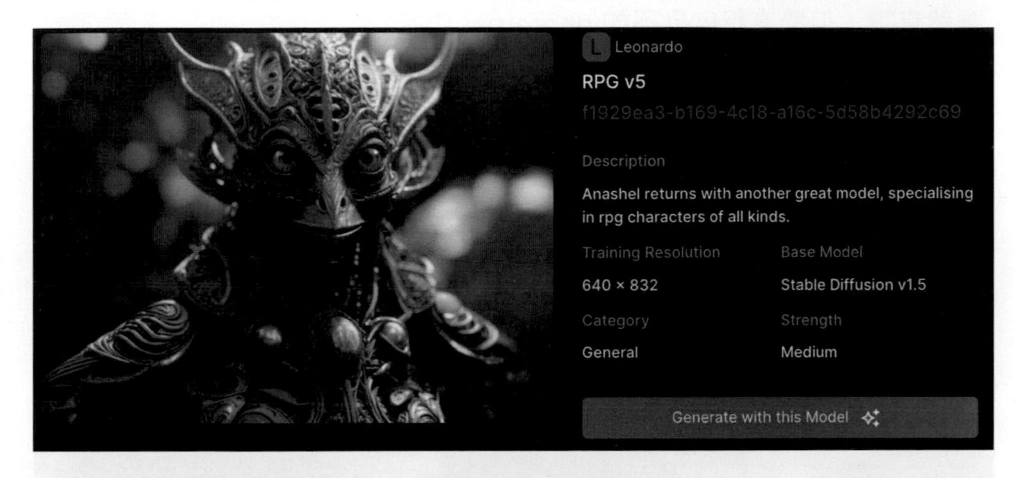

Absolute Reality v1.6

Absolute Reality v1.6 是「真實風格照片」模型，使用後會產生真實的照片 (雖然真實，但擬真程度仍不如 photoreal 功能)。

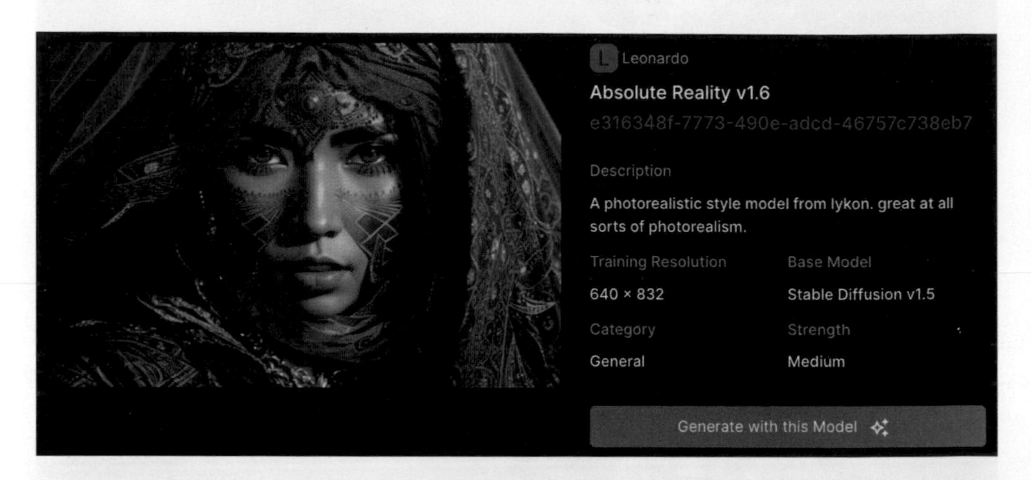

Deliberate 1.1

Deliberate 1.1 是「寫實主義畫作」模型，使用後會產生寫實主義相關的藝術畫作。

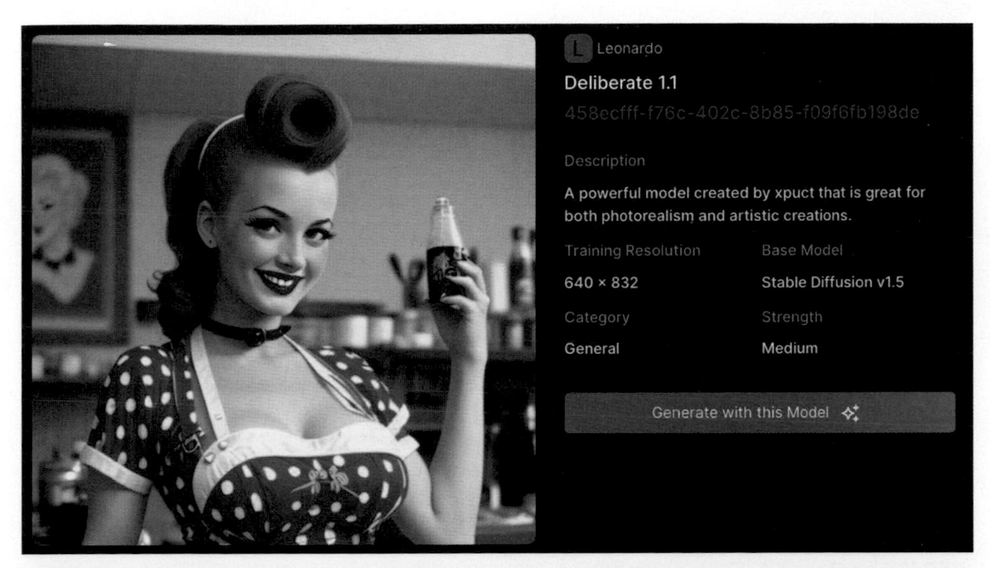

Leonardo Diffusion

Leonardo Diffusion 是「提高陰影和對比的照片與畫作」模型，使用後會產生更有特色的影像。

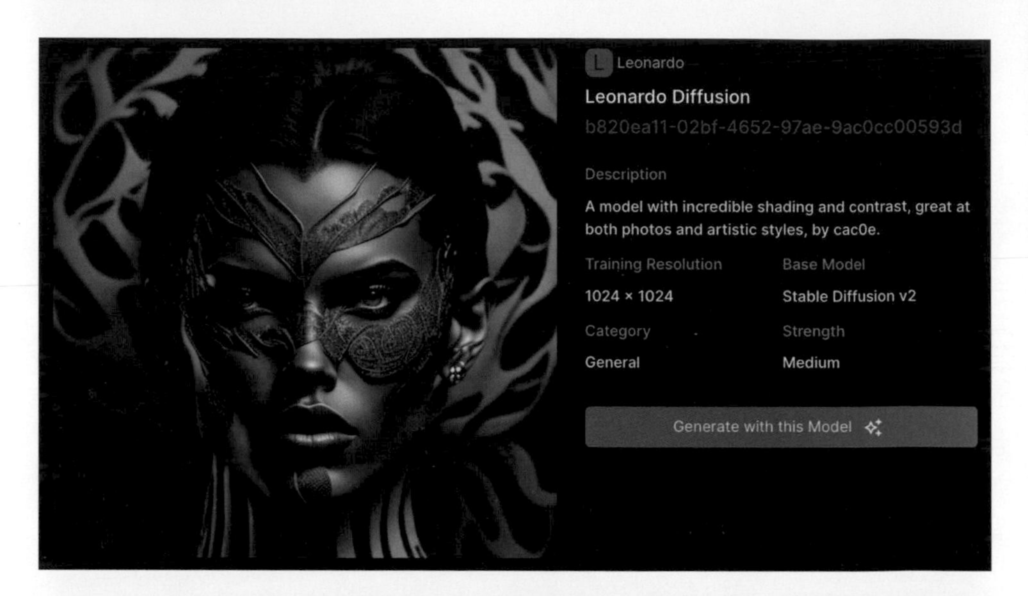

Luna

Luna 是「神秘卡通生物」模型，主要作為產生一些虛擬的卡通生物或怪物。

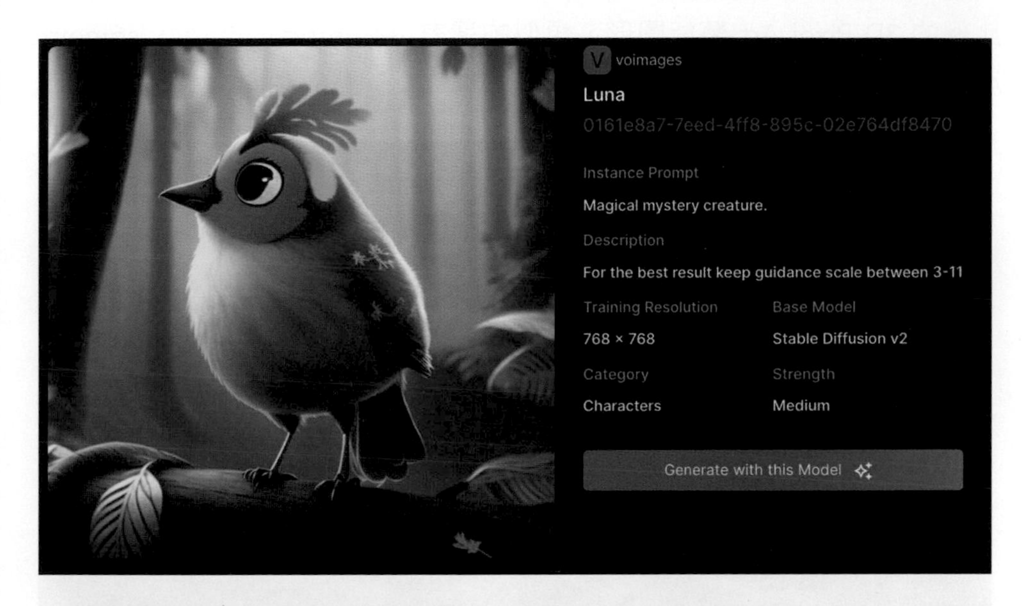

Isometric Scifi Buildings

Isometric Scifi Buildings 是「3D Pixel Art 等比例」模型，主要作為產生等比例的 3D Pixel Art 藝術圖形，類似的還有 Isometric Fantasy、Isometric Asteroid Tiles。

Paper art style

Paper art style 是「摺紙、剪紙藝術」模型，主要作為產生摺紙或剪紙相關藝術風格影像。

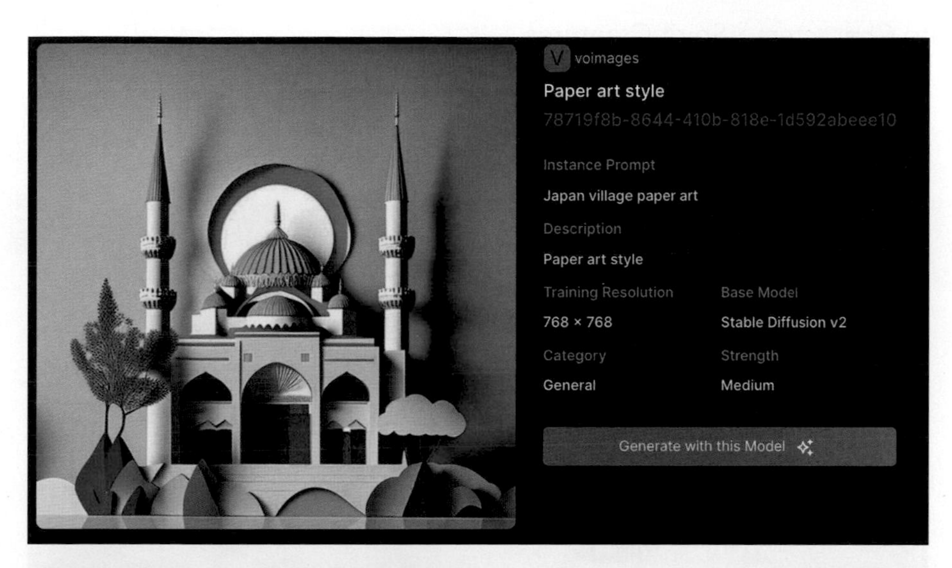

Cute Animal Characters

Cute Animal Characters 是「可愛卡通角色」模型，使用後會產生可愛的卡通角色影像，這個模型常作為「真人轉換成卡通人物」使用，類似的還有 Cute Characters、Spirit Creatures。

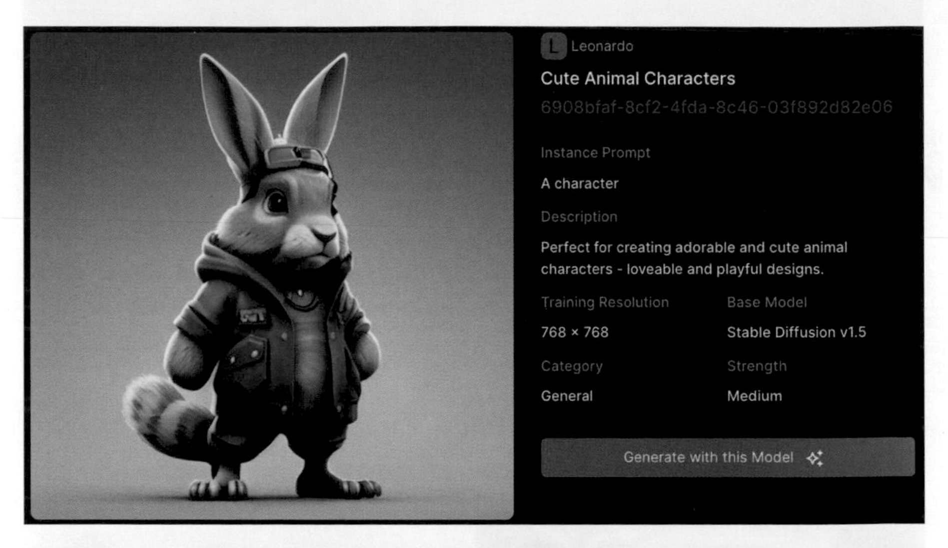

Pixel Art

Pixel Art 是「像素圖」模型，使用後會產生使用像素方式繪製的影像。

參考：Pixel Art

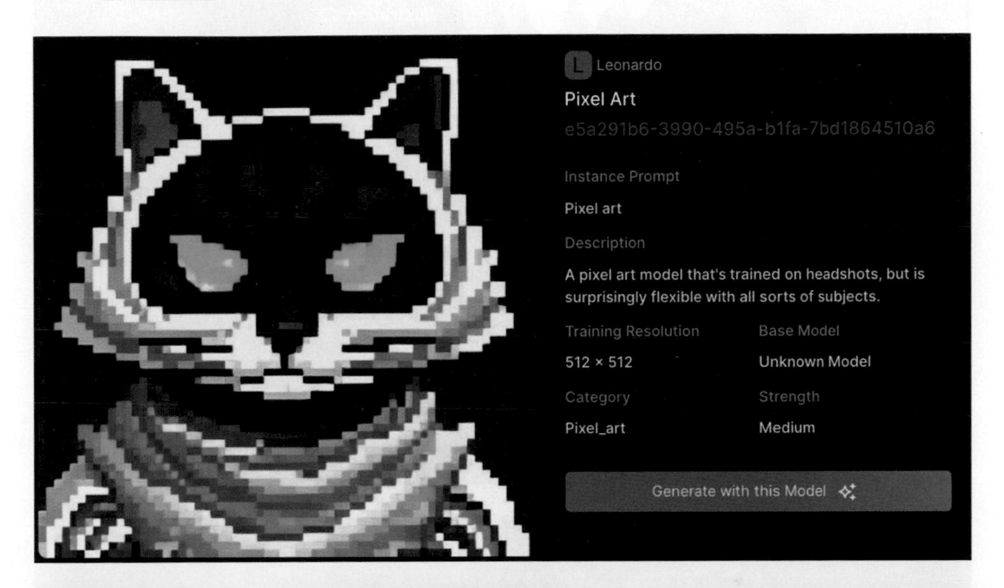

Ilustration V2

Ilustration V2 是「插畫」模型，使用後會產生向量插畫相關的影像。

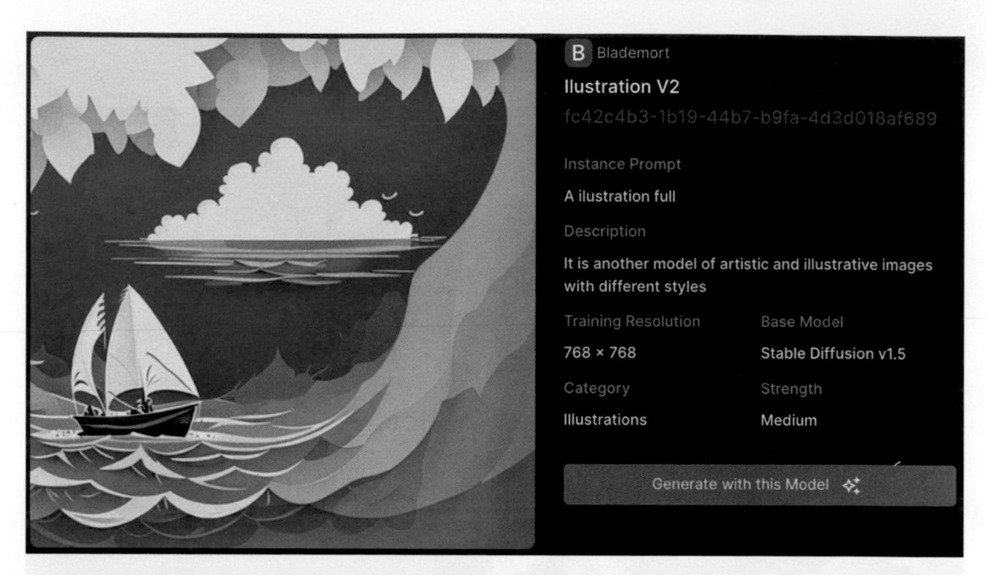

Christmas Stickers

Christmas Stickers 是「聖誕貼圖」模型，使用後會產生幸福滿滿的祝福貼圖影像。

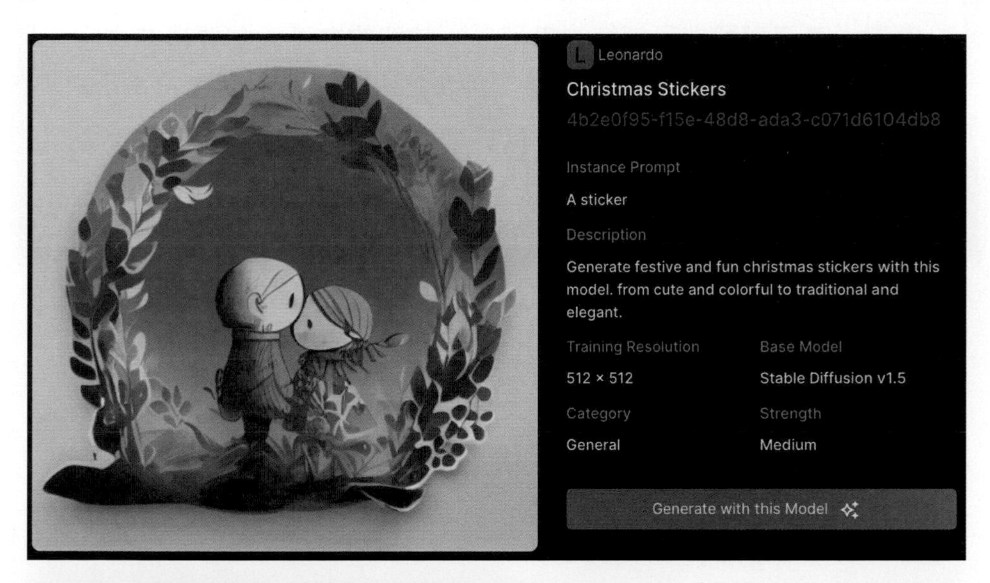

小結

Leonardo.Ai 不單純只是依靠文字產生圖片，只要善用內建的產圖模型，甚至搭配自己訓練的模型，，就能夠在不太需要精準文字提示的狀況下，產生符合理想風格的影像，這也是許多其他 AI 產生圖片工具所無法辦到的，相信只要運用得當，就能產出無數令人驚艷的作品。

Chapter 12

Leonardo.Ai（範例參考）

前言

這個章節會介紹許多有趣的範例，包含填補圖片、修改圖片、利用模型產生圖片、隱藏的文字 ... 等實用又好玩的內容，透過這些範例的實作，就能更清楚 Leonardo.Ai 的各種功能，也能延伸出各種不同的想法。

12-1 填補缺少的披薩

這個 Leonardo.Ai 的範例會運用 AI Canvas (AI 畫布)，將一張缺少了一片的披薩的圖片，透過 AI 自動生成並填補缺少的那塊披薩，還原本來的完整披薩形狀。

開啟 AI Canvas 上傳圖片

登入 Leonardo.Ai 之後，點擊左側 AI Canvas 開啟 AI Canvas，開啟後點擊左側上傳圖片的按鈕。

上傳一張缺少一片的披薩圖片，上傳後將圖片放置在畫布區域裡面（圖片來源 https://www.istockphoto.com/fr/photo/pizza-une-pi%C3%A8ce-manquante-gm491118846-75585969）。

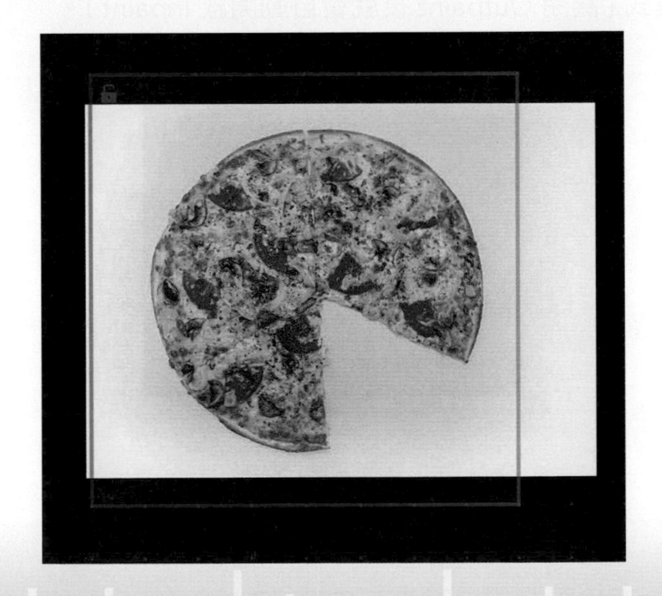

使用遮罩填滿缺少的部分

使用遮罩工具，在缺少披薩的位置畫出填入披薩的區域。

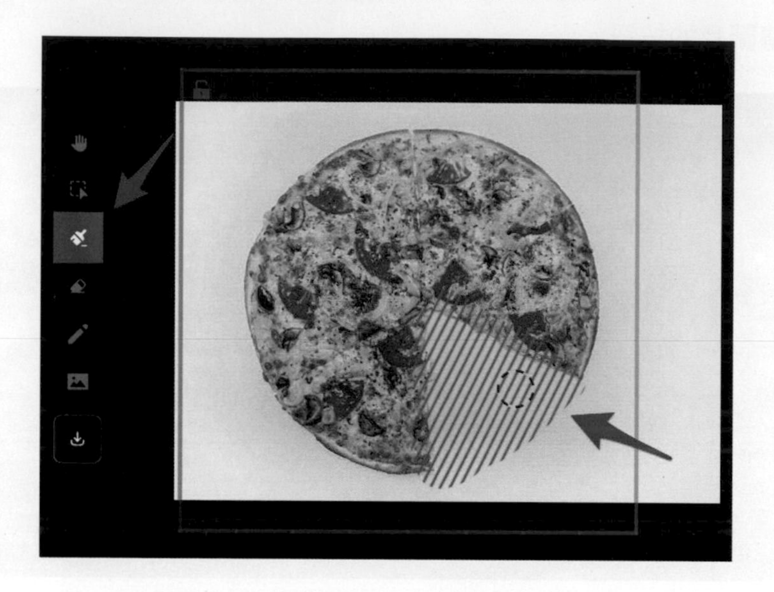

使用 Inpaint 輸入提示詞

產圖模型選擇 Absolute Reality，Canvas Mode 選擇 Inpaint/Outpaint，使用 Inpaint 模式 (關閉 Outpaint 後就會自動開啟 Inpaint)。

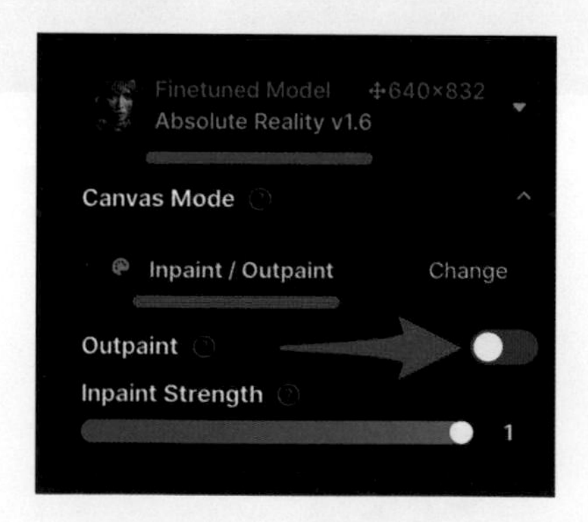

在提示詞區域輸入「a piece of pizza」或「full of pizza」，就可以將缺少的披薩補滿。

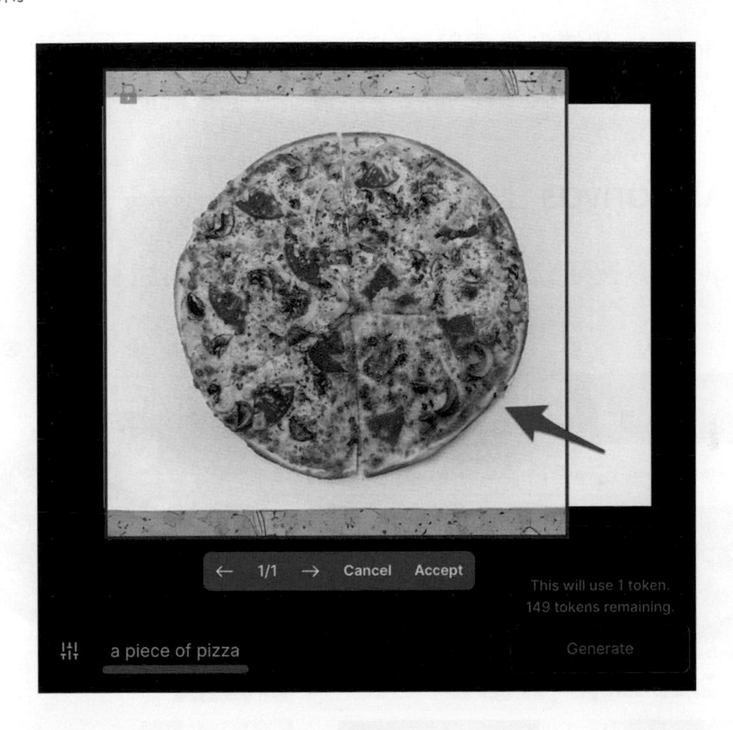

完成效果

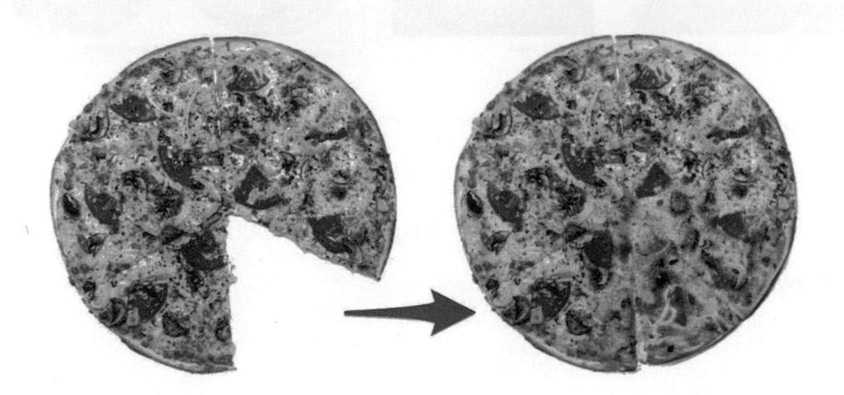

12-2 組合兩片披薩

這個 Leonardo.Ai 的範例會運用 AI Canvas (AI 畫布)，將兩張獨立的披薩圖片，透過 AI 自動生成並組合成桌子上擺了兩個披薩的照片。

開啟 AI Canvas 上傳圖片

使用 Google 圖片搜尋 pizza，找到一些完整的披薩圖片。

登入 Leonardo.Ai 之後，點擊左側 AI Canvas 開啟 AI Canvas，開啟後點擊左側上傳圖片的按鈕，上傳兩張披薩圖片，並使用選取工具，將圖片調整到適合的大小 (圖片來源：https://www.0800076666.com.tw/Files/MenuNew/75/S__95297630.jpg)。

擺放圖片，調整畫布區域大小

將披薩的圖片擺放到預期的位置，並調整畫布區域大小，使得兩片披薩擺在同一個畫面裡。

使用遮罩，塗抹要重新產圖的區域

使用遮罩工具，塗抹出將圖片需要重新產圖的區域，原本就不屬於圖片的區域就不需要塗抹。

使用 Inpaint 輸入提示詞

產圖模型選擇 Absolute Reality，Canvas Mode 選擇 Inpaint/Outpaint，使用 Inpaint 模式 (關閉 Outpaint 後就會自動開啟 Inpaint)。

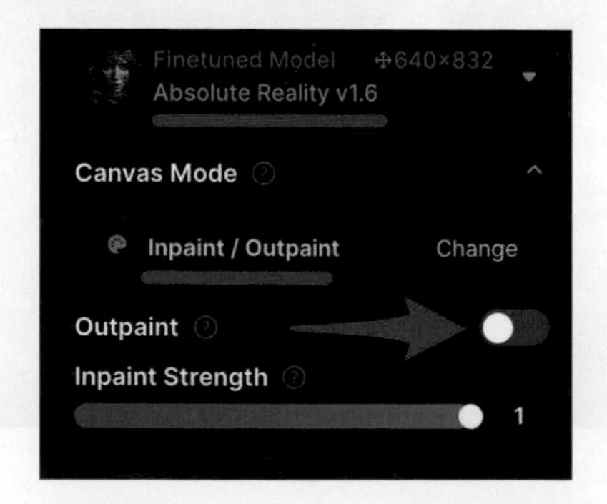

在提示詞區域輸入「two pizzas on the table」，就會自動產生另一片披薩的盤子，並將桌子和背景補滿。

完成效果

12-3 修改人物年齡

這個 Leonardo.Ai 的範例會運用圖片產生圖片、提示詞 prompt、控制種子 seed 的方式，互相搭配後產生同一個人物但不同年齡的有趣效果。

修改照片中人物的年齡

使用 Leonardo.Ai 的 Image To Image 上傳圖片，範例使用一張 AI 畫出的女生照片，年齡大概是三十歲到四十歲，Strength 設定為 0.65，輸入「a woman, wear suit, 50 years old」。

因為是 50 歲，所以產生的人物看起來會開始變老一點。

運用同樣的方式，可以產生一個 70 歲的圖片（單純使用年齡效果如果不明顯，可以加上 an old woman、gray and black hair 提示詞進行輔助）

下圖使用 a very old woman 和 gray and white hair 提示詞輔助，根據原本的造型，產生一個 100 歲的女性。

下圖改成 young lady 的提示，創造一個 20 歲的女性。

下圖使用 a little girl，創造一個 10 歲的女性 (可能是因為西裝外套的關係，還是很成熟)

使用提示詞產生人物

相較於修改照片中人物的年齡，使用提示詞產生虛擬人物，會更容易控制人物的年齡，下圖使用「an old woman, wearing pink shirt, 90 years old」提示詞，搭配 Absolute Reality v1.6 模型，產生的 90 歲老太太。

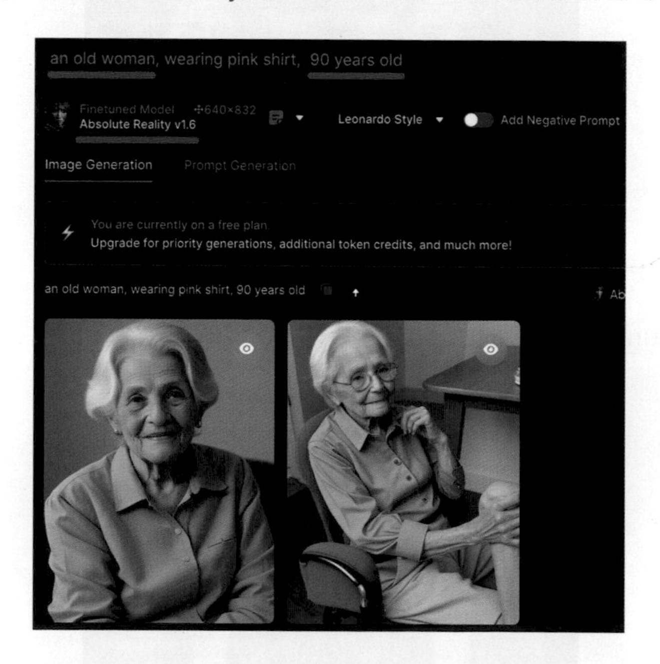

嘗試使用不同年齡的提示詞，就能產生不同年齡的人物。

固定種子，修改同一個人的年齡

由於每次產圖時的「種子」都不相同，因此產生的人物長相也會有所不同，如果要固定成同一個角色，除了使用「訓練自己的 AI 產圖模型」方法，另外一個方式可以透過「固定種子」，盡可能限縮產圖的隨機性。

- 每次產生圖片時都會使用「隨機種子」。
- 如果使用同樣的設定和提示詞，使用同樣的種子就會產生「幾乎相同」的結果。
- 如果使用不同的提示詞或不同的設定，使用同樣的種子只會產生「接近但不相同」的結果。
- 如果設定或提示詞的差異過大，使用同樣的種子也無法產生同樣的結果。

點擊產生的圖片後方「...」，選擇「View Generation info」，就能觀察產生的圖片資訊。

從圖片資訊欄位裡，找到 seed 就是產生圖片的種子。

在圖片產生器左側最下方，開啟 Use fixed seed 選項，填入圖片種子。

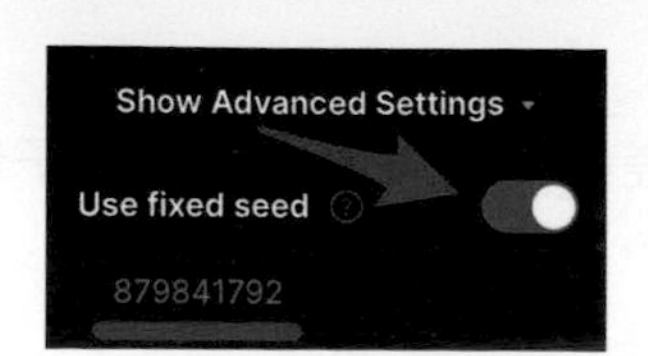

完成後就可以仿照上方修改人物年齡的方式，修改年齡的數字，就能產生對應年齡的同一個人物。

12-4 隱藏的人臉或文字

這個 Leonardo.Ai 範例會運用 Image to Image ControlNet 的 Pattern to Image 模式，實作一張影像裡隱藏了人臉，或一張圖畫裡隱藏了文字的特殊效果。

隱藏的人臉

使用 Image to Image 的 Pattern to Image，可以很簡單的產生隱藏的人臉，舉例來說，下圖上傳一張蒙娜麗莎微笑的圖，選擇 Pattern to Image，Strength 設定為 2，提示詞使用「Many people are buying fruits and vegetables in the busy market, illustration」。

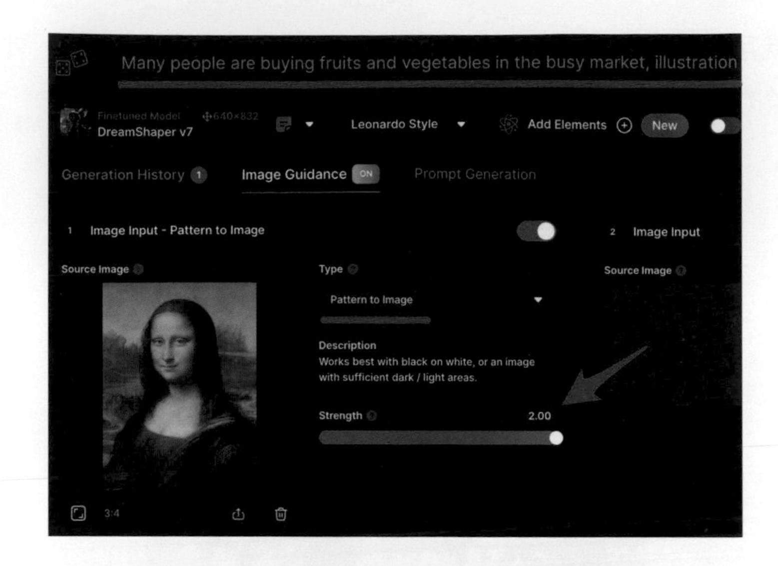

完成後就會產生就會產生隱藏了蒙娜麗莎像的影像 (遠一點看或瞇著眼睛看)。

由於 Pattern to Image 會根據原始圖片的二值化 (黑白影像) 來產生影像，所以如果對比度太低的圖片，產生出來的效果就不好，舉例來說，使用 Google 雲端硬碟裡的「Google 繪圖」工具。

使用 Google 繪圖開啟蒙娜麗莎像，調整亮度和對比 (將顏色設定為灰階效果更好)。

將調整後的蒙娜麗莎下載為 jpg。

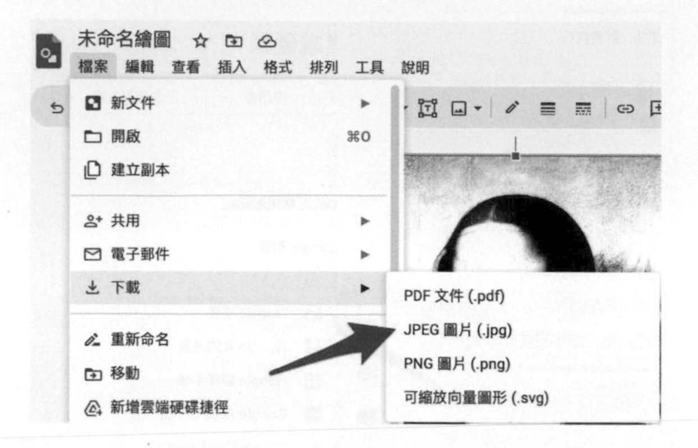

將圖片上傳到 Leonardo.Ai，使用 Pattern to Image 就可以得到相當不錯的結果。

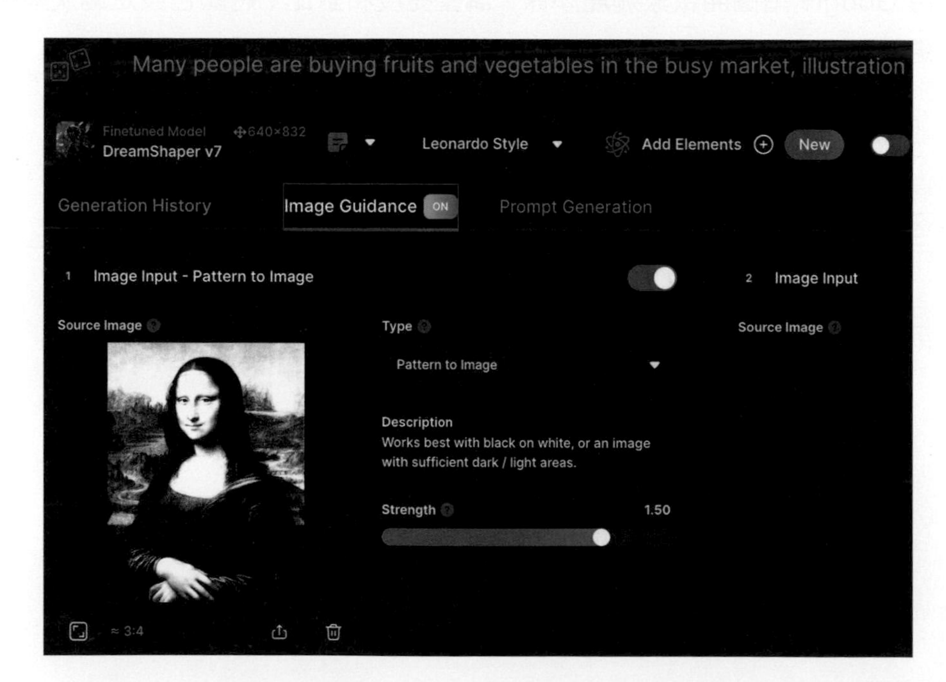

隱藏的文字

運用同樣的原理，如果將原始影像改成文字，就可以將文字隱藏在影像中，產生非常有創意和趣味的影像，使用 Google 繪圖輸入文字，並將文字存檔為 jpg。

完成後仿照隱藏人物的作法，將圖片上傳到 Leonardo.Ai，使用 Pattern to Image 並輸入「waves on the beach」提示詞。

完成後就可以得到相當不錯的結果 (如果覺得文字沒有被隱藏，可降低 Strength 數值後再次產生)。

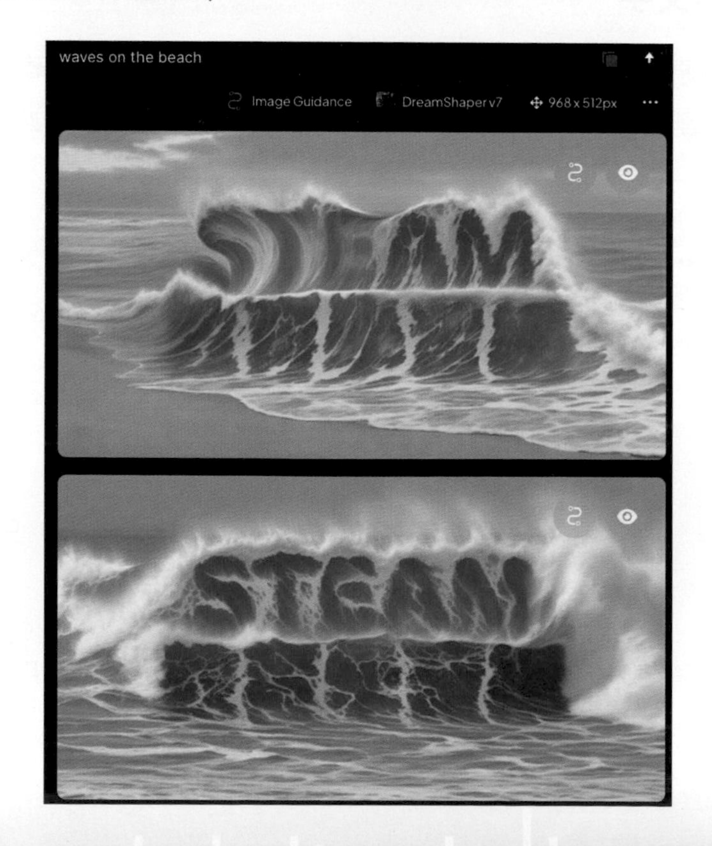

12-5 寶可夢猜猜我是誰，全部填滿皮卡丘

之前寶可夢的卡通都會有一個「猜猜我是誰」的小遊戲，後來有人將其惡搞成不論出現什麼寶可夢的影子，解答都會是皮卡丘，因此這個 Leonardo.Ai 範例會運用 Image to Image ControlNet 的 Depth to image 模式，實作將每隻寶可夢都填滿成皮卡丘的趣味效果 (最後可以搭配 Scratch 實作猜猜我是誰的小遊戲)。

取得寶可夢圖片

前往寶可夢圖鑑官方網站，就能看到完整的寶可夢。

前往寶可夢圖鑑：https://tw.portal-pokemon.com/play/pokedex

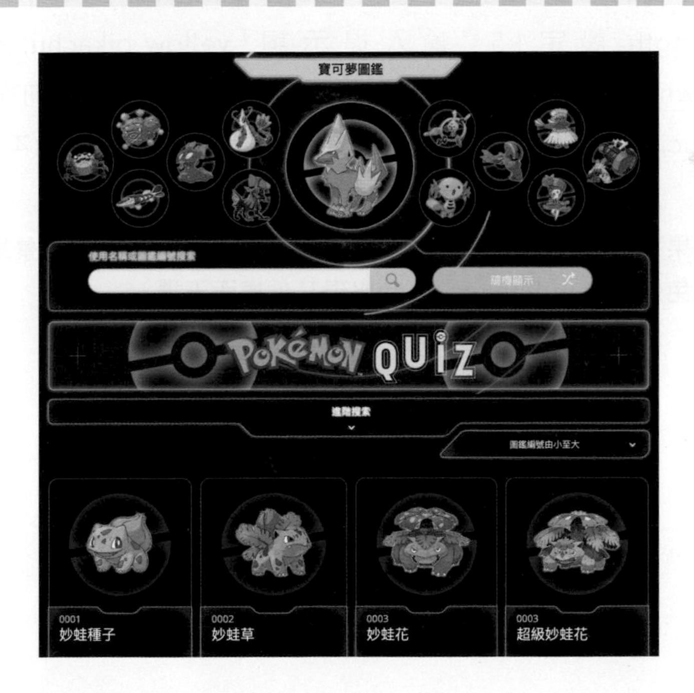

找到想要實作的寶可夢，用滑鼠在寶可夢的圖案上按右鍵，選擇另存圖片，儲存寶可夢的圖片。

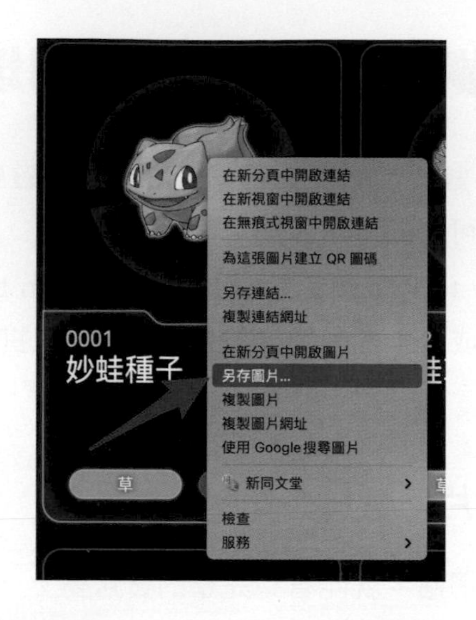

將圖片填滿為皮卡丘

上傳剛剛下載的寶可夢圖片，使用 Image Guidance 的 Depth to image 模式，strength 設定 1.5，輸入提示詞「yellow pikachu, 2D cartoon character, white background」，強調皮卡丘是黃色，輸入負向提示詞「3D, real, realistic, shadow」，避免產生 3D 動畫、有陰影或擬真版本的皮卡丘。

> 注意，如果不是使用寶可夢圖鑑的圖片，所用圖片盡可能「讓背景單純或透明」，避免使用 Depth to image 時出現其他東西干擾。

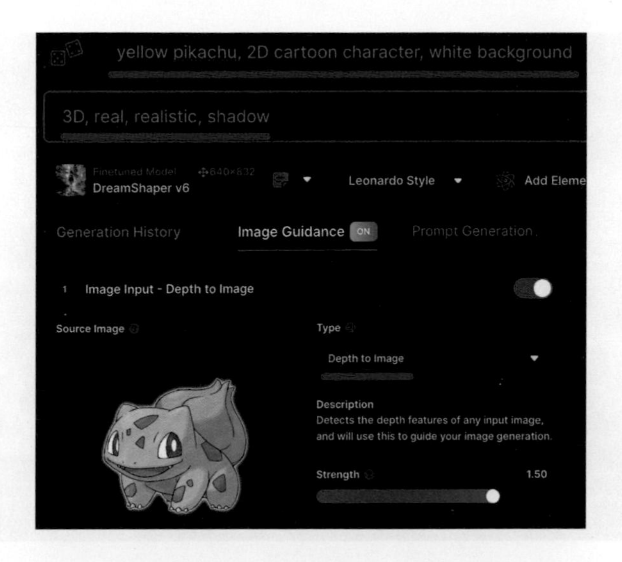

點擊 Finetuned Model 下拉選單，選擇 Select Custom Model。

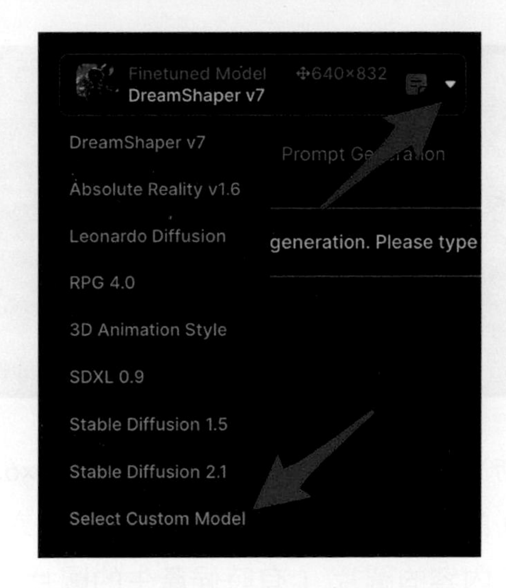

開啟模型視窗後，切換為 Patform Models，選擇 DreamShaper v6 (適合 2D 插畫風格) 模型。

選擇後點擊 Generate with this Model。

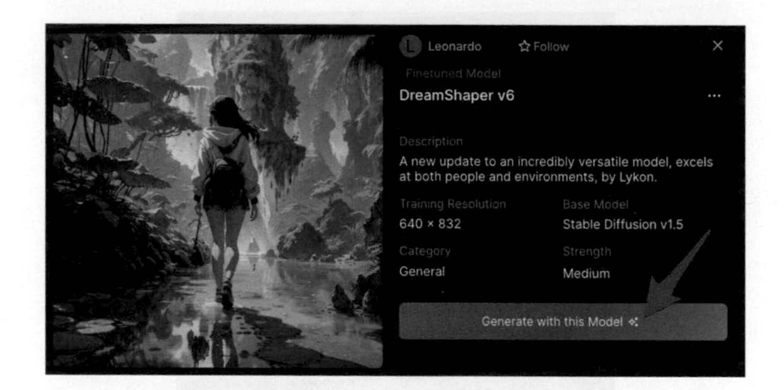

張數設定 4 張，由於寶可夢圖鑑的圖片大小為 630x630，因此可以使用 512x512 或 640x640 的長寬數值，完成後產生圖片，就會得到妙蛙種子的外型被填滿為皮卡丘內容的圖片 （有時候產生的圖片可能不如預期，再次產生挑選即可）。

運用這種方法，就能產生各種被皮卡丘填滿的寶可夢。

- 如果要強調黑色外框線或更 2D 的效果，也可以使用「yellow pikachu, 2D cartoon character, simple color, black stroke, white background」提示詞。
- 因為不同寶可夢圖片的 Depth 可能也有所不同，需要手動調整 strength 進行測試。

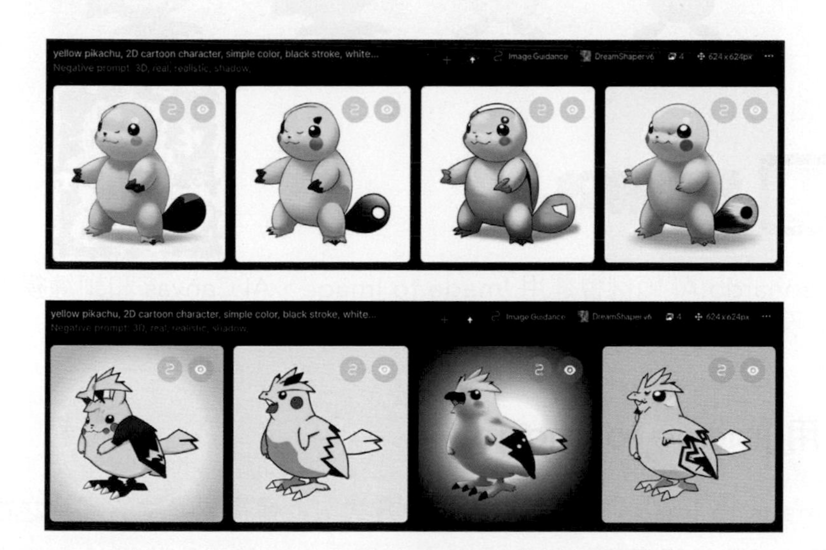

搭配 Scratch 製作真正的遊戲

下載這些奇怪皮卡丘圖片，參考「寶可夢猜猜我是誰（基本）」的範例，使用 Scratch 就能做出一個有趣的寶可夢猜影子遊戲。

- 寶可夢猜猜我是誰（基本）：https://steam.oxxostudio.tw/category/scratch/example/pokemon-shadow-game-1.html
- 遊戲程式：https://scratch.mit.edu/projects/902725679/

12-6 換臉特效

這個 Leonardo.Ai 範例會運用 Image to Image、AI Canvas 和訓練模型這三種方法，實現圖片換臉的趣味效果。

使用 Image to Image

使用 Image to Image 是最基本的換臉方式，上傳需要換臉的圖片之後，輸入跟圖片相仿的提示詞，加入「名人」的名字，就能夠將圖片中的人臉換成特定的名人，下圖的範例上傳了一張蒙娜麗莎的微笑，使用「Elon Musk is smiling」。

> 注意，使用這個作法可能也會一併更換部分景物或服裝，如果 Leonardo.Ai 不認識特定名人，則無法順利替換。

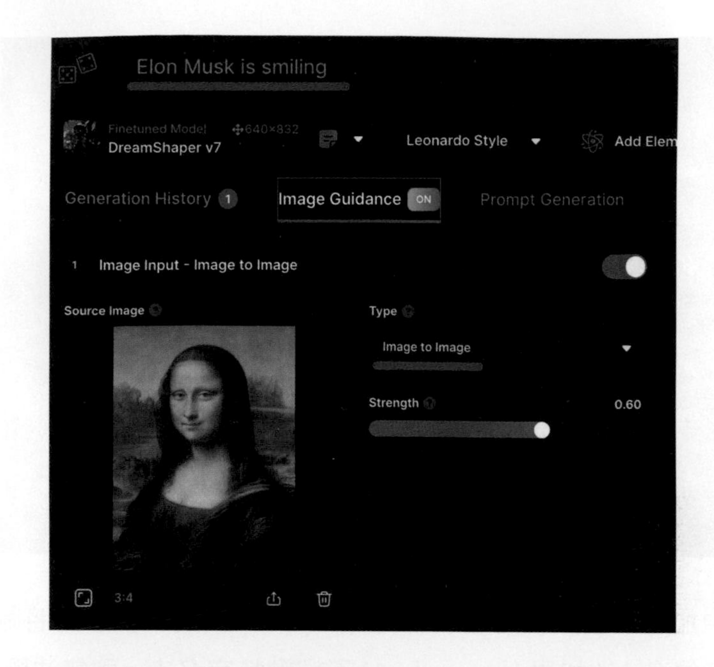

執行後，就會產生「Elon Musk 的微笑」。

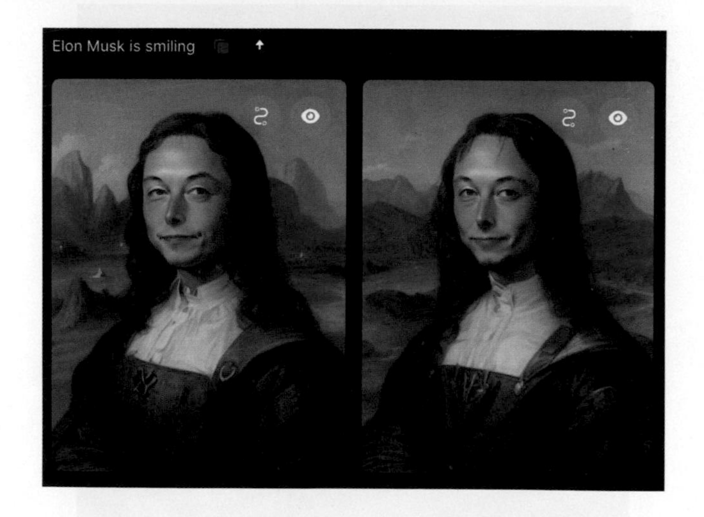

使用 AI Canvas

相較於 Image to Image 可能會替換掉一些景物，使用 AI Canvas 的遮罩工具，就能產生特定部位的影像，避免影響到原本圖片的內容，下圖的範例使用遮罩工具，塗抹蒙娜麗莎的臉部部位。

在提示詞中加入「名人」的名字，使用 Inpaint 模式，就能夠將圖片中的人臉換成特定的名人 (如果 Leonardo.Ai 不認識特定名人，則無法順利替換)。

下圖使用「Dwayne Johnson is laughing」提示詞，蒙娜麗莎就變成了巨石強森。

使用訓練模型

雖然 Image to Image 和 AI Canvas 都可以替換人臉，但卻無法使用 Leonardo.Ai 不認識的人臉，因此如果要使用特定人臉，就必須使用「自己訓練的模型」，透過自己訓練的模型，就可以輕鬆地產生特定人物的各種風格，例如下圖參考「11-1、訓練自己的 AI 產圖模型」製作一個名為 Sun Yat Sen 的「國父孫中山模型」。

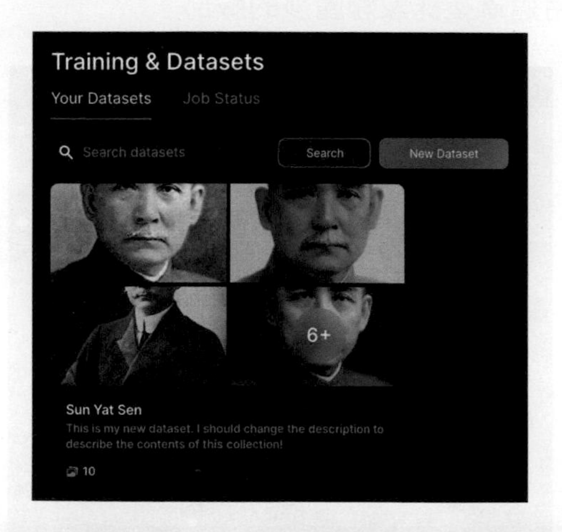

國父孫中山模型完成後，首先使用 Image to Image 的功能，同樣上傳蒙娜麗莎的圖片，選擇建立好的國父孫中山模型，提示詞使用「a smiling man, Sun Yat Sen」，就會產生一個「國父麗莎」的畫像 (調整 Strength 可以控制原圖的比重)。

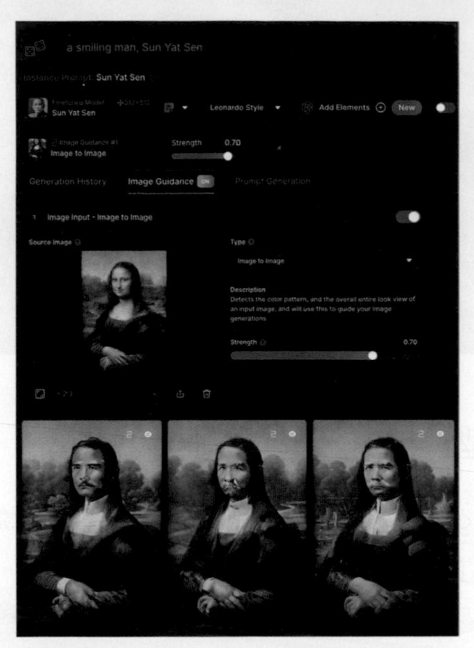

自訂模型同樣也可以應用於 AI Canvas 中，進入 AI Canvas 之後，選擇 Sun Yat Sen 模型，並用遮罩塗抹蒙娜麗莎的臉部。

提示詞使用「a smiling man, Sun Yat Sen」，就會產生一個「國父麗莎」的畫像。

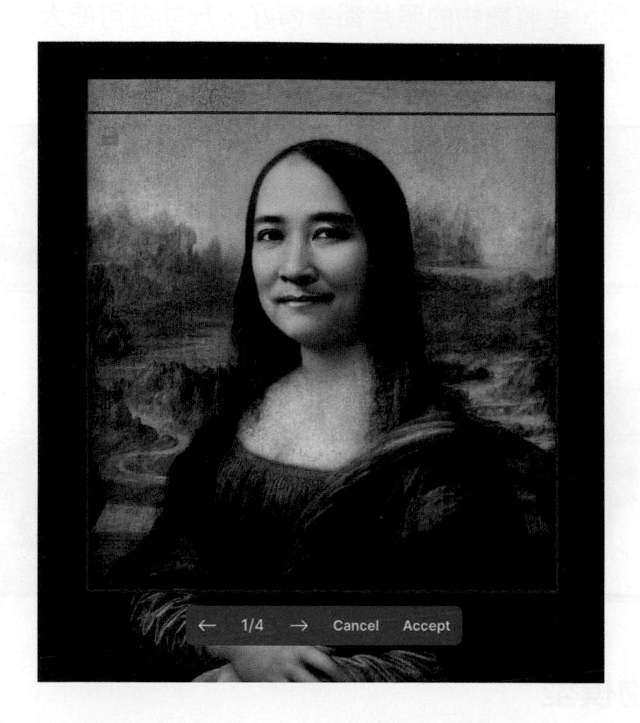

12-7 用 AI 畫寵物 (虛擬寵物)

不知道大家有沒有心愛的寵物離世的經驗？過去筆者家裡養過一隻狗和兩隻貓，養了十二到十五年，當小狗離開成為天使後，感嘆當時數位相機不普及，沒有留下太多珍貴的回憶，幸好現在有了 Leonardo.Ai，透過 AI 的輔助，只要建立寵物的模型，就能畫出寵物的樣子。

準備寵物的照片

要訓練模型之前，先將寵物的照片都準備好，尺寸盡可能大於 512x512，準備 10 ~ 20 張各種姿勢清楚，寵物長相清楚的照片。

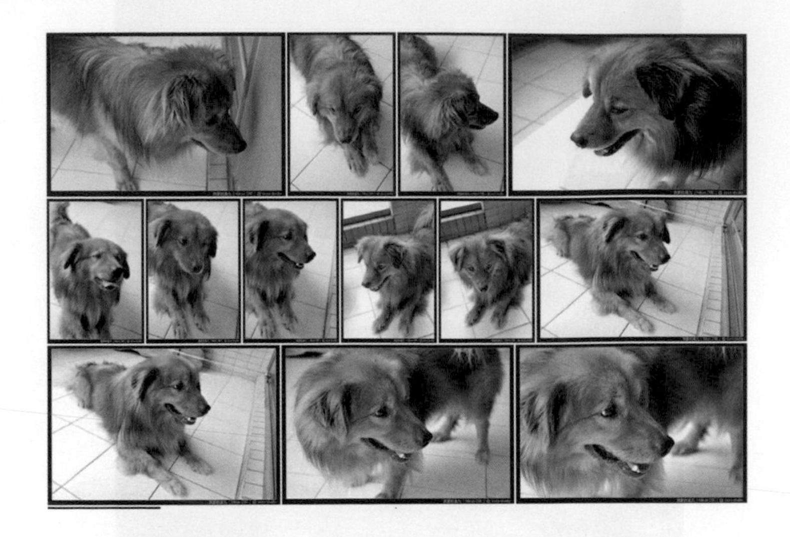

訓練寵物模型

進入 Training & Datasets，點擊 Create New Dataset。

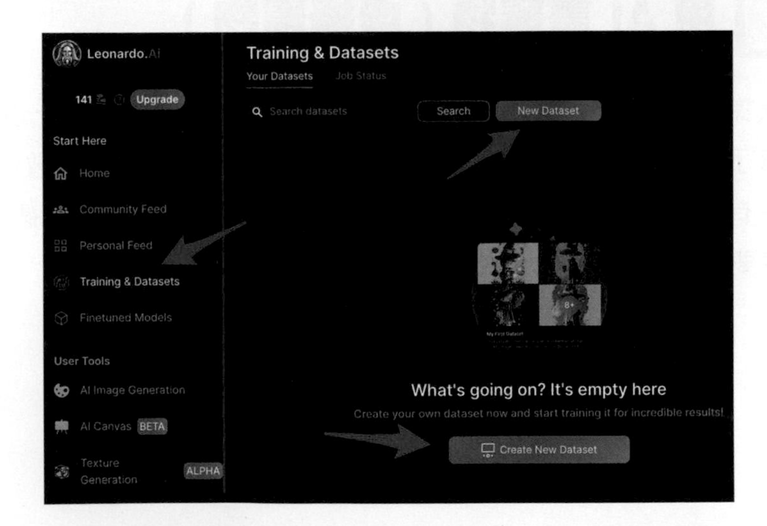

設定資料集名稱為 Pet。

上傳寵物照片。

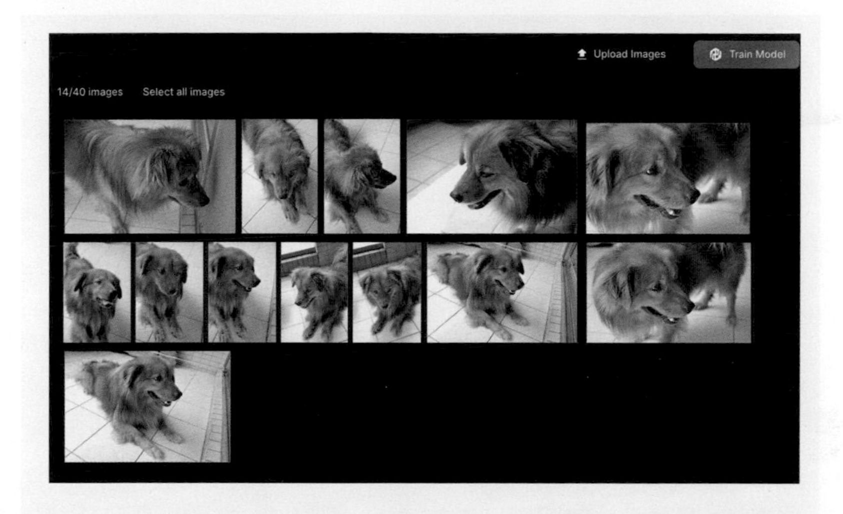

點擊 Train Model，輸入模型名稱和 prompt，就可以開始訓練 (注意！免費版本只能訓練「一個」模型，訓練後就無法再訓練其他的模型)。

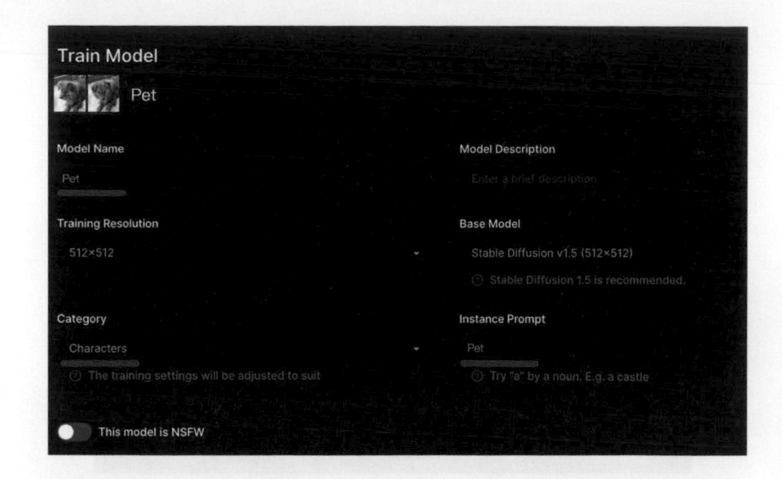

訓練完成後，就可以看到自己的模型 (會寄送 email 通知)。

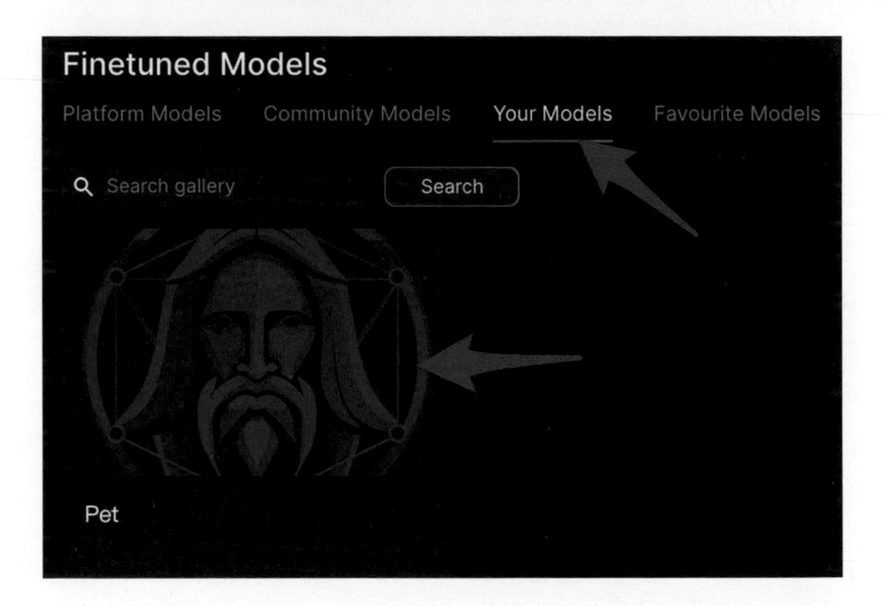

使繪製寵物角色

前往 AI Image Generation，點擊 Finetuned Model 下拉選單選擇「Select Custom Model」。

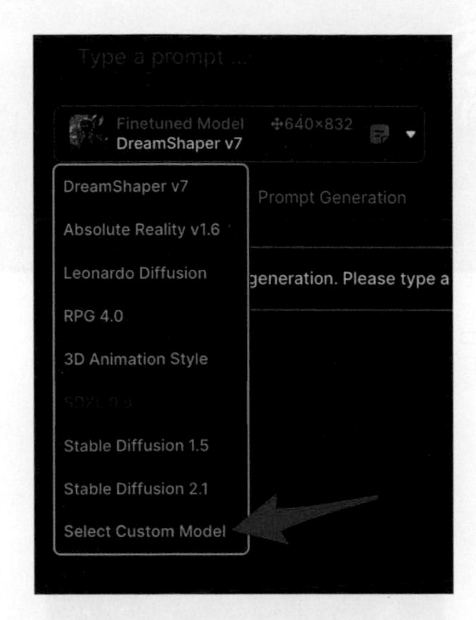

選擇剛剛建立完成的 Pet 模型，點擊 View。

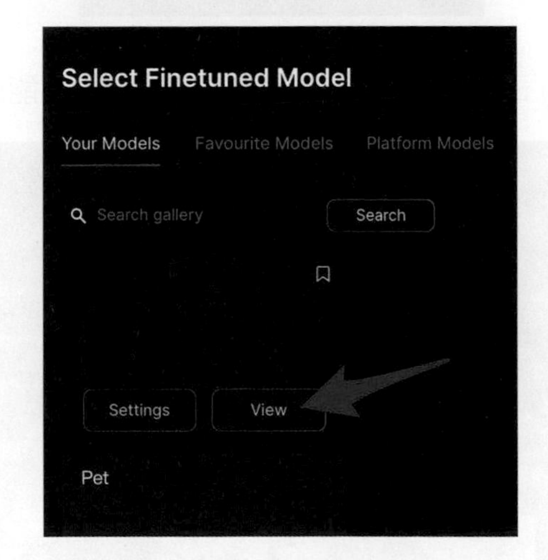

點擊「Create with this model」。

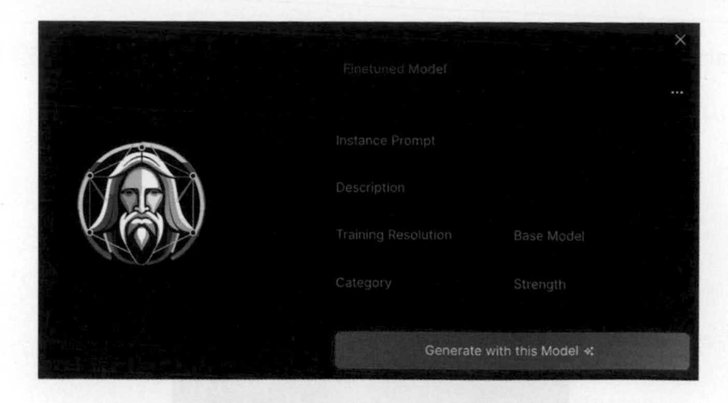

回到外層，就能看見已經準備使用 Pet 模型開始產圖。

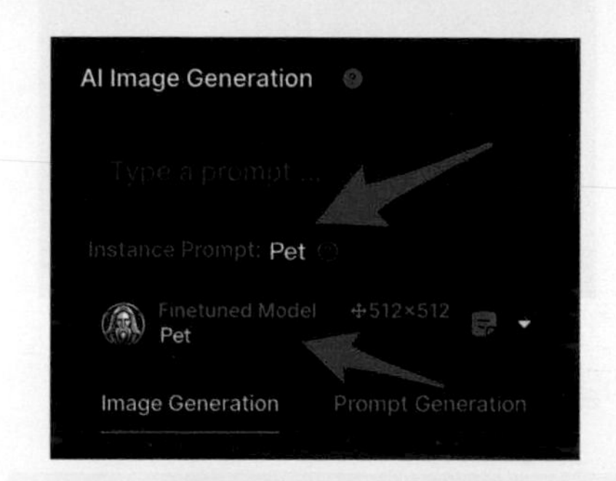

輸入提示詞「a dog is on the sofa, Pet, realistic」，就能產生寵物的影像。

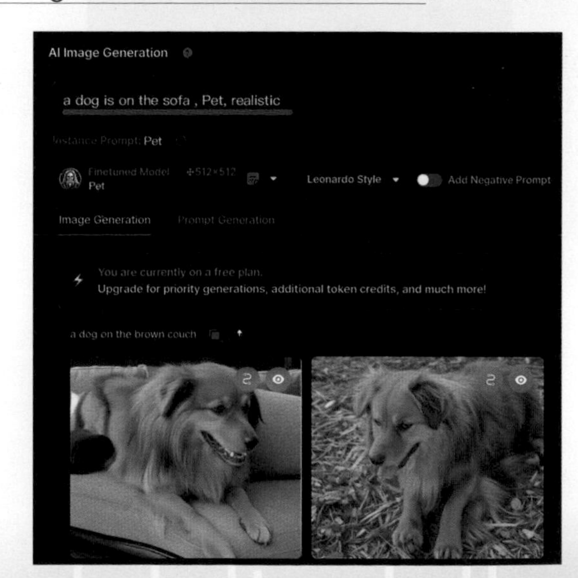

加入不同風格

參考「本書附錄」裡的風格，將風格加入提示詞中，就能產生各種不同風格的寵物。

水彩風格 (water color painting)

浮世繪 (Ukiyo-e style)

小結

綜合這個小節的各個範例，除了可以熟悉 Leonardo.Ai 的各種操作技巧，更發現了 Leonardo.Ai 可以實現非常多有趣的創意，除了基本的換臉、填補、擴展圖片，甚至還可以隱藏人臉或文字在圖片中，真的是非常新奇又好玩。

Chapter 13

Bing Image Creator（使用&技巧）

前言

自從 ChatGPT 升級到 ChatGPT 4 和 DALL-E 3 之後，Bing Image Creator 的功能也跟跟著大幅提升，甚至可以當成「免費版」的 DALL-E 使用，這個章節會介紹如何使用 Bing Image Creator。

13-1 開始使用 Bing Image Creator

Bing Image Creator 是一個由微軟所推出的線上 AI 繪圖工具，可以讓使用者輸入文字提示後，根據文字快速創造圖片，這個小節會介紹 Bing Image Creator 以及如何使用 Bing Image Creator。

認識 Bing Image Creator

Bing Image Creator 是一個由微軟所推出的線上 AI 繪圖工具，背後使用 OpenAI 的 DALL-E 模型，，可以讓使用者輸入文字提示後，根據文字快速創造圖片，輸入的文字不僅可以是英文，也支援各種不同語言 (包括中文)。

輸入文字提示 Prompts 產生圖片

使用 Bing Image Creator 不需要安裝任何軟體，開啟網頁後就能開始使用，開啟網頁後先點擊「加入並創作」，使用微軟帳號登入。

前往 Bing Image Creator：https://www.bing.com/images/create

登入後，在上方的輸入框裡輸入提示，點擊「建立」，Bing Image Creator 就會開始根據提示產生圖片。

建立完成後會出現四張圖片，範例使用「a cute robot is painting, 2D cartoon style」。

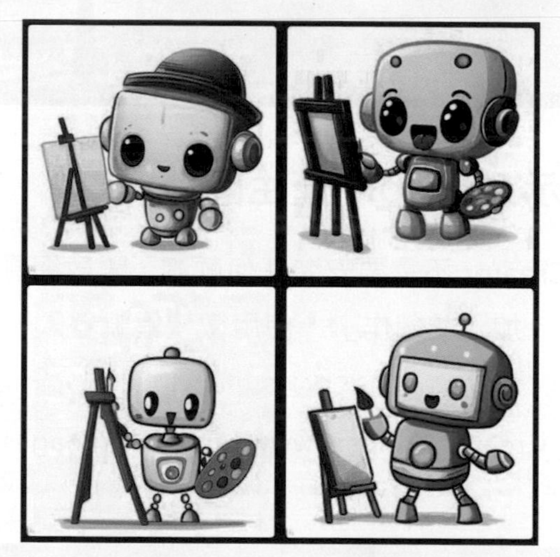

點擊想要下載的圖片，就會產生該圖片的大圖，點擊「下載」就能存檔為 1024x1024 的 jpg 圖片。

Bing Image Creator 支援中文，可以輸入中文提示，範例使用「一個可愛的機器人正在畫圖，2D 卡通風格」。

如果想快速體驗或找尋靈感，也可以點擊「給我驚喜」，Bing Image Creator 就會產生隨機的提示詞，如果覺得提示詞不錯，就能直接使用或延伸修改。

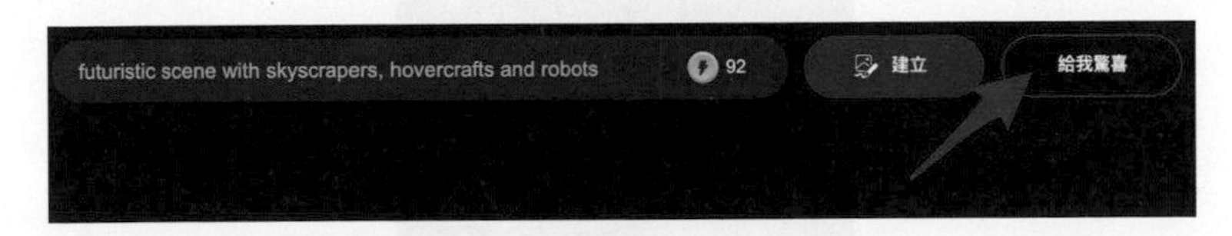

加強功能 Boosts

產生圖片基本上是「免費」，但每次都會消耗一點「加強功能 Boosts」，微軟每天會補充 15 點免費加強功能直到上限 100 點，就算加強功能已經耗盡，仍然可以產生圖片，但產生的速度會大幅降低，如果要加速，則需要花費購買加強功能。

使用 Edge 瀏覽器搭配 Bing Chat 有時會有額外加強功能，但補充的詳細狀況不清楚，有些時候會突然很多，有些時候連續好幾天都不補。

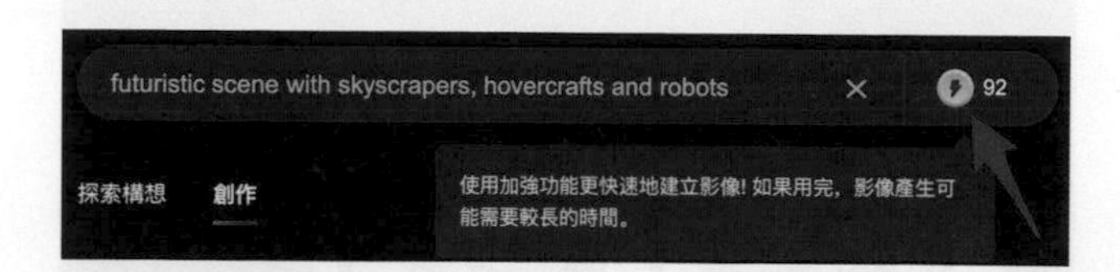

檢視 & 刪除歷史紀錄

在畫面右側，可以看見產生圖片的歷史紀錄，只要點擊就可以開啟當初產生的內容。

如果要刪除歷史紀錄，則需要從右上角開啟選單，點擊「搜尋歷程紀錄」。

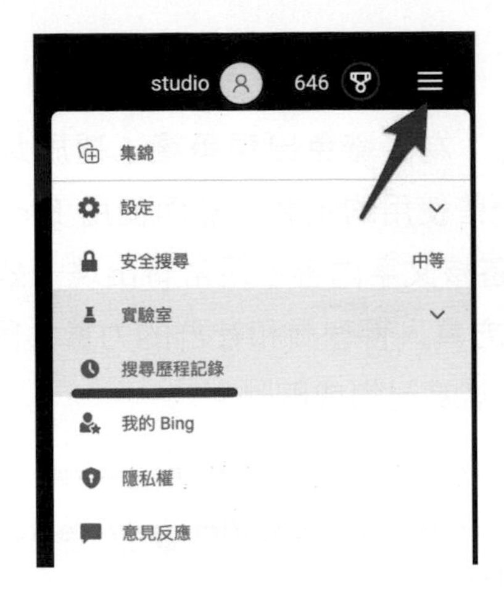

開啟搜尋歷程紀錄後，全部勾選並選擇清除。

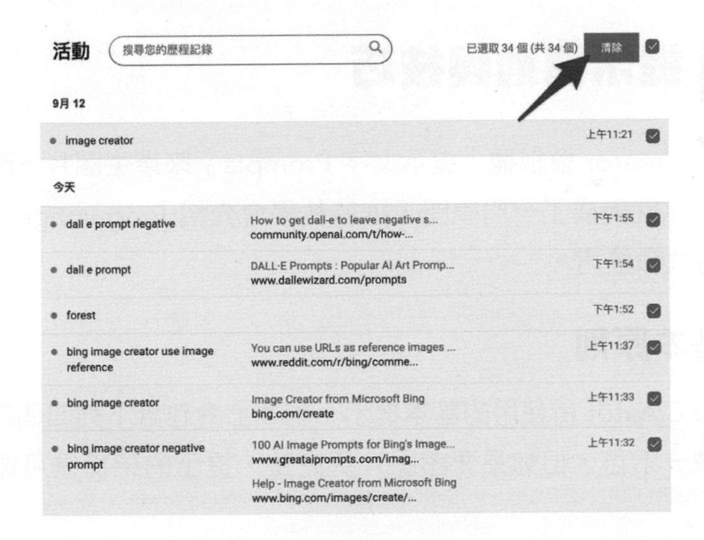

或者直接或者直接點擊右下角「全部清除」按鈕，也能將歷史紀錄清空（不清楚為什麼要跟搜尋紀錄綁定，刪除的操作體驗很不好）。

使用規範

通常使用 AI 產生圖片，為了避免出現爭議 (種族歧視、性暗示、暴力血腥 ... 等)，都會明定一些使用的規範，然而使用 Bing Image Creator 產生圖片時，AI 會先自動審核文字內容 (通常有出現一些名人的名字都會被阻擋)，同時也會藉由官方真人管理員和社群的力量共同審查，因此建議都要遵守下列規範，避免帳號被封鎖或刪除。

> 完整規範參考：https://www.bing.com/images/create/contentpolicy?FORM=GEN2CP

13-2 提示原則與技巧

Bing Image Creator 會根據「提示文字 Prompts」來產生圖片，因此如何撰寫良好的提示就變成了一門學問，這篇教學會介紹 Bing Image Creator 提示文字的方式和技巧。

提示基本原則

Bing Image Creator 所使用的基本提示，基本上會包含下列四個部分，四個部分並非缺一不可，但如果要讓圖片更完整，提示的架構盡可能地包含這幾個項目：

> 形容詞 + 名詞 + 動作 + 風格

- 形容詞：可愛的、年紀大的、美麗的、強壯的 ... 等。
- 名詞：老人、畫家、機器人、女生、科學家 ... 等。
- 動作：在畫圖、在吃飯、在奔跑、在玩球 ... 等。
- 風格：2D 卡通風格、攝影風格 ... 等 (參考附錄的 AI 繪圖風格)。

舉例來說，使用「一個生鏽的機器人，在工作室裡畫圖，廣角攝影」會產生一個生鏽機器人在畫圖的「照片」。

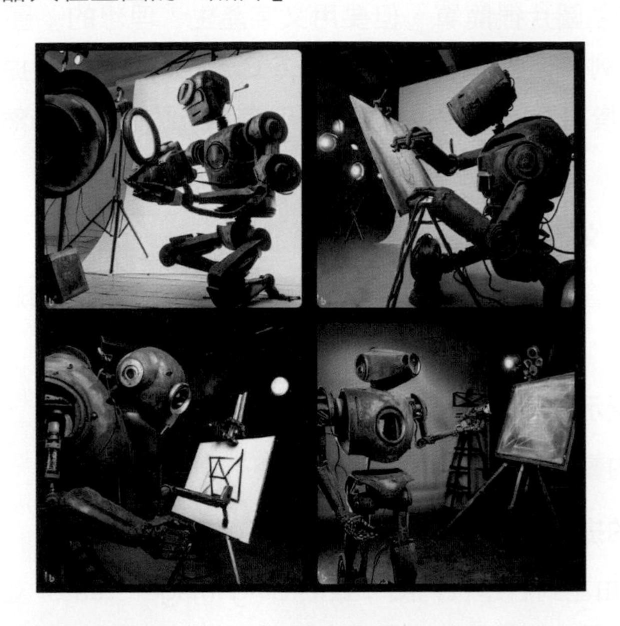

如果換成「一個可愛的機器人，在工作室裡畫圖，鉛筆素描風格」，就會產生一個可愛機器人在畫圖的「鉛筆素描」。

優良的提示技巧

雖然用文字產生圖片很簡單，但要用文字產生「理想的」圖片卻需要下一番苦工，下面列出一些使用 Bing Image Creator 產生圖片提示技巧，透過這些技巧能夠增加產生圖片的成功率 (但有些畫面或風格仍然自行嘗試不同的技巧)。

- **避免太短的文字：**

  太短的文字會讓 AI 自由發揮，如果已經有明確的目標和想法，就盡可能地描述清楚。

- **包含風格提示：**

  增加想要的畫面風格，例如攝影、插畫 ... 等。

- **畫面主角的提示放在左側，風格提示放在右側：**

  通常 AI 會由左到右進行判讀，雖然 Bing Image Creator 並沒有很明顯的左右權重差異，但其他的工具都有這種潛規則，因此也盡可能仿照處理。

- **使用負向提示詞：**

  Bing Image Creator 沒有提供負向提示詞的設定，但仍然可以嘗試使用「no XX」之類的語句移除部分畫面內容。

提示支援的內容

Bing Image Creator 的文字提示相比其他工具要簡單許多，但相對也捨棄了許多的進階功能，下面列出提示支援的內容：

- 支援：文字提示、多國語言混合提示。
- 不支援：使用圖片網址、上傳圖片、混合圖片、其他類似工具的設定指令。

13-3 搭配 Bing Copilot 讀取 / 產生圖片

Image Creator 自 2023 年 9 月升級為 DALL-E 3 之後，大幅提升了產生圖片的能力，能夠產生更多漂亮的影像，甚至可以搭配 Bing Copilot 讀取圖片內容產生的提示詞進行再次創造，彌補原本無法讀取圖片的劣勢，這篇教學會介紹如何搭配 Bing Copilot 讀取與產生圖片。

> Bing Chat 已經改名為 Copilot with Bing Chat。

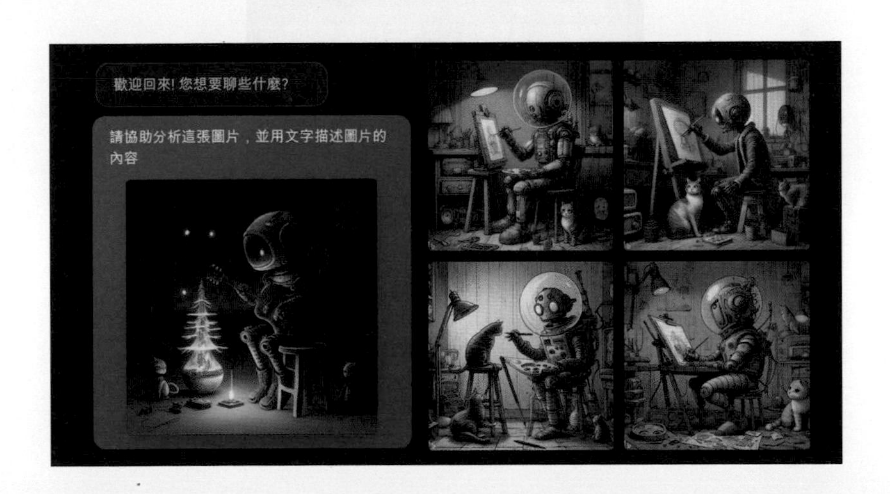

Bing Copilot 讀取圖片產生提示詞

使用 Edge 瀏覽器，開啟 Bing 對話視窗後，點擊上傳影像的按鈕。

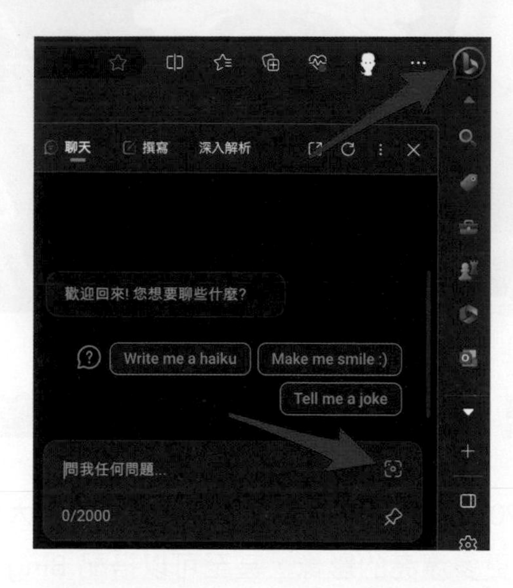

上傳影像除了使用本機的圖片，也可以提供網路上的圖片網址，輸入後可以搭配提示詞，透過 Bing Copilot 取得該圖片對應的提示詞，下圖的範例上傳了一張魔法貓咪廚師的圖片，使用提示詞「**請協助分析這張圖片，並用文字描述圖片的內容**」。

完成後送出對話和圖片，Bing Copilot 就會分析圖片並產生分析的內容，這些分析的內容幾乎就等同於要產生圖片的提示詞，可以再根據個人需求進行調整。

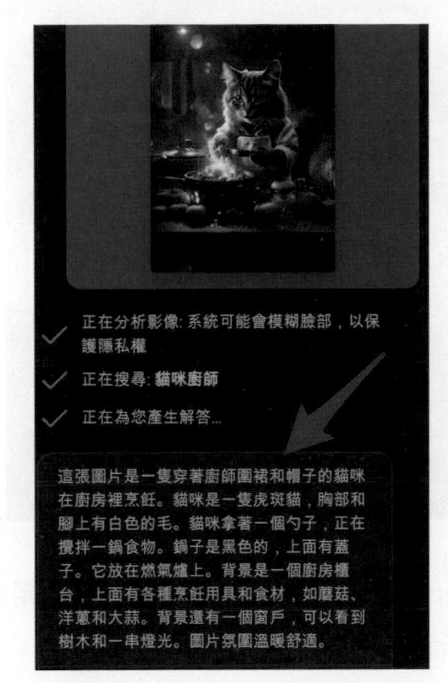

運用提示詞產生影像

透過 Bing Copilot 產生圖片內容的提示詞之後，有兩個方法可以運用 Image Creator 產生影像，第一種方法可以直接在 Bing Chat 的聊天畫面呼叫 Image Creator 產生影像，輸入：「**請使用 Image Creator 繪製影像，提示詞：......**」。

請使用 Image Creator 繪製影像，提示詞：「一隻穿著廚師圍裙和帽子的貓咪在廚房裡烹飪。貓咪是一隻虎斑貓，胸部和腳上有白色的毛。貓咪拿著一個勺子，正在攪拌一鍋食物。鍋子是黑色的，上面有蓋子。它放在燃氣爐上。背景是一個廚房櫃台，上面有各種烹飪用具和食材，如蘑菇、洋蔥和大蒜。背景還有一個窗戶，可以看到樹木和一串燈光。圖片氛圍溫暖舒適。」

送出後，Bing Copilot 就會連動 Image Creator，根據提示詞產生影像 (因為是連動 Image Creator，也會消耗每天產生圖片的能量)。

除了直接使用 Bing Copilot 產生影像，也可以直接開啟 Image Creator，複製貼上剛剛產生的提示詞，就能產出對應的圖片。

小結

隨著 ChatGPT 的進化，Bing Image Creator 能夠產生的圖片品質也越來越好，可惜的是如果要使用比較進階的功能 (例如改變圖片尺寸、圖片產生圖片、圖片延伸修改 ... 等)，都必須要付費改成 ChatGPT 4 才能使用，但初期 Image Creator 已經可以滿足大部分的需求囉。

Chapter 14

Bing Image Creator（範例參考）

前言

這個章節會介紹許多有趣的範例，包含讀取文章，產生縮圖和漫畫書風格，透過這些範例的實作，就能更清楚 Image Creator 的各種功能，也能延伸出各種不同的想法。

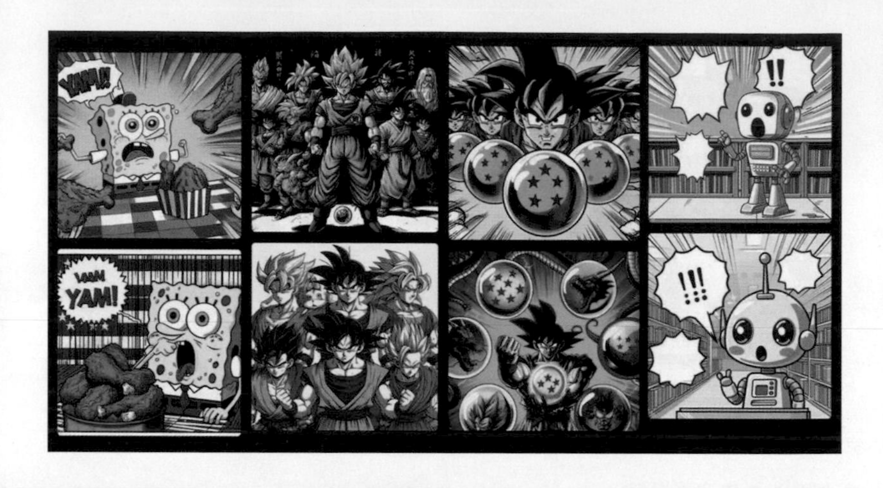

14-1 Bing Copilot 讀取文章，產生縮圖

雖然免費的使用者無法使用 GPT4 帶來「聯網」和「產生圖片」的好處，但只要運用 Bing Copilot 的連網功能，仍然可以實現部分 GPT4 的付費功能，這個範例會介紹如何運用 Bing 讀取網頁上的文章，並在讀取之後產生大綱和分享到社群網站的縮圖。

> Bing Chat 已經改名為 Copilot with Bing Chat。

Bing Copilot 讀取網頁

使用 Edge 瀏覽器，開啟需要產生縮圖的網頁，範例開啟 STEAM 教育學習網「關於網路爬蟲」這篇文章，網頁開啟後，點擊右上方 Bing 的圖示，開啟 Bing Copilot。

開啟 Copilot 之後，輸入提示詞「請你參考這個網頁，提供我約 100 字的重點整理」，就會看見 Copilot 將網頁內容濃縮成三個重點，這表示 Bing Copilot 可以順利讀取網頁內容，並根據內容進行重點整理。

建議登入微軟帳號後再使用 Bing Copilot。

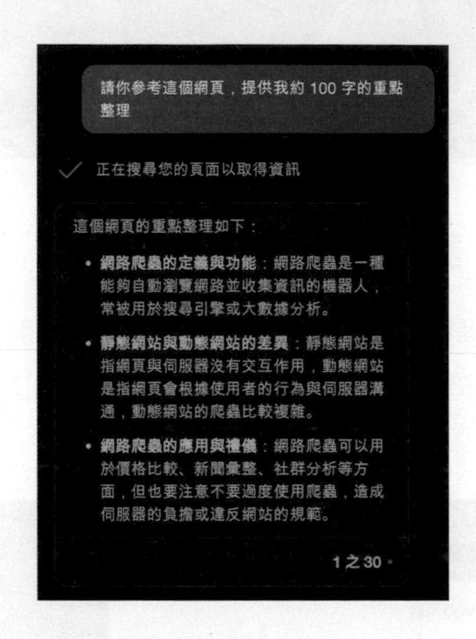

根據網頁內容產生縮圖

運用同樣的方式，在 Bing Copilot 裡輸入「請你參考這個網頁內容，產生並提供我可以在社群分享的「分享縮圖」，風格使用超現實主義達利的插畫風格」，Copilot 就會根據網頁內容產生「提示詞」，並呼叫 Image Creator 根據提示詞產生圖片。

注意，Image Creator 只能產生 1:1 的圖片，如果要自訂尺寸，需要付費使用 ChatGPT。

如果將風格修改為「**類似阿奇幼幼園的卡通風格**」，就會產生截然不同但又符合網站內容的影像。

14-2 漫畫書風格

Image Creator 升級為 DALL-E 3 之後，產生圖片的能力大幅躍進，除了可以產生許多高品質的照片和畫作，甚至也能產生非常具有水準的漫畫，還能在影像中加入一些英文字，，這個範例會介紹如何使用 Image Creator 產生漫畫書風格的影像。

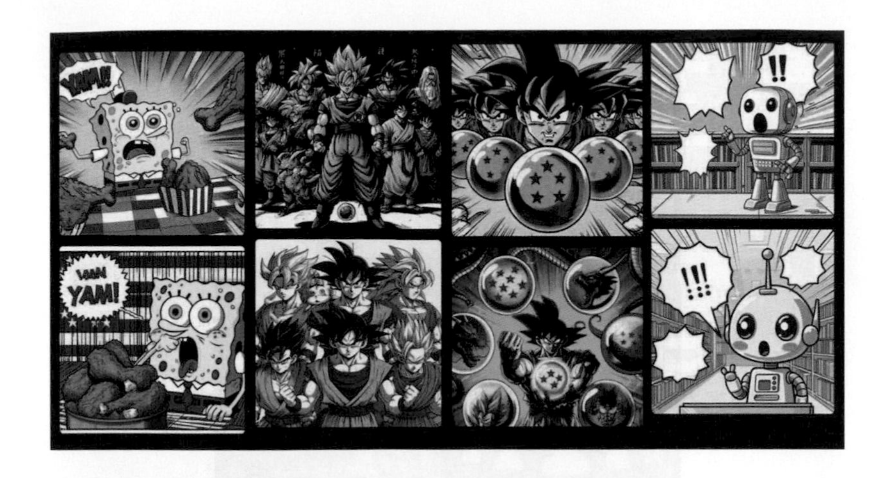

產生漫畫的提示詞

只要在提示詞裡加入「漫畫風格」，搭配「日式漫畫」、「美國漫畫」、「吉卜力漫畫」等風格形容詞，就能產生對應的漫畫，舉例來說，下圖使用「七龍珠的孫悟空，日式漫畫風格」提示詞，就能產生跟漫畫非常接近的孫悟空。

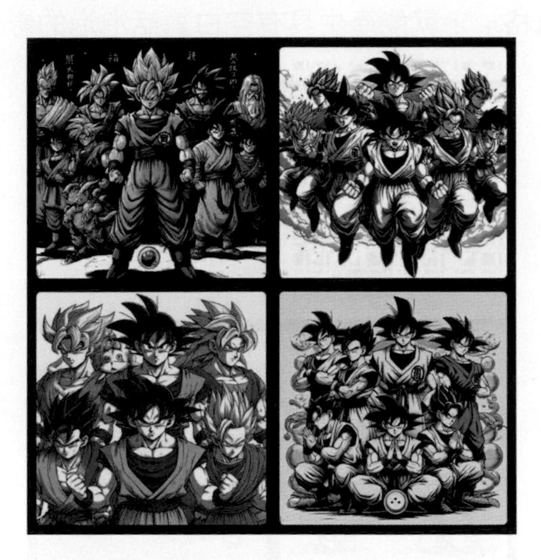

如果將提示詞改成「七龍珠的孫悟空，美國漫畫書風格」，就能產生偏向美式漫畫的孫悟空。

加入對話泡泡或放射線

通常漫畫都會有「對話泡泡」，只要在提示詞中加入「對話泡泡」、「對話框」或「思考泡泡」等提示詞，就能加入對應的對話泡泡，舉例來說，使用「**一個可愛的機器人正在說話，旁邊有空白的對話泡泡，背景在圖書館裡，日本漫畫風格**」，就能產生具有空白對話泡泡的影像。

如果將「說話」改成「思考」，「對話泡泡」改成「思考泡泡」，就會變成思考泡泡的影像。

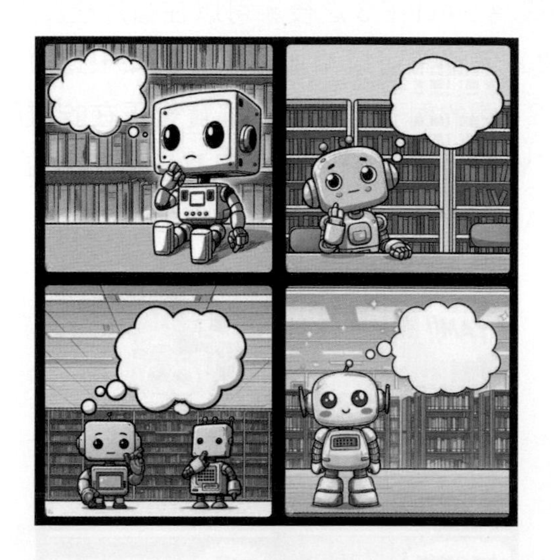

如果加入「驚訝」的情緒反應，搭配放射線的輔助，例如「**一個可愛的機器人感到驚訝，旁邊有尖叫或大叫的空白對話泡泡，並有一些驚訝的放射狀線條，背景在圖書館裡，日本漫畫風格**」，就會更有漫畫的風格。

加入文字

Image Creator 升級為 DALL-E 3 之後，可以在圖片裡加入一些「英文字」，如果是簡單的英文單字通常可以添加成功，但如果比較複雜的句子或其他語言就常會失敗，下圖的例子使用「**海綿寶寶正在吃雞腿，出現驚訝的對話泡泡裡面寫著「YAMI」，美國漫畫書風格**」，產生海綿寶寶漫畫的對話框裡，就會出現 YAMI 的文字。

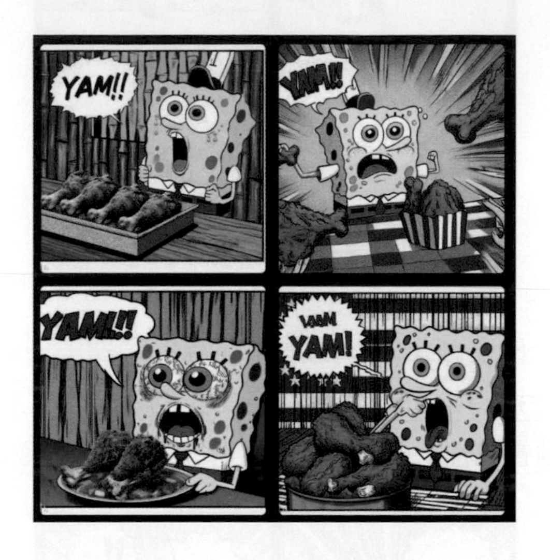

對話泡泡和文字互相搭配，也可以應用在真實的照片裡，產生許多有趣的效果 (如果文字不符合預期，可以再透過其他軟體加上文字)。

產生多格漫畫

搭配提示詞「四格漫畫」、「多格漫畫」、「分鏡圖」等提示詞，就能產生如同漫畫書的多格漫畫效果，同時在後方可以使用「[數字]」或「第幾格」表示每一格的內容，例如「**四格七龍珠漫畫 [1] 悟空在運動 [2] 悟空吃雞腿 [3] 悟空跟海綿寶寶一起玩 [4] 悟空背著海綿寶寶**」，就會產生像四格漫畫一樣的影像。

如果遇到一些漫畫角色畫不出來，可以嘗試使用漫畫角色的「英文名字」，往往就能得到不錯的效果，下圖使用「**三格日式漫畫，比例 1:3，第一格是 Son Goku，第二格是 Monkey D. Luffy，第三格是海綿寶寶**」。

小結

Bing Image Creator 自從升級 DALL-E 3 之後，開始可以產生許多有趣的創作，雖然在許多進階功能上仍無法和 Midjourney 和 Leonardo.Ai 相提並論，但 Image Creator 夾帶 Bing Chat 和免費的優勢，非常適合 AI 繪圖的入門者嚐鮮體驗。

Chapter 15

AI 繪圖效果&範例

前言

這個章節會運用 Midjourney、Leonardo.Ai 和 Image Creator，實際製作出一些常見又有趣的影像，透過這些範例的運用，也能感受不同 AI 繪圖工具之間的差異，也更能理解提示詞的相關運作。

15-1 著色本效果

著色本是很常見的兒童繪圖本，內容通常都是白色背景，搭配黑色外框線構成的卡通圖案，這個範例會運用 Leonardo.AI、Midjourney 和 Bing Image Creator，搭配通用的提示詞，實作著色本效果。

著色本通用提示詞

著色本通常是白色背景，搭配黑色外框線構成的卡通圖，因此會搭配下列向提示詞：

正向提示詞	說明	正向提示詞	說明
coloring book	著色本	coloring page	著色頁
clean outline	乾淨外框線	black outline	黑色外框線
simple outline	簡單外框線	thick outline	粗外框線
black stroke	黑色筆觸	for children	給小孩的
white background	白背景	B/W	黑白色彩
more detail	更多細節	Zentangle	纏繞畫 (增加細節)

著色本負向提示詞

負向提示詞	說明
other colors	其他顏色
detail	細節
color	顏色
shadow	陰影

組合後的提示詞類似：

- [主要角色和場景], coloring book, clean outline, white background, B/W
- [主要角色和場景], coloring page, clean outline, black stroke, white background, B/W

使用 Midjourney

使用著色本的組合提示詞，可以直接產生卡通角色皮卡丘的著色本。

pikachu, coloring book, clean simple outline, white background, B/W, for children, --no detail

如果想要產生更佳一致的效果，也可以運用 /tune 的方法，將提示詞選擇最適合的風格。

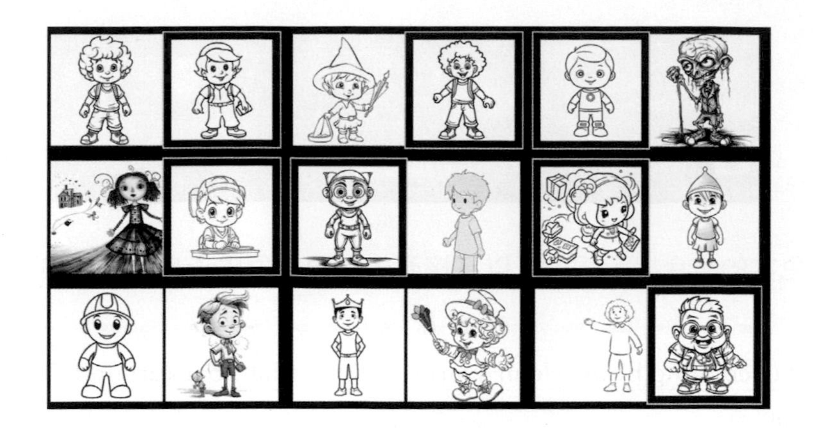

完成後複製產生的 Style ID，接著在輸入提示詞的後方加上 --style ID，就能產生更符合需求的著色本。

範例使用的 Style ID **為**：4AahO7z5XaAyT1mq。

使用 Leonardo.Ai

Leonardo.Ai 產生著色本還滿容易的，只要選擇對應的模型 Model (SDXL 0.9) 和元素 Element (Coloring Book)，就能快速產出漂亮的著色本。

使用著色本的組合提示詞，可以直接產生卡通角色皮卡丘的著色本。

pikachu, coloring book, clean simple outline, white background, B/W, for children

因為已經套用了模型和元素，因此就算沒有著色本相關的提示詞，仍然可以產出漂亮的著色本效果，下圖只用了「pikachu」一個字。

使用 Bing Image Creator

Bing Image Creator 直接使用著色本的組合提示詞，可以直接產生卡通角色皮卡丘的著色本，下圖使用中文的提示詞。

皮卡丘，兒童著色本效果，黑色外框，白色背景，除了黑白不要有其他顏色

下圖使用英文的提示詞。

pikachu, coloring book, clean simple outline, white background, B/W, for children, no detail

測試評比

實際測試評比的結果如下(雖然評測的結果如下,但真實的狀況仍取決於提示詞的內容和後續各家軟體的更新,因此該評測只作為參考使用):

總和評價:Midjourney > Leonardo.Ai = Bing Image Creator

- **繪圖品質**:Midjourney > Bing Image Creator > Leonardo.Ai
- **風格掌控**:Midjourney = Leonardo.Ai = Bing Image Creator
- **調整靈活度**:Midjourney > Leonardo.Ai > Bing Image Creator
- **產圖精準度**:Midjourney > Leonardo.Ai = Bing Image Creator
- **易用度**:Leonardo.Ai = Bing Image Creator > Midjourney

15-2 2D 卡通人物

2D 卡通人物是將人物轉換成 2D 的卡通角色,通常都是無漸層或簡單漸層的色塊,搭配黑色外框線構成的卡通角色,這個範例會運用 Leonardo.AI、Midjourney 和 Bing Image Creator,搭配通用的提示詞,實作 2D 卡通人物。

2D 卡通人物通用提示詞

2D 卡通人物通常是白色背景，透過色塊或搭配黑色外框線構成的卡通人物，因此會搭配下列向提示詞：

正向提示詞	說明	正向提示詞	說明
2D cartoon character	2D 卡通角色	2D comic character	2D 漫畫角色
simple color	簡單顏色	black outline	黑色外框線
white background	白背景	full body	全身
illustration	插畫	doodle	手繪插圖
hand drawing	手繪	-	-

2D 卡通人物負向提示詞

負向提示詞	說明
gradient color	漸層顏色
3D	3D 立體
shadow	陰影
real, realistic	真實的

2D 卡通人物也可以搭配現成有名的卡通或風格

風格提示詞	說明	風格提示詞	說明
caricature	誇張似顏繪效果	SpongeBob	海綿寶寶
Hey Duggee	阿奇幼幼園	The Simpsons	辛普森家庭
Doraemon	多啦 A 夢	Dragon ball	七龍珠
bitmoji style	老牌似顏繪風格	South Park	南方公園

使用 Midjourney

使用 2D 卡通人物的組合提示詞，可以直接產生美國前總統川普或其他名人的 2D 卡通角色。

[人名或描述], 2D cartoon character, simple color, black outline, full body, white background, --no gradient color, 3D, shadow

如果搭配一些特殊風格，就能做出更與眾不同的角色，舉例來説下圖搭配 caricature style 做出似顏繪風格。

President Trump, 2D cartoon character, caricature style, full body, --no gradient color, 3D, shadow

下圖搭配阿奇幼幼園的風格。

如果想要產生更佳一致的效果，也可以運用 /tune 的方法，將提示詞選擇最適合的風格。

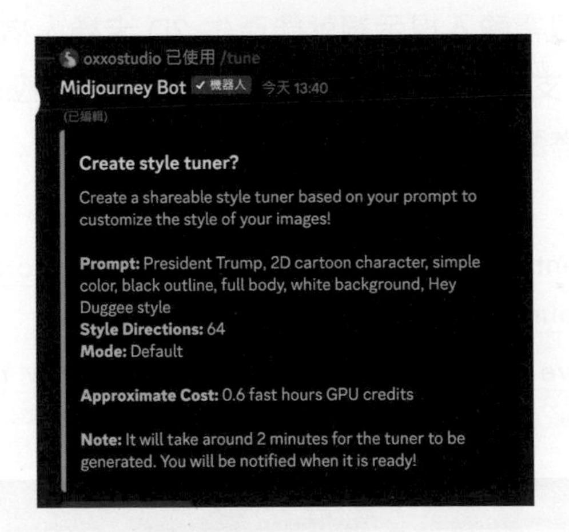

完成後複製產生的 Style ID，接著在輸入提示詞的後方加上 --style ID，就能產生更符合需求的 2D 卡通人物。

範例使用的 Style ID **為**：bEWJdAYOZhixfbPuHIlioS0N。

使用 Leonardo.Ai

Leonardo.Ai 同樣只需輸入提示詞就能產生 2D 卡通人物，但相對風格支援的提示詞，但相對支援的風格較少，需要自行尋找對應的模型，下圖使用 DreamShaper V7 搭配正向和負向提示詞。

- **正向**：President Trump, 2D cartoon character, full body, simple color, white background, bitmoji style。
- **負向**：Negative prompt: gradient color, 3D, shadow, realistic, real。

使用 Leonardo.Ai 也可以搭配現成的模型 Model 和元素 Element (Coloring Book)，也能快速產出 2D 卡通人物。下圖使用 SDXL 0.9 的 Illustraion 模式，搭配 Toon Anime 元素。

- **正向**：President Trump, 2D cartoon character, full body, simple color, caricature style, white background。
- **負向**：Negative prompt: gradient color, 3D, shadow, realistic, real。

使用 Bing Image Creator

Bing Image Creator 無法產生「名人」的 2D 卡通角色 (受限於使用條款)，加上又不能使用圖片產生圖片，因此只能用一些描述來產生圖片，實際測試後發現雖然 Bing Image Creator 可以畫出比較複雜的圖形，但對於比較簡單的影像類型反而表現得不太好。

一個金頭髮的 60 歲男人穿西裝，2D 卡通人物，白色背景

測試評比

2D 卡通人物實際測試評比的結果如下（雖然評測的結果如下，但真實的狀況仍取決於提示詞的內容和後續各家軟體的更新，因此該評測只作為參考使用）：

總和評價：Midjourney > Leonardo.Ai > Bing Image Creator

- 繪圖品質：Midjourney > Leonardo.Ai > Bing Image Creator
- 風格掌控：Midjourney > Leonardo.Ai > Bing Image Creator
- 調整靈活度：Midjourney > Leonardo.Ai > Bing Image Creator
- 產圖精準度：Midjourney > Leonardo.Ai > Bing Image Creator
- 易用度：Midjourney > Leonardo.Ai > Bing Image Creator

15-3 物品開箱照

物品開箱照是指將一件可分解或具有很多零件的物品，採用平鋪擺放的方式將零件整齊地擺放在地上，並從高角度拍攝，類似將模型拆解的拍攝效果，這個範例會運用 Leonardo.AI、Midjourney 和 Bing Image Creator，搭配通用的提示詞，實作物品開箱照。

物品開箱照通用提示詞

物品開箱照最主要就是 Knolling 這個提示詞，通常只要出現這個字，畫面就會使用開箱照的方式呈現，此外也可以搭配一些拆解和攝影角度的相關提示：

提示詞	說明
Knolling	開箱照
Flat lay	將物品平放在拍攝表面上
Bird's eye view	鳥瞰視角
Top down view	從上往下拍攝

使用 Midjourney

使用物品開箱照的組合提示詞，可以直接產生物品的開箱照。

[物品和場景], knolling

下圖展示了一台小汽車的開箱照。

a toy car and its elements, knolling

如果想要產生更佳一致的效果，也可以運用 /tune 的方法，將提示詞選擇最適合的風格。

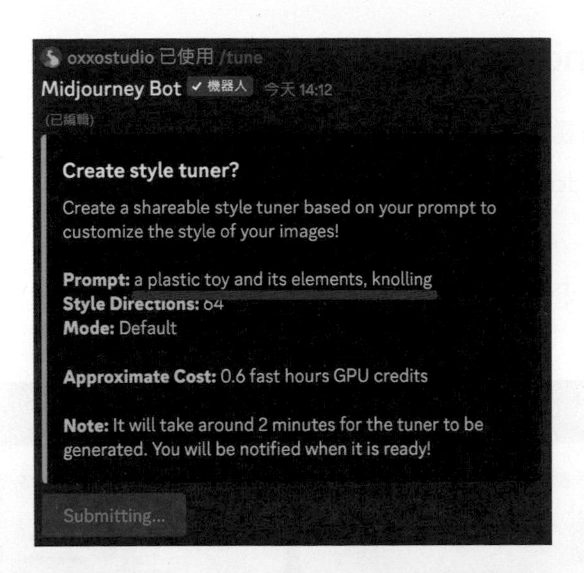

完成後複製產生的 Style ID，接著在輸入提示詞的後方加上 --style ID，就能產生更符合需求的物品開箱照。

範例使用的 Style ID 為：67xiU1efBiBaVKTtnzYXy2Lc。

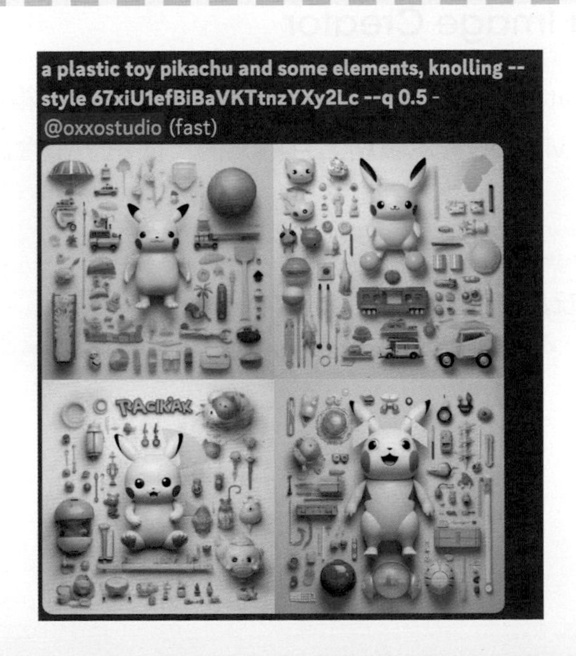

使用 Leonardo.Ai

Leonardo.Ai 同樣只需輸入提示詞就能產生物品開箱照，但有時需要加上 Flat lay 或 Top down view 的提示輔助。

a toy car and its elements, knolling, Flat lay, top down view

使用 Bing Image Creator

Bing Image Creator 同樣只需輸入提示詞就能產生物品開箱照，但有時需要加上 Top down view 的提示輔助，且中文的「開箱」常會出現箱子，建議使用英文。

一輛紅色塑膠玩具車和它的零件，knolling, top down view

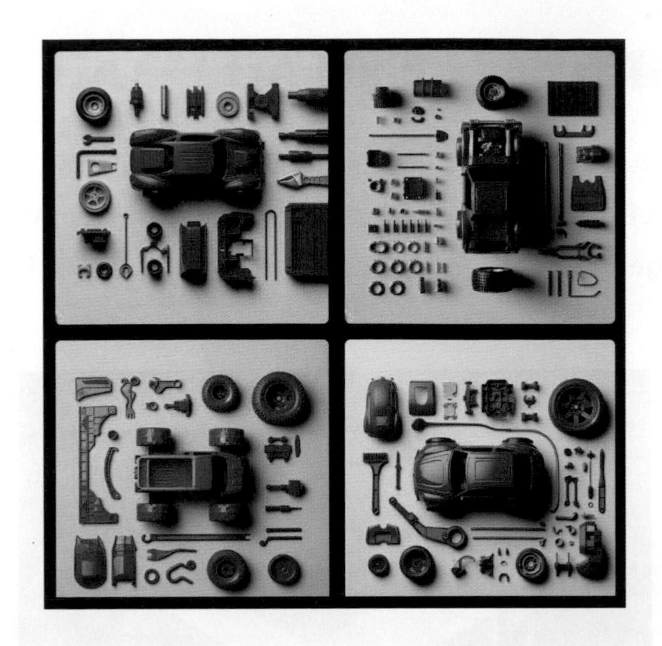

測試評比

物品開箱照實際測試評比的結果如下 (雖然評測的結果如下，但真實的狀況仍取決於提示詞的內容和後續各家軟體的更新，因此該評測只作為參考使用)：

總和評價：Midjourney > Leonardo.Ai > Bing Image Creator

- **繪圖品質**：Midjourney > Leonardo.Ai = Bing Image Creator
- **風格掌控**：Midjourney > Leonardo.Ai > Bing Image Creator
- **調整靈活度**：Midjourney > Leonardo.Ai = Bing Image Creator
- **產圖精準度**：Midjourney > Leonardo.Ai > Bing Image Creator
- **易用度**：Midjourney = Leonardo.Ai = Bing Image Creator

15-4 像素藝術 (Pixel Art)

像素藝術 (Pixel Art) 是運用一格格的 2D 正方形像素方格或 3D 正方形像素方塊，組合成各種圖案或造型，這個範例會運用 Leonardo.AI、Midjourney 和 Bing Image Creator，搭配通用的提示詞，運用像素藝術 (Pixel Art) 繪製圖形。

像素藝術通用提示詞

像素藝術最主要就是 pixel 提示詞，通常只要出現這個字，畫面就會使用像素圖的方式呈現，此外也可以搭配一些角度或畫風的相關提示：

提示詞	說明
pixel, pixelated	像素、像素化的
pixel art	像素藝術
pixel style	像素風格
8 bit game	8 bit 像素遊戲 (以前的遊戲都是像素風格)
low resolution	低解析度
Game Character Sprites	遊戲角色分解圖
Game Assets Sprite	遊戲場景拆解圖
Isometric	等距圖 (沒有因為立體空間產生的視差)

使用 Midjourney

使用像素藝術的組合提示詞，可以直接產出像素藝術的影像。

[物品和場景], pixel art, pixelated

下圖展示了一隻小狗的像素藝術畫。

a cute dog, pixel art, pixelated

如果搭配 Isometric 45 度角的等距圖關鍵字，也能做出類似遊戲 3D 立體效果的像素圖。

a cute dog in the garden, Isometric pixel art

如果想要產生更加一致的效果，也可以運用 /tune 的方法，將提示詞選擇最適合的風格。

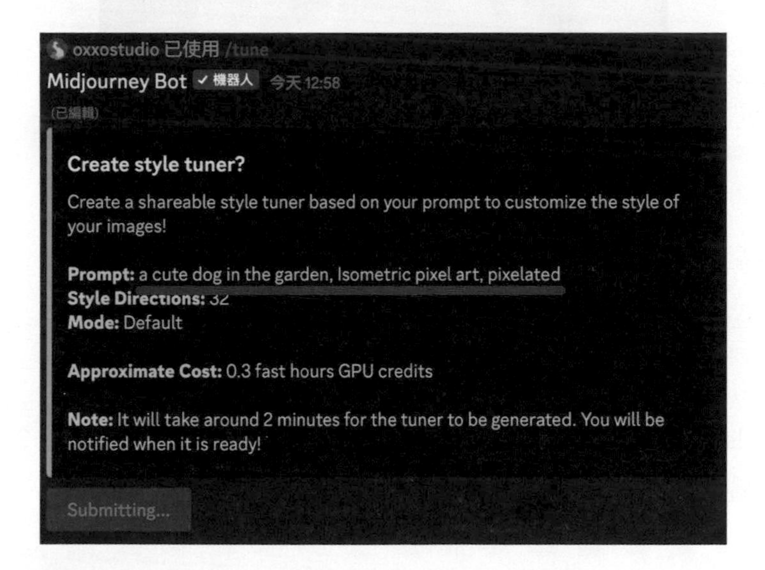

完成後複製產生的 Style ID，接著在輸入提示詞的後方加上 --style ID，就能產生更符合需求的像素藝術。

範例使用的 Style ID 為：4sTDXsgTJiFfgyZ2。

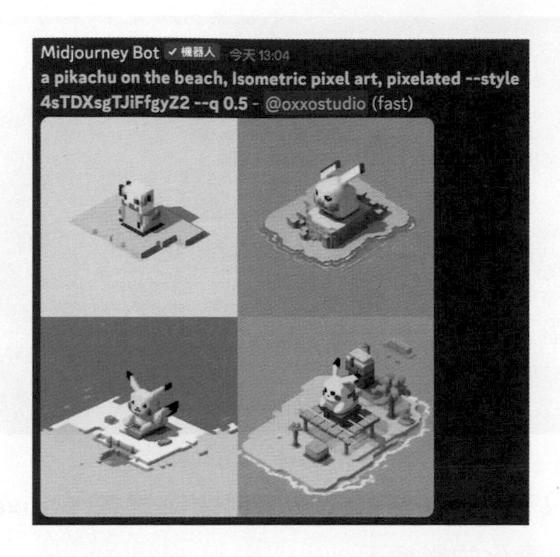

使用 Leonardo.Ai

Leonardo.Ai 同樣只需輸入提示詞就能產生像素藝術。

a cute dog in the garden, Isometric pixel art

除了直接輸入像素藝術的提示詞，也可以運用現成的模型產生像素藝術，例如 pixel art、Isometric Fantasy 都是很適合產生像素藝術的模型。

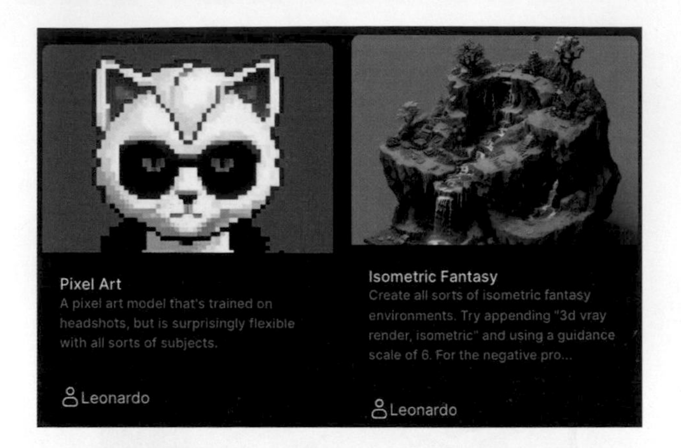

下圖雖然提示詞只有「a cute dog」，但因為選擇了 pixel art 模型，產生的圖就直接變成像素化的影像。

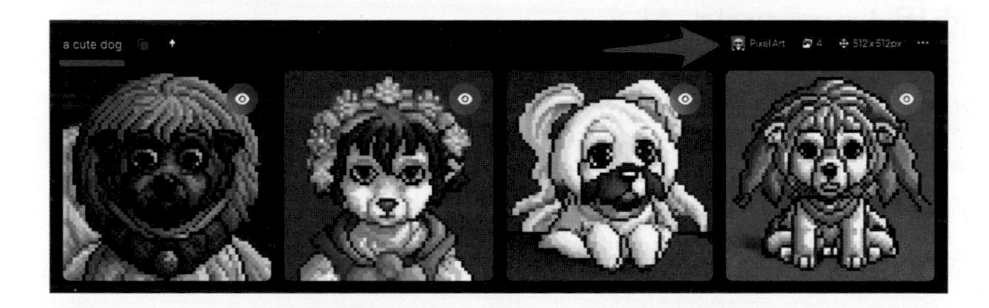

下圖選擇了 Isometric Fantasy 模型，產生的圖就會是類似遊戲 3D 立體效果的像素圖。

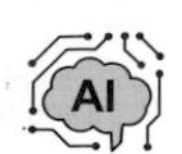

使用 Bing Image Creator

Bing Image Creator 同樣只需輸入提示詞就能產生像素藝術。

一隻可愛的小狗，像素風格，像素藝術

一隻可愛的小狗在海邊玩，Isometric pixel art

測試評比

像素藝術實際測試評比的結果都差不多，只要輸入提示詞就能產生滿精準的影像，整體評比如下 (雖然評測的結果如下，但真實的狀況仍取決於提示詞的內容和後續各家軟體的更新，因此該評測只作為參考使用)：

總和評價：Midjourney = Leonardo.Ai > Bing Image Creator

- **繪圖品質**：Midjourney = Leonardo.Ai = Bing Image Creator
- **風格掌控**：Midjourney = Leonardo.Ai > Bing Image Creator
- **調整靈活度**：Midjourney = Leonardo.Ai > Bing Image Creator
- **產圖精準度**：Midjourney = Leonardo.Ai = Bing Image Creator
- **易用度**：Midjourney = Leonardo.Ai = Bing Image Creator

15-5 百科全書 & 說明書風格

百科全書 & 說明書風格會運用一些文字、線條或圖表來解說畫面中的人事物，整體會呈現類似百科全書或說明書的專業感受，這個範例會運用 Leonardo.AI、Midjourney 和 Bing Image Creator，搭配通用的提示詞，實作百科全書或說明書風格的影像。

百科全書 & 說明書風格通用提示詞

百科全書和說明書通常會使用下列的提示詞來產生：

提示詞	說明
voynich manuscript	伏尼契手稿(通常使用就會是百科全書風格)
encyclopedia	百科全書
One of the pages in the encyclopedia	百科全書的某一頁
instruction manual	操作手冊
spellbook	拼字書
informative texts	資訊說明文字
insanely detailed、high detail	非常豐富的細節
describe	描述
manuscript	手稿
scientific	科學
analytic	分析
diagram, chart	圖表

使用 Midjourney

使用百科全書&說明書的組合提示詞，可以直接產出像百科全書&說明書的影像。

[角色或內容], voynich manuscript, encyclopedia style, informative texts, high detail

下圖展示皮卡丘的百科全書風格。

a magicial pikachu, voynich manuscript, encyclopedia style, informative texts, high detail

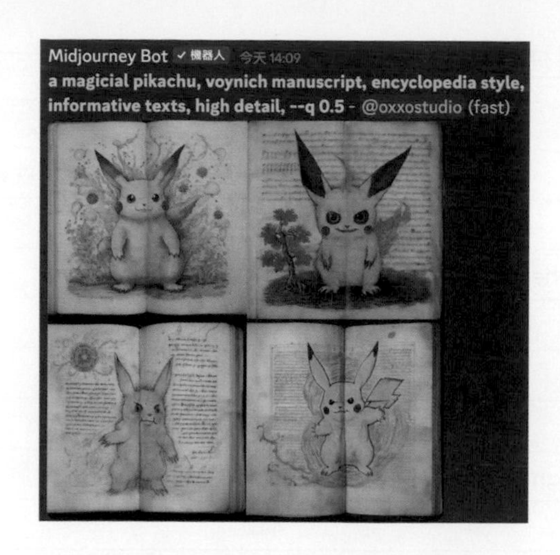

如果想要產生更佳一致的效果，也可以運用 /tune 的方法，將提示詞選擇最適合的風格。

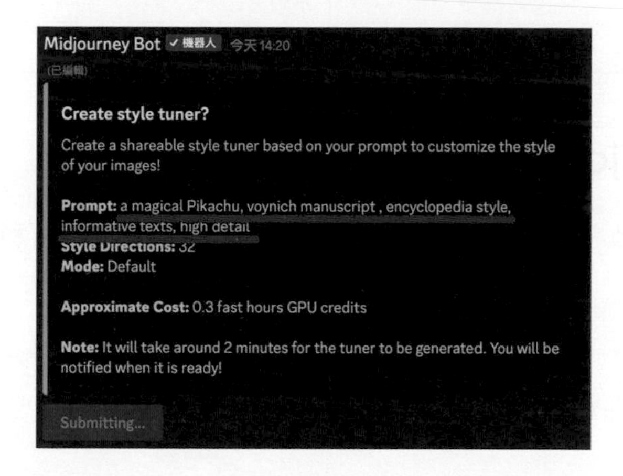

完成後複製產生的 Style ID，接著在輸入提示詞的後方加上 --style ID，就能產生更符合需求的百科全書。

範例使用的 Style ID 為：6BHi9e3PkwqRoYbR。

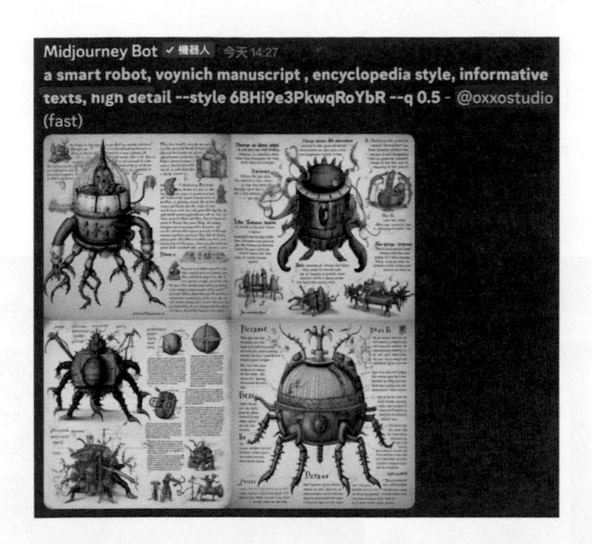

使用 Leonardo.Ai

如果要用 Leonardo.Ai 產生百科全書風格，推薦使用 SDXL 0.9 模型，選擇模型後同樣只需輸入提示詞就能產生百科全書或說明書風格影像。

voynich manuscript of Pikachu, encyclopedia style, informative texts, high detail

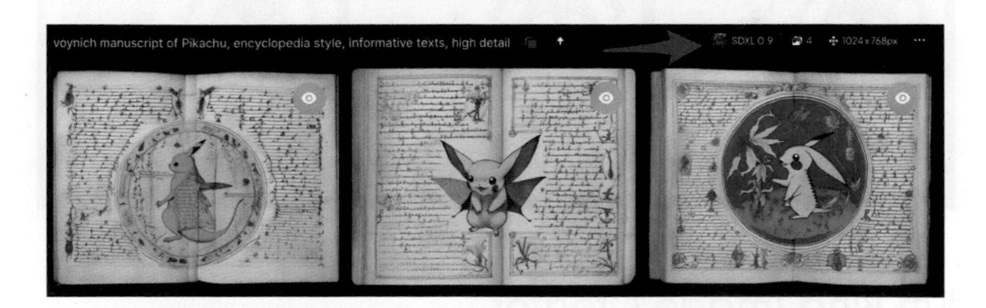

如果將提示詞寫得更精準，就能產生更好的百科全書影像。

One of the pages in the encyclopedia. This page has a lot of introductory text, using these words to explain the various parts of Pikachu's body and Pikachu's abilities

不過由於不同的模型有不同的強項，Leonardo.Ai 目前並沒有提供專屬的百科全書模型，所以產出的品質並不容易控制，如果要實現更精準的百科全書風格，可以採用「圖片產生圖片」的做法，例如下圖使用了一張百科全書的圖片。

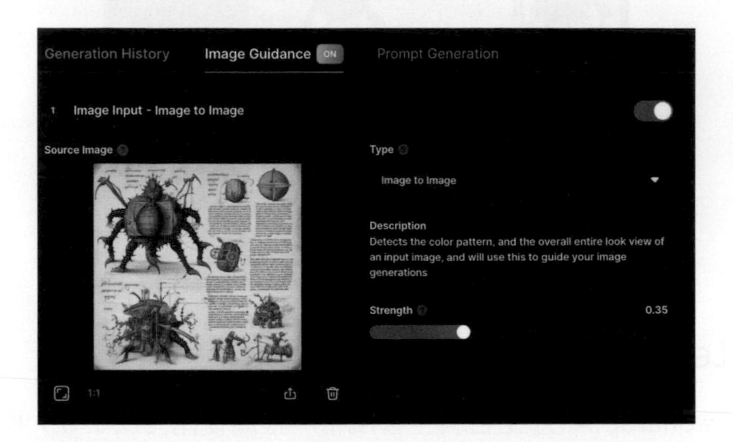

接著根據參考圖，就能產生非常漂亮的百科全書圖片。

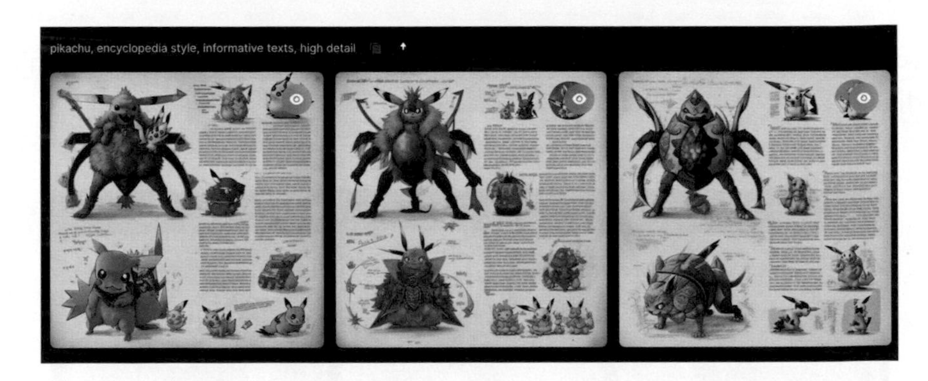

使用 Bing Image Creator

Bing Image Creator 同樣只需輸入提示詞就能產生百科全書，但在描述上必須更為精準。

百科全書裡的其中一頁，這一頁裡有許多的介紹文字，用這些文字說明皮卡丘的身體各部位以及皮卡丘的能力

測試評比

百科全書＆說明測試評比如下（雖然評測的結果如下，但真實的狀況仍取決於提示詞的內容和後續各家軟體的更新，因此該評測只作為參考使用）：

總和評價：Midjourney > Bing Image Creator > Leonardo.Ai

- 繪圖品質：Midjourney = Bing Image Creator > Leonardo.Ai
- 風格掌控：Midjourney = Bing Image Creator > Leonardo.Ai
- 調整靈活度：Midjourney > Bing Image Creator > Leonardo.Ai
- 產圖精準度：Bing Image Creator > Midjourney > Leonardo.Ai
- 易用度：Bing Image Creator > Midjourney > Leonardo.Ai

15-6 卡通貼紙

卡通貼紙就是在文具店裡常看到的貼紙，通常是以卡通角色或物品為主，使用「彩色」「黑邊」和「白背景」互相搭配的圖形效果，這個範例會運用 Leonardo.AI、Midjourney 和 Bing Image Creator，搭配通用的提示詞，產生卡通貼紙的相關圖像。

卡通貼紙通用提示詞

卡通貼紙最主要就是 sticker 提示詞，通常只要出現這個字，畫面就會出現卡通貼紙的內容，但通常還會搭配一些色彩或邊框輔助：

提示詞	說明
sticker、stickers	貼紙，多張貼紙用複數
contour	輪廓
clean outline	乾淨框線
simple outline	簡單框線

此外也可以加上一些風格或節日輔助：

提示詞	說明	提示詞	說明
cartoon style	卡通風格	vector	向量圖
cute	可愛	kawaii	卡哇伊
birthday	生日	new year	新年
halloween	萬聖節	Christmas	聖誕節
happy	開心	bless	祝福

使用 Midjourney

使用卡通貼紙的組合提示詞，可以直接產出卡通貼紙。

[角色], sticker, contour, white background

下圖展示了一隻小狗的卡通貼紙。

a cute dog, sticker, contour, white background

也可以運用提示詞增加單一畫面裡的貼紙數量 (注意都用複數)。

six cute dogs, stickers, contour, white background

也可以搭配更多提示詞，做到「同一隻狗，不同動作」的貼紙。

a cute dog poses in six different poses, stickers, cartoon style, white background

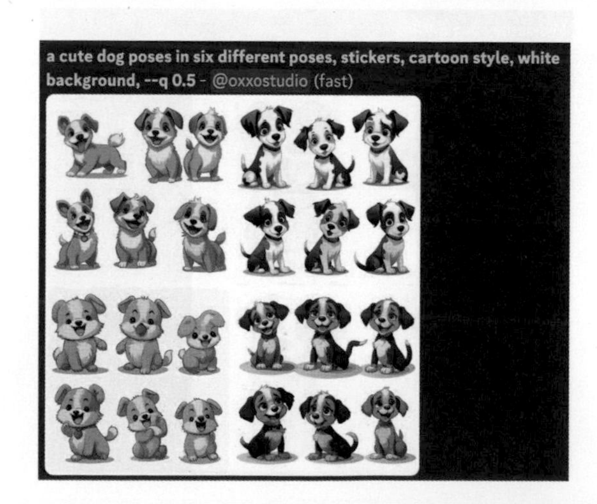

如果想要產生更佳一致的效果，也可以運用 /tune 的方法，將提示詞選擇最適合的風格。

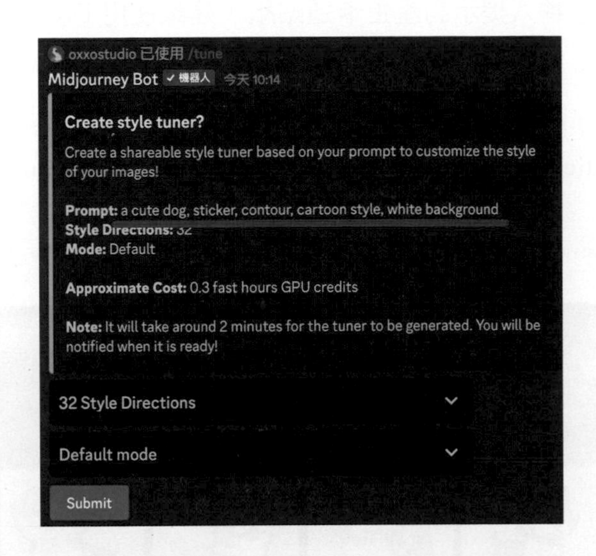

完成後複製產生的 Style ID，接著在輸入提示詞的後方加上 --style ID，就能產生更符合需求的卡通貼紙。

範例使用的 Style ID 為：4tKRix2LCuEALdGk。

使用 Leonardo.Ai

Leonardo.Ai 除了輸入提示詞產生卡通貼紙，建議使用 DreamShaper V6 並開啟 Prompt Magic 會有更好的效果 (white background 寫兩次為了加強權重)。

> a cute dog, sticker, contour, cartoon style, white background, white background

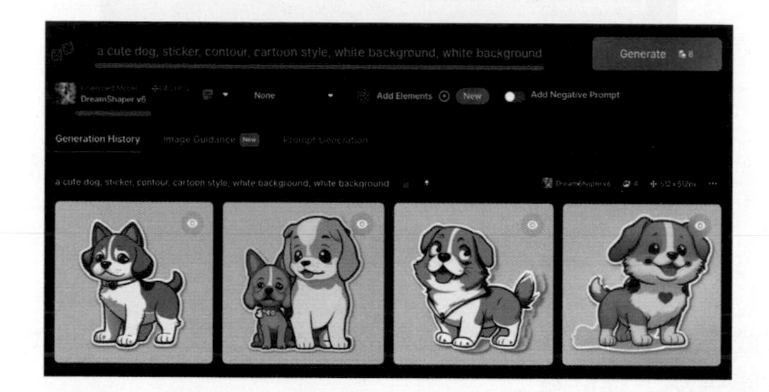

如果覺得效果不好，付費的使用者可以開啟 Alchemy 影像煉金術功能，就能達到更好的效果品質。

> a cute dog poses in six different poses, stickers, cartoon style, white background, white background

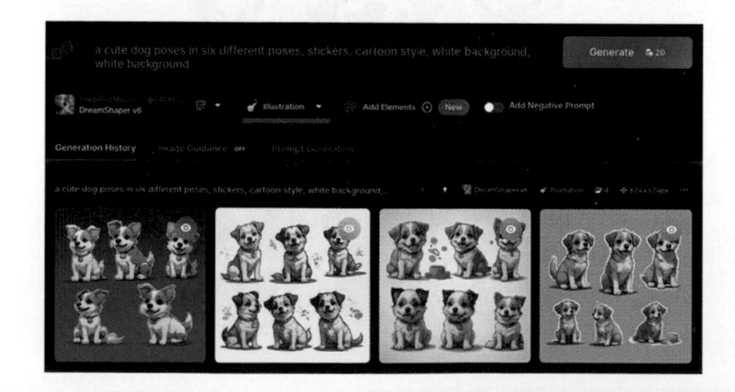

除了使用預設模型，也可以使用別人製作的模型，從模型的下拉選單選擇「Select Other Model」。

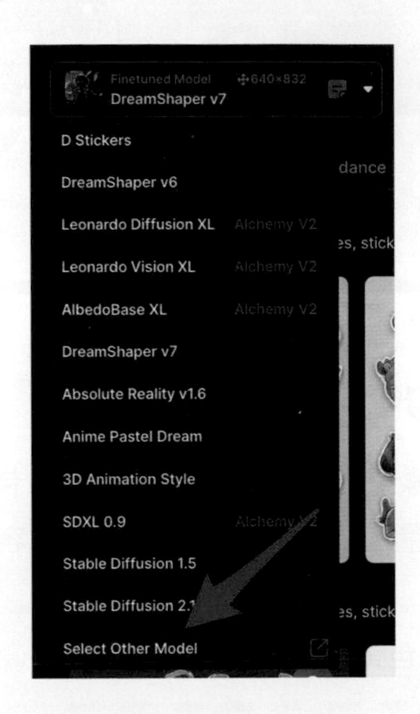

切換到 Community Models 頁籤，搜尋 sticker，選擇 D Stickers。

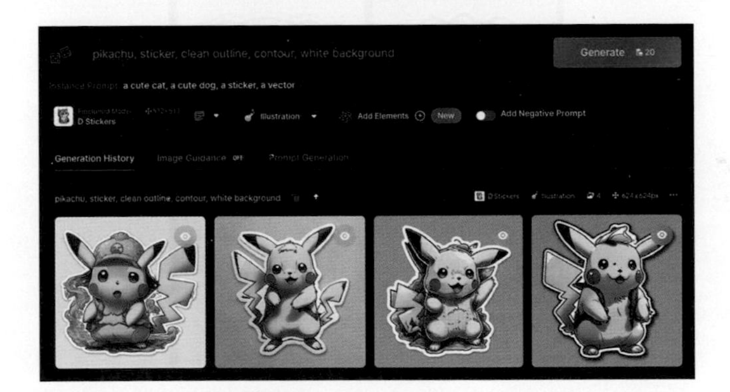

使用貼紙模型後，就能產生更貼近貼紙的影像。

pikachu, sticker, clean outline, contour, white background

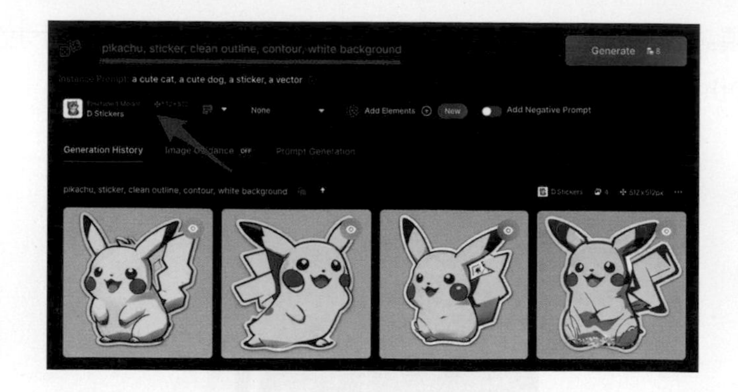

使用 Bing Image Creator

Bing Image Creator 同樣只需輸入提示詞就能產生卡通貼紙，但或許是受限於正方形比例，如果數量比較多，往往都會出現內容被邊緣裁切 的狀況。

可愛的小狗，貼紙，白色背景，卡通風格

一隻狗擺出六種不同的動作，貼紙，白色背景，卡通風格

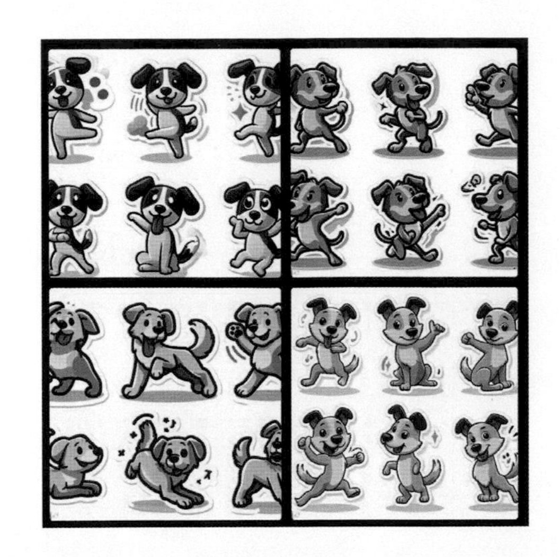

測試評比

卡通貼紙實際測試評比的結果都差不多，只要輸入提示詞就能產生滿精準的影像，整體評比如下（雖然評測的結果如下，但真實的狀況仍取決於提示詞的內容和後續各家軟體的更新，因此該評測只作為參考使用）：

總和評價：Midjourney > Leonardo.Ai > Bing Image Creator

- 繪圖品質：Midjourney > Leonardo.Ai = Bing Image Creator
- 風格掌控：Midjourney = Leonardo.Ai = Bing Image Creator
- 調整靈活度：Midjourney > Leonardo.Ai > Bing Image Creator
- 產圖精準度：Midjourney = Leonardo.Ai = Bing Image Creator
- 易用度：Midjourney = Leonardo.Ai = Bing Image Creator

附錄

AI 繪圖風格大全

前言

在最後的附錄裡，集合了 400 種 AI 繪圖風格的提示詞，只要充分運用這些提示詞，就能輕鬆創作出各式各樣的作品。

A-1 攝影、照片

A-1 會介紹「攝影、照片」相關的風格名稱，只要在提示詞裡加入這些風格名稱，就能輕鬆地讓 AI 產生有如專業攝影師拍攝的照片。

- photo、photography：照片、攝影。
- life photo：生活照，不會太過正式的照片。

a dog and a cat, photo

some cavemans, life photo

- group photo：團體照。
- group selfie photo：自拍團體照，類似一群人中的一個人拿手機自拍。

some cavemans, group photo　　some cavemans, group selfie photo

- selfie photo：自拍照，一個人拿手機自拍。
- portrait photography：人像攝影。

a caveman, selfie photo　　a caveman, portrait photography

- sports photography：運動攝影。
- still life photo：靜物攝影。

a caveman is running, sports photography　　a caveman, still life photo

- DSLR style：數位單眼相機。
- Polaroid style：拍立得。

DSLR style　　Polaroid style

- gopro style：GoPro，通常是廣角。
- Fujifilm superia style：富士底片。

gopro style　　Fujifilm Superia style

- LOMO style：LOMO 相機，暗角與顏色很特別。
- B/W style：黑白照片。

LOMO style　　B/W style

- movie style：電影風。
- cinematic photo style：劇照。

movie style　　Cinematic Photo Effect

- Calotype print：紙基負片法 (1841 年的照片沖洗方法)。
- Holga photography：Holga 相機效果。

a girl and a robot, Calotype print style　　a girl and a robot, Holga photography style

- vintage photo style：復古照片。
- antique photo style：仿古照片，比復古照片更強烈。

vintage photo style　　antique photo style

- Albumen print：蛋白映像 (1847 年的照片沖洗方法)。
- Anthotype print：植物感光相紙 (早期的照片沖洗方法)。

a girl and a robot, Albumen print style　　a girl and a robot, Anthotype print style

- macro lens：微距鏡頭，拍攝十分細微的物體。
- prime lens：定焦鏡頭，通常會搭配焦距和光圈。

a fly's eye, Macro Lens

A girl holding a soccer ball,
prime lens, 50mm F2.8

- long focal length lens：望遠鏡頭，通常焦距大於 50mm 的鏡頭。
- wide angle lens：廣角鏡頭，通常指焦距小於 35mm 的鏡頭。

some girls are playing soccer,
long-focal-length lens, 300mm

some girls are playing soccer,
wide-angle lens, 20mm

- fish eye lens：魚眼鏡頭，通常指焦距小於 16mm 的鏡頭。
- tilt shift lens：移軸鏡頭，讓影像上下區段模糊，中間主角部分清楚。

some girls are playing soccer,
fish-eye lens

some girl are playing soccer,
tilt-shift lens

- bokeh：散景，失焦後出現光暈效果。
- magic hour：魔幻時刻，通常是天空色彩很美的時刻。

A girl on the street, Christmas night,
Bokeh

A girl on the beach, Magic Hour

- golden hour：黃金時刻，通常是在日落時刻。
- blue hour：藍色時刻，通常是在日出時刻。

A girl on the beach, Golden Hour　　A girl on the beach, Blue Hour

- lens flare：鏡頭眩光，出現一些放射線的炫光。
- multiple exposure：重複曝光，畫面中出現兩組以上的不同景物。

A girl in the garden, lens flare　　A girl in the garden, multiple exposure

- panning：平移拍攝，通常鏡頭跟隨主角移動，周圍景物呈現水平移動的動態模糊。
- motion blur：動態模糊，通常鏡頭跟隨主角移動，周圍景物呈現動態模糊。

A girl is racing, panning shot　　A girl is racing, motion blur

- vgnetting：暈影、鏡頭暗角，在畫面四個角落會有不同程度的暗影。
- ambient light：環境光線，以環境光線為主的打光方式。

A girl on the beach, vignetting

girl portrait photography,
In the photostudio, ambient lightight

- hard light：硬光，光線較為集中的打光方式。
- soft light：軟光、柔光，光線較為發散的打光方式。

girl portrait photography,
In the photostudio, soft light

girl portrait photography,
In the photostudio, hard light

- back light：背光，光線來源在主角後方，呈現剪影效果。
- rim light：輪廓光，光線來源在主角後方，但主角前方有打光，主角輪廓因為前方光源而亮起。

A girl on the beach, back light

A girl on the beach, rim light

- HDR：高動態範圍，強化一些暗部的細節。
- 4K HDR：4K 高動態範圍，更加強化一些暗部的細節。

Mount Fuji under the starry sky at night, HDR

Mount Fuji under the starry sky at night, 4K HDR

- bright：環境較明亮。
- dark：環境較暗。

a tiger in the forest, bright

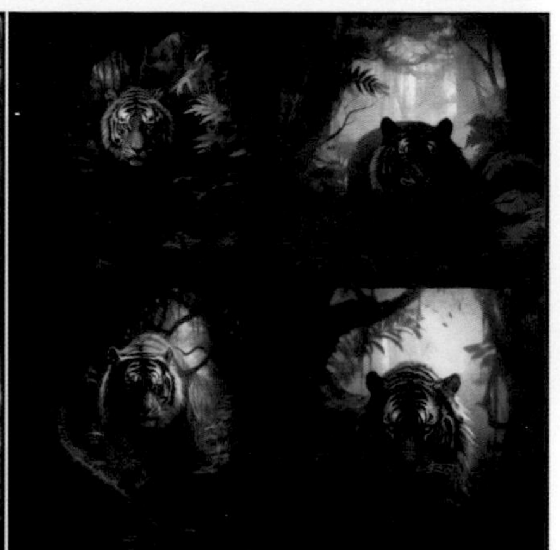

a tiger in the forest, dark

- realistic：逼真的。
- b/w：黑白照片。

a tiger in the forest, realistic　　a tiger in the forest, b/w

- very realistic：非常逼真的，通常會強調一些毛髮或紋理。
- very detailed：非常多細節，通常會增加一些細部物件。
- high resolution：高分辨率。
- 8K：8K 畫質。

a smile girl, full body, photography, very detailed　　a smile girl, full body, photography, high resolution

- 光圈：f/1、f/1.4、f/2、f/2.8、f/4、f/5.6、f/8、f/11、f/16、f/22、f/32。
- 焦距：20mm、24mm、28mm、35mm、85mm、105mm、200mm、300mm、400mm、600mm。

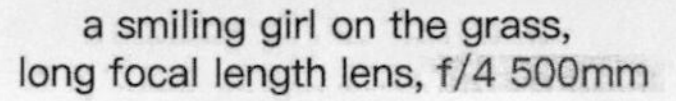

a smiling girl on the grass, long focal length lens, f/4 500mm

a smiling girl on the grass, wide angle lens, f/32 20mm

- 相機型號：Sony α 7 III、Nikon D850、Canon EOS R5、Leica M6... 等
- 相機種類：DSLR（數位單眼）、Digital camera（數位相機）、Polaroid（拍立得）、Instax（富士拍立得）、Kodak Ektar（柯達半格相機）、Fujifilm Superia（彩色富士底片）、LOMO（底片相機）、Kodak 400TX（柯達黑白相機）、8mm（8mm 相機）。

a smiling girl, full body, Sony α7 III

a smiling girl, Leica M6

A-2 畫面角度、效果

A-2 會介紹「畫面角度、效果」相關的風格名稱，這些風格不只適用於攝影的取景角度，也可以應用在繪畫或虛擬的風格中，運用這些效果產生各種有趣的畫面排列組合。

- facial features extreme close up：臉部五官特寫，如果還是不夠近，可以再額外強調哪個五官。
- face close-up：頭頂到下巴的臉部特寫。

a smiling girl,
facial features extreme close up

a smiling girl, face close up

- face shot：頭頂到胸部上緣。
- chest shot：頭頂到胸部下緣。

a smiling girl, face shot　　a smiling girl, chest shot

- full body shot：全身照。
- far away shot：遠處拍攝，使用 very far far away 可能會更遠。

a girl walks on the meadow, full body shot

a girl walks on the meadow, very far far away shot

- front view：正面照。
- side view：側面照。

a smiling girl, front view　　a smiling girl, side view

- low angle view、up view、bottom up view：低角度鏡頭，下往上拍。
- high angle view、top view、top down view：高角度鏡頭，上往下拍。

some girls are playing soccer, low angle view

some girls are playing soccer, high angle view

- bird view：鳥瞰攝影，從高處往下看。
- satellite view：衛星視角，衛星空照圖。

some girls are playing soccer, bird view

some girls are playing soccer, satellite view

- the first person view：第一人視角，view 也可以換成 perspective。
- the third person view：第三人視角，view 也可以換成 perspective。

A driver is driving a car,
the first person view

A driver is driving a car,
the third person view

- product view：產品照，產品特寫。
- knolling：開箱照，將物品的細節打散排列在畫面中。

a toy train, product view

a toy train, knolling

- microscope view：顯微鏡觀察效果，使用 electron microscope 變成電子顯微鏡效果。
- X-ray view：X 光片風格。

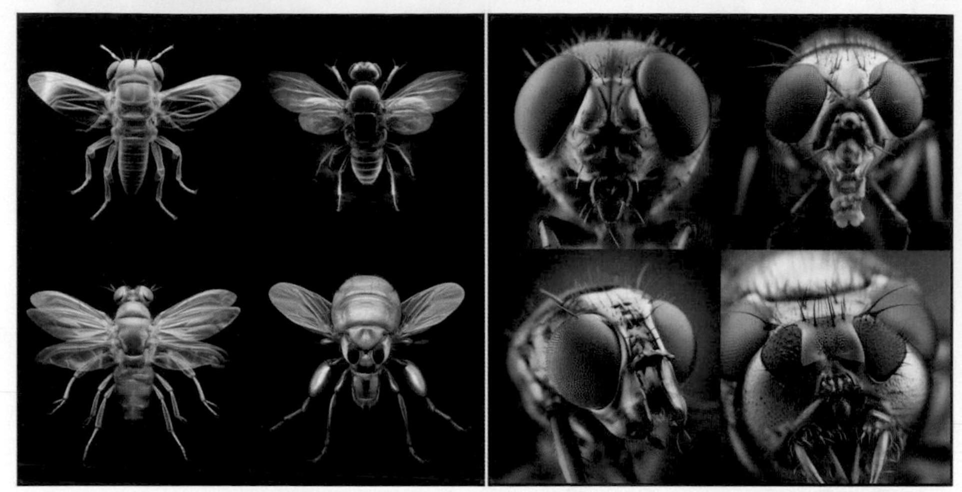

a fly, x–ray view　　the eye of a fly, microscope view

- 360 degrees photo：360 度照片，建議搭配 --ar 2:1。
- 360 degrees photo to tiny plant：360 度照片轉換成小星球照片的效果，建議使用預設 1:1 比例。

some happy kids, 360 degrees photo　　some happy kids, 360 degrees photo to tiny plant

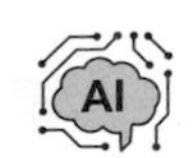

- style of 2000s：2000 年左右的照片、繪畫或風格。
- style of 1900s：1900 年左右的照片、繪畫或風格。

some girls play soccer, photography, style of 1900s

some girls play soccer, photography, style of 2000s

A-3 媒材、材質

A-3 會介紹「技法、媒材」風格的提示 prompts，運用不同的繪圖技法、創作工具、創作材質或插畫風格，就能輕鬆創作出不同筆觸或材質的漂亮影像。

- pencil：鉛筆畫。
- charcoal：炭筆畫。

a young lady, pencil style　　a young lady, charcoal style

- color pencil：彩色鉛筆。
- rollerball pen：原子筆。

a young lady, color pencil style

a young lady, rollerball pen drawing style

- chalk：粉筆。
- crayon：蠟筆。

a young lady, chalk style

a young lady, crayon style

- sketch：草圖。
- hand drawing：手繪。

a young lady, sketch style　　a young lady, hand drawing style

- doodle：塗鴉。
- illustration：插畫。

a young lady, doodle style　　a young lady, illustration style

- marker pen：麥克筆。
- acrylic painting：壓克力顏料。

a young lady, Marker pen style　　a young lady, acrylic paint style

- watercolor painting：水彩畫。
- oil painting：油畫。

a young lady, watercolor painting style　　a young lady, oil painting style

- Printmaking：版畫。
- Woodcut：木刻版畫。

a lady, painting, Printmaking style　　a lady, painting, Woodcut style

- ink drawing：水墨畫。
- splashed ink：潑墨畫。

a young lady, ink drawing style　　a young lady, splashed ink style

- chinese ink drawing：中國水墨畫。
- Gongbi painting：工筆畫。

a young lady, chinese ink drawing style　　a young lady, Gongbi painting style

由於不同媒材有不同適合的內容，例如中國水墨畫和工筆畫，就很適合繪製風景與動物。

a tiger in a hill, chinese ink drawing style

a tiger in a hill, Gongbi painting style

- clean outline drawing：乾淨外框。
- one line drawing：單線外框。

a tiger, clean outline drawing　　a tiger, one line drawing

- paper art：紙雕藝術，也可以使用 3D paper art 會更立體。
- pop-up book：立體紙雕藝術。

a tiger, paper art　　a tiger, pop-up book style

- paper cutting：剪紙藝術。
- origami art：摺紙藝術，可使用 simple origami art 變成比較簡單的摺紙。

a tiger, paper cutting style　　a tiger, origami art style

- graffiti：街頭塗鴉。
- stained glass：彩繪玻璃。

a tiger, stained glass style　　a tiger, graffiti style

- mosaic：馬賽克拼貼。
- 3D mosaic：立體馬賽克拼貼。

a tiger, mosaic style　　a tiger, 3D mosaic style

- Anatomical：解剖圖。
- Infographic：資訊圖。

information of a tiger, Anatomical illustration style　　information of a tiger, Infographic style

- Low poly：低多邊形風格。
- pixel art：像素點陣畫。

a tiger, Low poly style　　a tiger, pixel art style

- wood carving：木雕。
- stone carving：石雕。

a tiger, wood carving style　　a tiger, stone carving style

- jade material：玉。
- ceramics meterial：陶瓷。

a tiger, ceramics meterial style　　a tiger, jade material style

- metal arts：金屬。
- glass plastic arts：玻璃、琉璃造型。

a tiger, metal art style　　a tiger, crystal plastic arts

- sand sculpture：沙雕。
- Play-Doh clay：兒童黏土 (培樂多黏土)。

a tiger, sand sculpture　　a tiger, Play–Doh clay style

- lego：樂高。
- toy wooden blocks：兒童木質積木。

a tiger, lego style　　a tiger, toy wooden blocks style

- plastic doll：塑膠公仔。
- felt doll：羊毛氈娃娃。

a tiger, plastic doll style　　a tiger, felt doll style

- Thai puppet theater：戲偶。
- Sock puppet：襪子娃娃。

a tiger, Thai puppet theater style　　a tiger, Sock puppet style

- 3D graffiti：3D 塗鴉。
- Alebrije：墨西哥神獸木雕。

a tiger, alebrije style　　a tiger, 3D graffiti style

- Bas-relief：浮雕。
- Cibulak porcelain：陶瓷彩繪。

a tiger, Bas-relief style　　a tiger, Cibulak porcelain style

- Blacklight Painting：黑光畫。
- ASCII art：ASCII 程式碼組合圖。

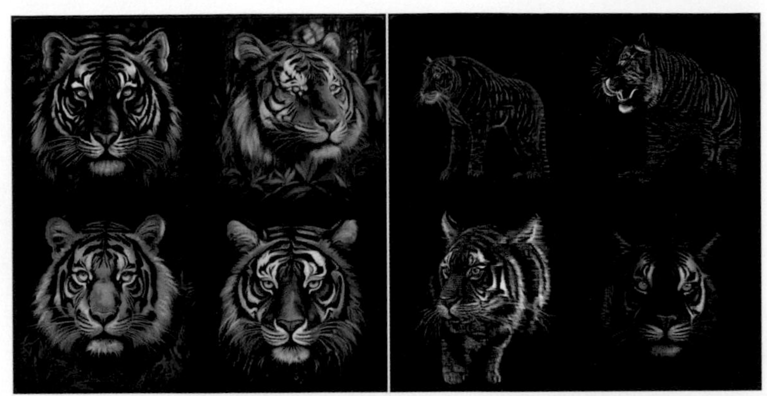

a tiger, Blacklight Painting　　a tiger, ASCII art style

A-4 動畫、卡通、漫畫

A-4 會介紹「動畫、卡通、漫畫」的風格提示 prompts，透過下列這些別具特色的風格，就能仿照相關的動漫作品進行創作。

- 2D cartoon：2D 卡通。
- 3D cartoon：3D 卡通。

A girl and a robot, 2D cartoon style

A girl and a robot, 3D cartoon style

- 2D animation：2D 動畫。
- 3D animation：3D 動畫。

A girl and a robot, 2D animation style

A girl and a robot, 3D animation style

- American comic book：美式漫畫。
- Manga 或 Japanese comics：日式漫畫。

A girl and a robot,
American comic book style

A girl and a robot, Manga style

- Pixar Animation：皮克斯動畫。
- DreamWorks Animation：夢工廠動畫。

A girl and a robot, Pixar Animation style

A girl and a robot, DreamWorks Animation style

- Walt Disney Animation：迪士尼動畫。
- Nickelodeon Animation：尼克羅迪恩動畫。

A girl and a robot, Walt Disney Animation style

A girl and a robot, Nickelodeon Animation style

- Marvel Animation：漫威動畫。
- Warner Bros. Animation：華納兄弟動畫。

A girl and a robot, Marvel Animation style　　A girl and a robot, Warner Bros. Animation style

- Ghibli Studio：吉卜力工作室。
- Toei Animation：東映動畫。

A girl and a robot, Ghibli Studio style　　A girl and a robot, Toei Animation style

- Kyoto Animation：京都動畫。
- Ufotable Animation：ufotable 有限會社。

A girl and a robot, Kyoto Animation style　A girl and a robot, Ufotable Animation style

- SpongeBob：海綿寶寶。
- Hey Duggee：阿奇幼幼園。

a tiger, SpongeBob cartoon style　a tiger, Hey Duggee cartoon style

- Mickey Mouse：米老鼠。
- The Simpsons：辛普森家族。

a tiger, Mickey Mouse cartoon style　　a tiger, The Simpsons cartoon style

- Dragon ball：七龍珠。
- Dragon ball Z：七龍珠 Z。

a tiger, dragon ball Z cartoon style　　a tiger, dragon ball cartoon style

- Astro Boy：原子小金剛。
- Doraemon：哆啦 A 夢。

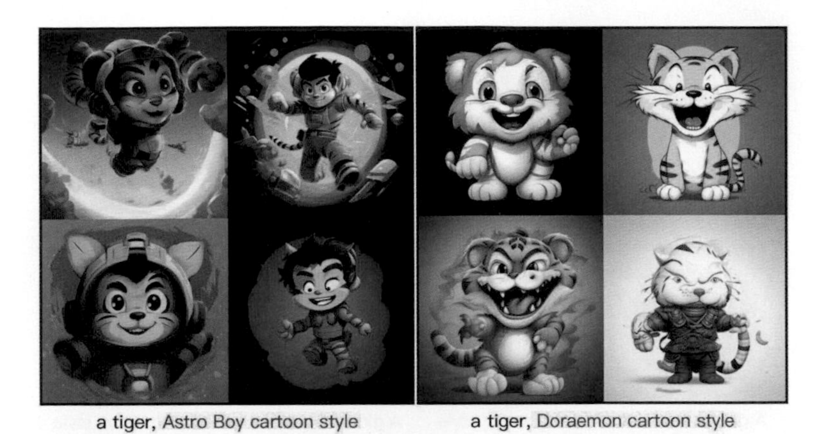
a tiger, Astro Boy cartoon style　　a tiger, Doraemon cartoon style

- Sailor Moon：美少女戰士 (使用 niji journey)。
- Dragon Ball：七龍珠 (使用 niji journey)。

A girl and a robot, Sailor Moon style　　A girl and a robot, Dragon Ball style

- hunter x hunter：獵人 (使用 niji journey)。
- kimetsu no Yaiba：鬼滅之刃 (使用 niji journey)。

A girl and a robot, hunter x hunter style　　A girl and a robot, kimetsu no Yaiba style

- One Piece：海賊王 (使用 niji journey)。
- Akira：阿基拉 (使用 niji journey)。

A girl and a robot, One Piece style　　A girl and a robot, Akira style

- JoJo's Bizarre Adventure：JoJo 的奇幻冒險 (使用 niji journey)。
- Astro Boy：原子小金剛 (使用 niji journey)。

A girl and a robot, JoJo's Bizarre Adventure style　　A girl and a robot, Astro Boy style

A-5 藝術流派、藝術風格

A-5 會介紹「藝術流派、藝術風格」的提示 prompts，運用不同的時期藝術派別的風格，就能讓自己創作出類似那個年代或特定流派的風格作品。

- Lascaux：拉斯科洞窟壁畫。
- hieroglyphs：象形文字畫。

a tiger and a man, Lascaux style

a tiger and a man, Hieroglyphs style

- petroglyph art：岩石刻畫藝術。
- ancient Egyptian Art：古埃及藝術。

a tiger and a man, petroglyph art style　a tiger and a man, Ancient Egyptian Art style

- Renaissance：文藝復興藝術。
- Baroque art：巴洛克藝術。

a yound lady, painting, Renaissance style　a yound lady, painting, Baroque art style

- Romanticism：浪漫主義。
- Classicism：古典主義。

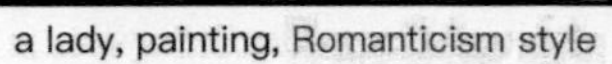

a lady, painting, Romanticism style　　a lady, painting, Classicism style

- Rococo：洛可可。
- Neoclassicism：新古典主義。

a young lady, Rococo art style　　a young lady, Neoclassicism art style

- Impressionnisme：印象派。
- Surrealism：超現實主義。

a lady, painting, Impressionnisme art style　　a lady, Surrealism art style

- Abstract Expressionism：抽象表現主義。
- Cubism：立體主義。

a lady, painting, Abstract Expressionism art style　　a lady, painting, Cubism art style

- Symbolism：象徵主義。
- Post-Impressionism：後印象派。

a lady, painting, Symbolism art style

a lady, painting, Post-Impressionism art style

- Fauvism：野獸派。
- Pointillism：點描畫派。

a lady, painting, Fauvism art style

a lady, painting, Pointillism art style

- pop art：普普藝術。
- Postmodernism：後現代主義。

a lady, painting, pop art style　　a lady, painting, Postmodernism art style

- Realism：寫實主義。
- Minimalism：極簡主義。

a lady, painting, Realism style　　a lady, painting, Minimalism style

- Dadaism：達達主義。
- OP Art：歐普藝術。

a lady, painting, Dadaism style　　a lady, painting, OP Art style

- Futurismo：未來主義。
- Expressionnisme：表現主義。

a lady, painting, Futurismo style　　a lady, painting, Expressionnisme style

- minimalism：極簡主義。
- Cyber Art：Cyber Art。

a lady, painting, minimalism style　　a lady, painting, Cyber Art style

- Neo-Geometric：新幾何主義。
- poster art：海報藝術。

a lady, painting, Neo–Geometric style　　a lady, Poster art style

- maximalism：極繁主義。
- street art：街頭藝術。

a lady, painting, maximalism style　　a lady, Street art style

- New media art：新媒體藝術。
- Contemporary art：當代藝術。

a lady, painting, new media art　　a lady, contemporary art

- Japanese printmaking style：日本版畫。
- Japanese Woodblock Printmaking style：日本木刻版畫。

a lady, painting, Japanese printmaking style　　a lady, painting, Japanese Woodblock Printmaking style

- Ukiyo-e：浮世繪。
- Yamato-e：大和繪。

a lady, painting, Ukiyo-e style　　a lady, painting, Yamato-e style

由於不同媒材有不同適合的內容，例如浮世繪或大和繪，就很適合繪製一些劇情情節的內容。

samurai and tiger, Ukiyo–e style　　samurai and tiger, Yamato–e style

A-6 藝術家、畫家

A-6 會介紹「藝術家、畫家」風格的提示 prompts，輸入特定藝術家的名字，就能讓自己搖身一變成為大師，用類似的技法和觀點，創作無與倫比的精彩畫作。

- Leonardo da Vinci：達文西。
- Raphael：拉斐爾。

a lady, Leonardo da Vinci style　　a lady, Raphael style

- Michelangelo：米開朗基羅。
- Giovanni Bellini：貝里尼。

a lady, Michelangelo style

a lady, Giovanni Bellini style

- Goya：哥雅。
- Millet：米勒。

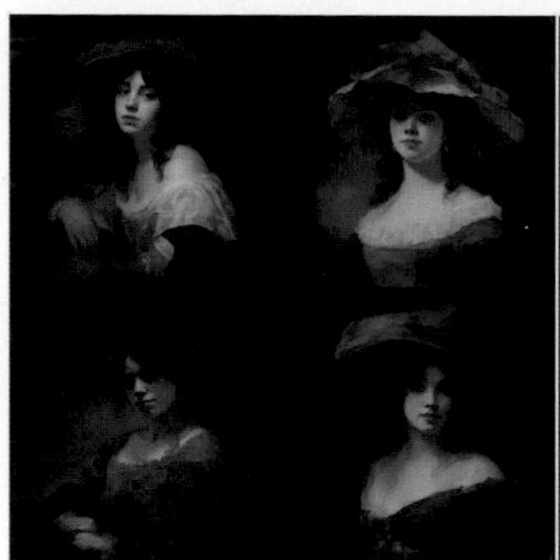
a lady, Goya style

a lady, Millet style

- Renoir：雷諾瓦。
- Monet：莫內。

a lady, Renoir style　　a lady, Monet style

- Degas：竇加。
- Cezanne：賽尚。

a lady, Degas style　　a lady, Cezanne style

- Gauguin：高更。
- Vincent van Gogh：梵谷。

a lady, Gauguin style

a lady, Vincent van Gogh style

- Seurat：秀拉。
- Rousseau：盧梭。

a lady, Seurat style

a lady, Rousseau style

- Matisse：馬諦斯。
- Munch：孟克。

a lady, Matisse style　　a lady, Munch style

- Miro：米羅。
- Picasso：畢卡索。

a lady, Miro style　　a lady, Picasso style

- Marc Chagall：夏卡爾。
- Alfons Maria Mucha：慕夏。

a lady, Marc Chagall style　　a lady, Alfons Maria Mucha style

- Dali：達利。
- Magritte：馬格麗特。

a lady, Dali style　　a lady, Magritte style

- Warhol：安迪沃霍爾。
- Frida Kahlo：芙烈達卡蘿。

a lady, Warhol style　　a lady, Frida Kahlo style

- Andi Fischer：安迪費雪 (錯視與結構)。
- Eric Carle：艾瑞卡爾 (好餓的毛毛蟲作者)

a lady, Andi Fischer style　　a lady, Eric Carle style

- Joan Cornellà Vázquez：胡安科爾內利亞。
- Leonora Carrington：李奧諾拉卡林頓。

a lady, Joan Cornellà Vázquez style　　a lady, Leonora Carrington style

- Katsushika Hokusai：葛飾北齋 (浮世繪)。
- Utamaro：喜多川歌麿 (浮世繪)。

a lady, Katsushika Hokusai style　　a lady, Utamaro style

- Tadanori Yokoo：橫尾忠則。
- Tomoko Nagao：長尾智子。

a lady, Tadanori Yokoo style　　a lady, Tomoko Nagao style

- Nara Yoshitomo：奈良美智。
- Kusama Yayoi：草間彌生。

a lady, Nara Yoshitomo style　　a lady, Kusama Yayoi style

- Murakami Takashi：村上隆。
- Ninagawa Mika：蜷川實花。

a lady, Murakami Takashi style　　a lady, Ninagawa Mika style

A-7 插畫風格（1）

A-7 會介紹「可愛童趣」、「色塊線稿」和「詭異奇幻」風格的插畫提示 prompts，透過下列這些別具特色的插畫風格，就能創作出許多精彩的插畫作品。

- Eric Carle
- Laurel Burch

A girl and a robot, Eric Carle style　　A girl and a robot, Laurel Burch style

- Allie Brosh
- Shel Silverstein

A girl and a robot, Allie Brosh style　　A girl and a robot, Shel Silverstein style

- Axel Scheffler
- Jane Newland

A girl and a robot, Axel Scheffler style　　A girl and a robot, Jane Newland style

- Liniers
- Joey Chou

A girl and a robot, Liniers style　　A girl and a robot, Joey Chou style

- Quentin Blake
- Mary Blair

A girl and a robot, Quentin Blake style　　A girl and a robot, Mary Blair style

- Madhubani painting
- Naive art

a tiger, Madhubani painting　　a tiger, Naive art style

- Josh Agle
- Tex Avery

A girl and a robot, Josh Agle style　　A girl and a robot, Tex Avery style

- Charles Burns
- Butcher Billy

A girl and a robot, Charles Burns style　　A girl and a robot, Butcher Billy style

- Noma Bar
- Dan Clowes

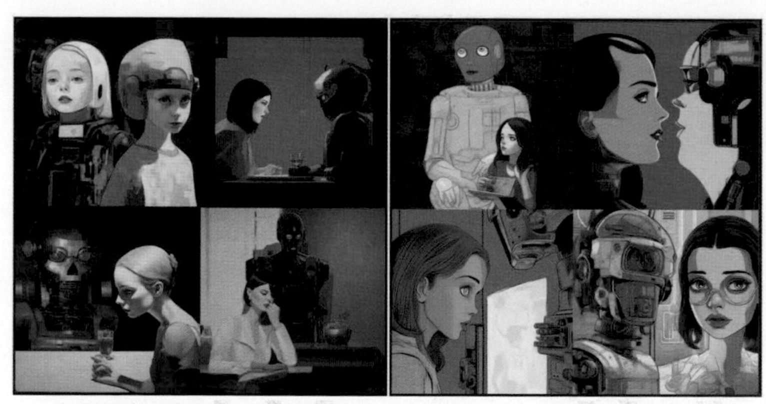

A girl and a robot, Noma Bar style　　A girl and a robot, Dan Clowes style

- Saul Steinberg
- Andy Singer

A girl and a robot, Saul Steinberg style　　A girl and a robot, Andy Singer style

- Tim Burton
- Charles Addams

A girl and a robot, Tim Burton style　　A girl and a robot, Charles Addams style

- Anna and Elena Balbusso
- Angela Barrett

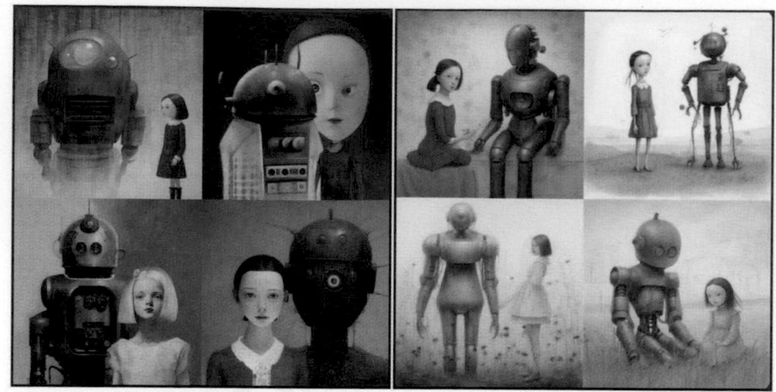

A girl and a robot, Anna and Elena Balbusso style

A girl and a robot, Angela Barrett style

- Edward Bawden
- Ludwig Bemelmans

A girl and a robot, Edward Bawden style

A girl and a robot, Ludwig Bemelmans style

- Sophie Blackall
- Don Blanding

A girl and a robot, Sophie Blackall style　　A girl and a robot, Don Blanding style

- Herman Brood
- Bill Carman

A girl and a robot, Herman Brood style　　A girl and a robot, Bill Carman style

- Mark Catesby
- Nicoletta Ceccoli

A girl and a robot, Mark Catesby style　A girl and a robot, Nicoletta Ceccoli style

- Amanda Clark
- Amy Earles

A girl and a robot, Amanda Clark style　A girl and a robot, Amy Earles style

- Michael DeForge
- Stanley Donwood

A girl and a robot, Michael DeForge style

A girl and a robot, Stanley Donwood style

- Stephen Gammell
- Tom Gauld

A girl and a robot, Stephen Gammell style　　A girl and a robot, Tom Gauld Style

- Edward Gorey
- Sam Toft

A girl and a robot, Edward Gorey style　　A girl and a robot, Sam Toft style

- Sidney Sime
- Roland Topor

A girl and a robot, Sidney Sime style　　A girl and a robot, Roland Topor style

- Anton Semenov
- Christian Schloe

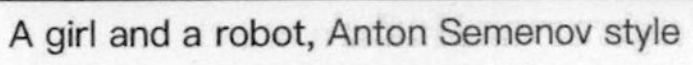

A girl and a robot, Anton Semenov style　　A girl and a robot, Christian Schloe style

- Gabriel Pacheco
- Tracie Grimwood

A girl and a robot, Gabriel Pacheco style　　A girl and a robot, Tracie Grimwood style

- Gris Grimly
- John Kenn Mortensen

A girl and a robot, Gris Grimly style

A girl and a robot, John Kenn Mortensen style

- Raymond Pettibon
- Gerald Scarfe

A girl and a robot, Raymond Pettibon style

A girl and a robot, Gerald Scarfe style

- John Bauer
- Aubrey Beardsley

A girl and a robot, John Bauer style　　A girl and a robot, Aubrey Beardsley style

- Jon Klassen
- Andy Kehoe

A girl and a robot, Jon Klassen style

A girl and a robot, Andy Kehoe style

A-8 插畫風格 (2)

A-8 會介紹「精細插畫」、「漫畫風格」、「寫實風格」、「意境幻想」的插畫提示 prompt，透過下列這些別具特色的插畫風格，就能創作出許多精彩的插畫作品。

- Alison Bechdel
- David Aja

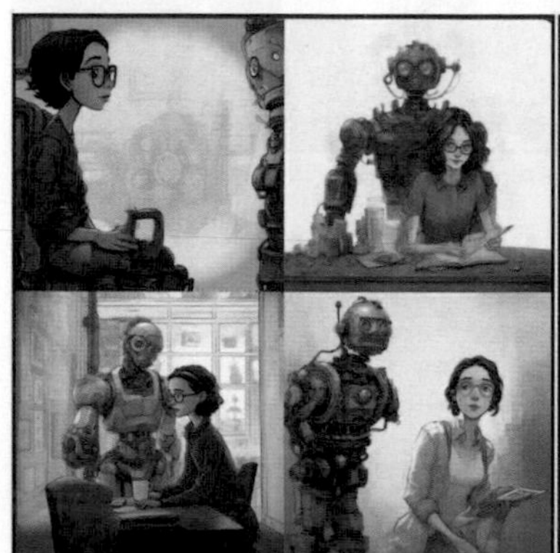

A girl and a robot, Alison Bechdel style

A girl and a robot, David Aja style

- Rafael Albuquerque
- Mitsumasa Anno

A girl and a robot, Rafael Albuquerque style　A girl and a robot, Mitsumasa Anno style

- Sergio Aragones
- Peter Bagge

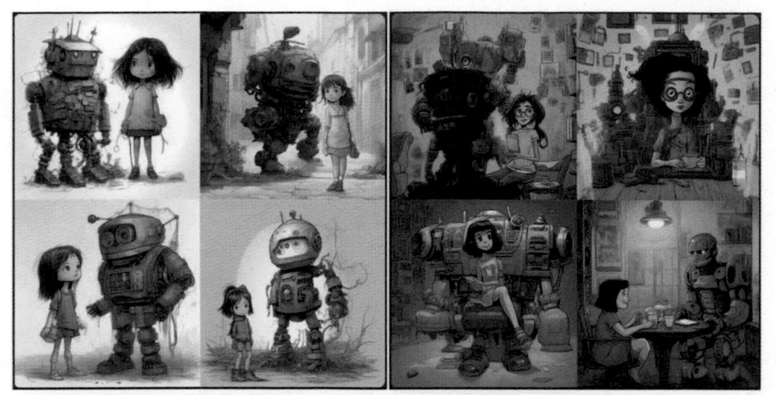

A girl and a robot, Sergio Aragones style　　A girl and a robot, Peter Bagge style

- Jasmine Becket-Griffith
- Drew Brophy

a girl and a robot, Jasmine Becket Griffith style　　a girl and a robot, Drew Brophy style

- Hiromu Arakawa
- Elsa Beskow

A girl and a robot, Hiromu Arakawa style　　A girl and a robot, Elsa Beskow style

- Chris Dyer
- M. C. Escher

A girl and a robot, Chris Dyer style　　A girl and a robot, M. C. Escher style

- J. Scott Campbell
- Kelly Sue Deconnick

A girl and a robot, J. Scott Campbell style A girl and a robot, Kelly Sue Deconnick style

- Aaron McGruder
- Hayao Miyazaki

A girl and a robot, Aaron McGruder style A girl and a robot, Hayao Miyazaki style

- Quino
- Barry Blitt

A girl and a robot, Quino style　　A girl and a robot, Barry Blitt style

- Don Martin
- Geof Darrow

A girl and a robot, Don Martin style　　A girl and a robot, Geof Darrow style

- Jonny Duddle
- Tiago Hoisel

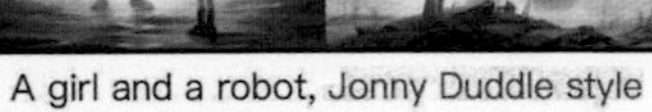

A girl and a robot, Jonny Duddle style　　A girl and a robot, Tiago Hoisel style

- Sarah Andersen
- Mike Allred

A girl and a robot, Sarah Andersen style　　A girl and a robot, Mike Allred style

- Kate Beaton
- *Al Hirschfeld *

A girl and a robot, Kate Beaton style　　A girl and a robot, Al Hirschfeld style

- Herge
- Tatsuro Kiuchi

A girl and a robot, Herge style　　A girl and a robot, Tatsuro Kiuchi style

- Charley Harper
- Gemma Correll

A girl and a robot, Charley Harper style　　A girl and a robot, Gemma Correll style

- Matt Groening
- Alex Hirsch

A girl and a robot, Matt Groening style　　A girl and a robot, Alex Hirsch style

- Matt Fraction
- Goro Fujita

A girl and a robot, Matt Fraction style　　A girl and a robot, Goro Fujita style

- Cliff Chiang
- Darwyn Cooke

A girl and a robot, Cliff Chiang style　　A girl and a robot, Darwyn Cooke style

- Julie Doucet
- Mike Judge

A girl and a robot, Julie Doucet style　　A girl and a robot, Mike Judge style

- Matt Bors
- Randolph Caldecott

A girl and a robot, Matt Bors style　　A girl and a robot, Randolph Caldecott style

- Steve Sack
- Skottie Young

A girl and a robot, Steve Sack style　　A girl and a robot, Skottie Young style

- Brian Kesinger
- Dav Pilkey

A girl and a robot, Brian Kesinger style　　A girl and a robot, Dav Pilkey style

- Guy Billout
- Enoch Bolles

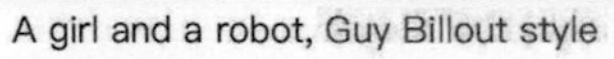

A girl and a robot, Guy Billout style

A girl and a robot, Enoch Bolles style

- John Philip Falter
- Max Fleischer

A girl and a robot, John Philip Falter style

A girl and a robot, Max Fleischer style

- Milton Caniff
- Al Capp

A girl and a robot, Milton Caniff style　　A girl and a robot, Al Capp style

- Leonetto Cappiello
- Marc Davis

A girl and a robot, Leonetto Cappiello style　　A girl and a robot, Marc Davis style

- Gary Larson
- Kazuo Koike

A girl and a robot, Gary Larson style　A girl and a robot, Kazuo Koike style

- Mort Drucker
- Hal Foster

A girl and a robot, Mort Drucker style　A girl and a robot, Hal Foster style

- Alessandro Gottardo
- Eiko Ojala

A girl and a robot, Alessandro Gottardo style　　A girl and a robot, Eiko Ojala style

- Ida Rentoul Outhwaite
- Victo Ngai

A girl and a robot, Ida Rentoul Outhwaite style　　A girl and a robot, Victo Ngai style

- Ivan Bilibin
- Ernst Haeckel

A girl and a robot, Ivan Bilibin style A girl and a robot, Ernst Haeckel style

- Thomas Ascott
- Benedick Bana

A girl and a robot, Thomas Ascott style A girl and a robot, Benedick Bana style

- Wayne Barlowe
- Alejandro Burdisio

A girl and a robot, Wayne Barlowe style A girl and a robot, Alejandro Burdisio style

- Brian Despain
- Edmund Dulac

a girl and a robot, Brian Despain style a girl and a robot, Edmund Dulac style

- Raymond Briggs
- Pascale Campion

A girl and a robot, Raymond Briggs style　A girl and a robot, Pascale Campion style

- Dorothy Lathrop
- Kim Jung Gi

A girl and a robot, Dorothy Lathrop style　A girl and a robot, Kim Jung Gi style

- Emek
- Tove Jansson

A girl and a robot, Emek style　　A girl and a robot, Tove Jansson style

- Frank Cho
- Robert Crumb

A girl and a robot, Frank Cho style　　A girl and a robot, Robert Crumb style

- Terry Dodson
- David Downton

A girl and a robot, Terry Dodson style　　A girl and a robot, David Downton style

- Oliver Jeffers
- Dr. Seuss

A girl and a robot, Oliver Jeffers style　　A girl and a robot, Dr. Seuss style

A-9 特色風格

A-9 會介紹一些滿有特色的風格提示 prompts，使用這些特色風格提示詞，就能創造出許多很有意思的影像作品。

- 2D pixel art：2D 像素圖。
- Isometric pixel art：等距像素圖 (沒有因為立體空間產生的視差)。

Tokyo tower, 2D pixel art　　Tokyo tower, Isometric pixel art

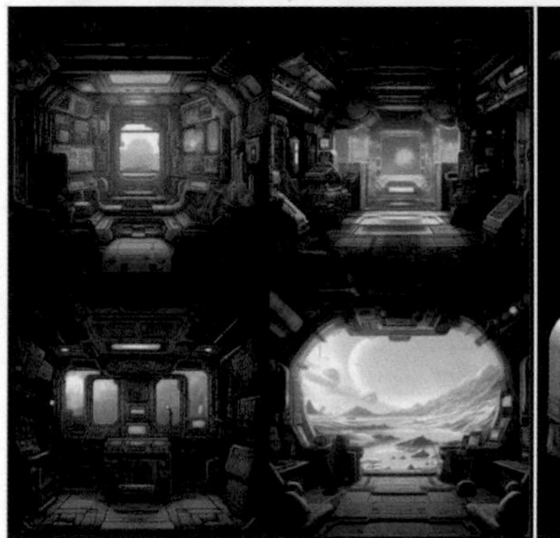

inside of space ship, 2D pixel art

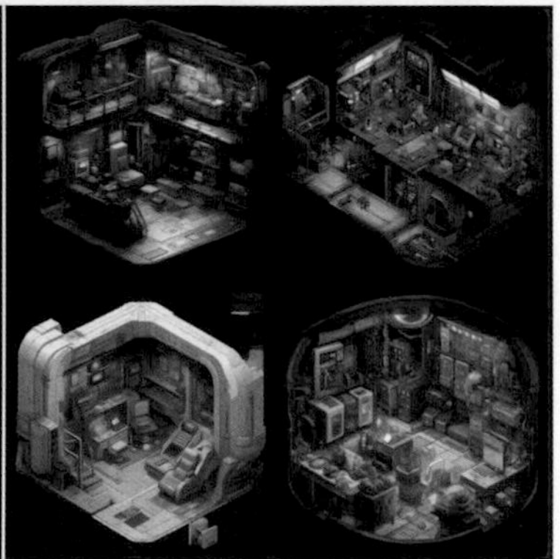

inside of space ship, Isometric pixel art

- 16-bit pixel art：16-bit 像素遊戲圖，因為有 65535 種顏色，畫面較為精緻。
- 8-bit pixel art：8-bit 像素遊戲圖，使用 256 種顏色。

a tiger, 8-bit pixel art　　a tiger, 16-bit pixel art

- 2D Pixel Art Game Character Sprites：角色分解圖。
- 2D Pixel Art Game Assets Sprite：場景拆解圖。

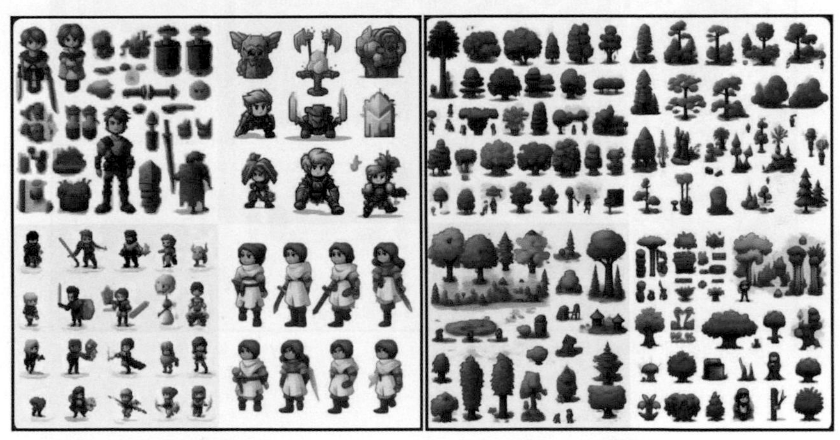

a hero,
2D Pixel Art Game Character Sprites,
white background

a forest,
2D Pixel Art Game Assets Sprite
white background

- manual of：筆記本風格。
- Encyclopedia of：百科全書風格。

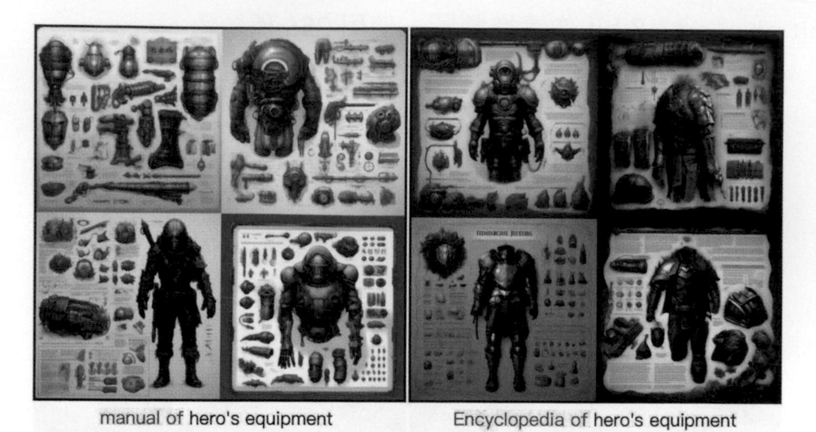

manual of hero's equipment　　Encyclopedia of hero's equipment

- 3D Model Exploded View：3D 分解圖。
- knolling：開箱照。

a toy car, 3D Model Exploded View　　a toy car, knolling

- analytic drawing：分析圖。
- diagrammatic drawing：示意圖。

a toy car, analytic drawing　　a toy car, diagrammatic drawing

- character lego：樂高人物。
- character toy：人形玩具。

michael jordan, character doll　　michael jordan, character lego

- mascot logo：吉祥物 logo 設計。
- emblem logo：徽章 logo 設計。

fried chicken, mascot logo　　fried chicken, emblem logo

- Minimal Line logo：簡單線條 logo 設計。
- Lettermark Logo：使用文字方式的 logo 設計。

fried chicken, Minimal Line logo　　fried chicken, Lettermark Logo

- 2D floor plan：2D 室內設計圖。
- 3D floor plan：3D 室內設計圖。

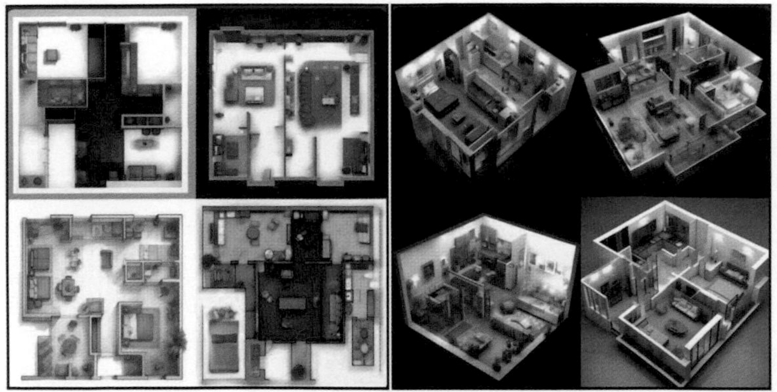

a room, 2D floor plan　　a room, 3D floor plan

- outline of 2D floor plan：2D 外框線風格室內設計圖。
- pixel art of 2D floor plan：2D 像素風格室內設計圖。

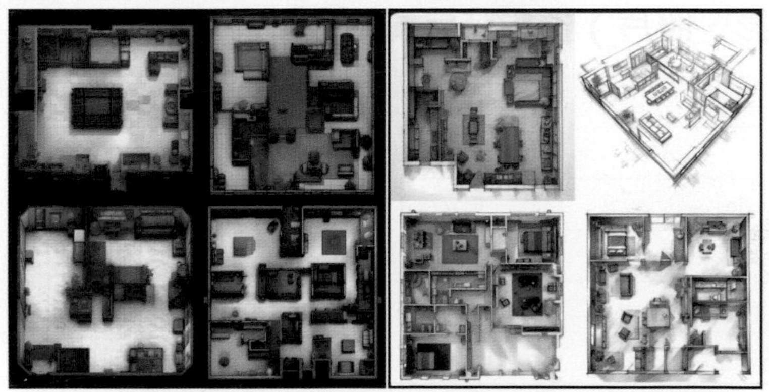

a room, pixel art of 2D floor plan　　a room, outline of 2D floor plan

A-10 常用風格提示詞 Prompts 列表

(攝影、照片)常用攝影詞彙

提示詞 Prompts	說明
photo、photography	照片、攝影。
life photo	生活照，不會太過正式的照片。
group photo	團體照。
group selfie photo	自拍團體照，類似一群人中的一個人拿手機自拍。
selfie photo	自拍照，一個人拿手機自拍。
portrait photography	人像攝影。
ports photography	運動攝影。
still life photo	靜物攝影。

(攝影、照片)攝影特色風格

提示詞 Prompts	說明
DSLR style	數位單眼相機。
Polaroid style	拍立得。
gopro style	GoPro，通常是廣角。
Fujifilm superia style	富士底片。
LOMO style	LOMO 相機，暗角與顏色很特別。
B/W style	黑白照片。
movie style	電影風。
cinematic photo style	劇照。
Calotype print	紙基負片法(1841 年的照片沖洗方法)。
Holga photography	Holga 相機效果。
vintage photo style	復古照片。

提示詞 Prompts	說明
antique photo style	仿古照片，比復古照片更強烈。
Albumen print	蛋白映像 (1847 年的照片沖洗方法)。
Anthotype print	植物感光相紙 (早期的照片沖洗方法)。

▌(攝影、照片) 專業攝影詞彙

提示詞 Prompts	說明
macro lens	微距鏡頭，拍攝十分細微的物體。
prime lens	定焦鏡頭，通常會搭配焦距和光圈。
long focal length lens	望遠鏡頭，通常焦距大於 50mm 的鏡頭。
wide angle lens	廣角鏡頭，通常指焦距小於 35mm 的鏡頭。
fish eye lens	魚眼鏡頭，通常指焦距小於 16mm 的鏡頭。
tilt shift lens	移軸鏡頭，讓影像上下區段模糊，中間主角部分清楚。
bokeh	散景，失焦後出現光暈效果。
magic hour	魔幻時刻，通常是天空色彩很美的時刻。
golden hour	黃金時刻，通常是在日落時刻。
blue hour	藍色時刻，通常是在日出時刻。
lens flare	鏡頭眩光，出現一些放射線的炫光。
multiple exposure	重複曝光，畫面中出現兩組以上的不同景物。
panning	平移拍攝，通常鏡頭跟隨主角移動，周圍景物呈現水平移動的動態模糊。
motion blur	動態模糊，通常鏡頭跟隨主角移動，周圍景物呈現動態模糊。
vgnetting	暈影、鏡頭暗角，在畫面四個角落會有不同程度的暗影。
ambient light	環境光線，以環境光線為主的打光方式。
hard light	硬光，光線較為集中的打光方式。
soft light	軟光、柔光，光線較為發散的打光方式。
back light	背光，光線來源在主角後方，呈現剪影效果。

提示詞 Prompts	說明
rim light	輪廓光，光線來源在主角後方，但主角前方有打光，主角輪廓因為方光源而亮起。
HDR	高動態範圍，強化一些暗部的細節。
4K HDR	4K 高動態範圍，更加強化一些暗部的細節。

（攝影、照片）其他輔助詞彙

提示詞 Prompts	說明
bright	環境較明亮。
dark	環境較暗。
realistic	逼真的。
b/w	黑白照片。
very realistic	非常逼真的，通常會強調一些毛髮或紋理。
very detailed	非常多細節，通常會增加一些細部物件。
high resolution	高分辨率。
8K	8K 畫質。
f/1、f/1.4、f/2、f/2.8、f/4、f/5.6、f/8、f/11、f/16、f/22、f/32	光圈。
20mm、24mm、28mm、35mm、85mm、105mm、200mm、300mm、400mm、600mm	焦距。

（畫面角度、效果）畫面遠近

提示詞 Prompts	說明
facial features extreme close up	臉部五官特寫，如果還是不夠近，可以再額外強調哪個五官。
face close-up	頭頂到下巴的臉部特寫。
face shot	頭頂到胸部上緣。
chest shot	頭頂到胸部下緣。

提示詞 Prompts	說明
full body shot	全身照。
ar away shot	遠處拍攝，使用 very far far away 可能會更遠。

（畫面角度、效果）畫面角度

提示詞 Prompts	說明
front view	正面照。
side view	側面照。
low angle view、up view、bottom up view*	低角度鏡頭，下往上拍。
high angle view、top view、top down view	高角度鏡頭，上往下拍。
bird view	鳥瞰攝影，從高處往下看。
satellite view	衛星視角，衛星空照圖。
the first person view	第一人視角，view 也可以換成 perspective。
the third person view	第三人視角，view 也可以換成 perspective。

（畫面角度、效果）特殊畫面效果

提示詞 Prompts	說明
product view	產品照，產品特寫。
knolling	開箱照，將物品的細節打散排列在畫面中。
microscope view	顯微鏡觀察效果，使用 electron microscope 變成電子顯微鏡效果。
X-ray view	X 光片風格。
360 degrees photo	360 度照片，建議搭配 --ar 2:1。
360 degrees photo to tiny plant	360 度照片轉換成小星球照片的效果，建議使用預設 1:1 比例。
style of 2000s	2000 年左右的照片、繪畫或風格。
style of 1900s	1900 年左右的照片、繪畫或風格。

(媒材、材質)繪畫媒材

提示詞 Prompts	說明
pencil	鉛筆畫。
charcoal	炭筆畫。
color pencil	彩色鉛筆。
rollerball pen	原子筆。
chalk	粉筆。
crayon	蠟筆。
sketch	草圖。
hand drawing	手繪。
doodle	塗鴉。
illustration	插畫。
marker pen	麥克筆。
acrylic painting	壓克力顏料。
watercolor painting	水彩畫。
oil painting	油畫。
Printmaking	版畫。
Woodcut	木刻版畫。
ink drawing	水墨畫。
splashed ink	潑墨畫。
chinese ink drawing	中國水墨畫。
Gongbi painting	工筆畫。
clean outline drawing	乾淨外框。
one line drawing	單線外框。

(媒材、材質)材料與材質

提示詞 Prompts	說明
paper art	紙雕藝術,也可以使用 3D paper art 會更立體。
pop-up book	立體紙雕藝術。
paper cutting	剪紙藝術。
origami art	摺紙藝術,可使用 simple origami art 變成比較簡單的摺紙。
graffiti	街頭塗鴉。
stained glass	彩繪玻璃。
mosaic	馬賽克拼貼。
3D mosaic	立體馬賽克拼貼。
Anatomical	解剖圖。
Infographic	資訊圖。
Low poly	低多邊形風格。
pixel art	像素點陣畫。
wood carving	木雕。
stone carving	石雕。
jade material	玉。
ceramics meterial	陶瓷。
metal arts	金屬。
glass plastic arts	玻璃、琉璃造型。
sand sculpture	沙雕。
Play-Doh clay	兒童黏土(培樂多黏土)。
lego	樂高。
toy wooden blocks	兒童木質積木。
plastic doll	塑膠公仔。
felt doll	羊毛氈娃娃。
Thai puppet theater	戲偶。

提示詞 Prompts	說明
Sock puppet	襪子娃娃。
3D graffiti	3D 塗鴉。
Alebrije	墨西哥神獸木雕。
Bas-relief	浮雕。
Cibulak porcelain	陶瓷彩繪。
Blacklight Painting	黑光畫。
ASCII art	ASCII 程式碼組合圖。

(動畫、卡通、漫畫)常用動畫卡通詞彙

提示詞 Prompts	說明
2D cartoon	2D 卡通。
3D cartoon	3D 卡通。
2D animation	2D 動畫。
3D animation	3D 動畫。
American comic book	美式漫畫。
Manga 或 Japanese comics	日式漫畫。

(動畫、卡通、漫畫)卡通動畫公司

提示詞 Prompts	說明
Pixar Animation	皮克斯動畫。
DreamWorks Animation	夢工廠動畫。
Walt Disney Animation	迪士尼動畫。
Nickelodeon Animation	尼克羅迪恩動畫。
Marvel Animation	漫威動畫。
Warner Bros. Animation	華納兄弟動畫。

提示詞 Prompts	說明
Ghibli Studio	吉卜力工作室。
Toei Animation	東映動畫。
Kyoto Animation	京都動畫。
Ufotable Animation	ufotable 有限會社。

(動畫、卡通、漫畫)卡通動畫名稱

提示詞 Prompts	說明
SpongeBob	海綿寶寶。
Hey Duggee	阿奇幼幼園。
Mickey Mouse	米老鼠。
The Simpsons	辛普森家族。
Dragon ball	七龍珠。
Dragon ball Z	七龍珠 Z。
Astro Boy	原子小金剛。
Doraemon	哆啦 A 夢。
Sailor Moon	美少女戰士 (使用 niji journey)。
Dragon Ball	七龍珠 (使用 niji journey)。
hunter x hunter	獵人 (使用 niji journey)。
kimetsu no Yaiba	鬼滅之刃 (使用 niji journey)。
One Piece	海賊王 (使用 niji journey)。
Akira	阿基拉 (使用 niji journey)。
JoJo's Bizarre Adventure	JoJo 的奇幻冒險 (使用 niji journey)。
Astro Boy	原子小金剛 (使用 niji journey)。

(藝術流派、藝術風格)史前&古早時期

提示詞 Prompts	說明
Lascaux	拉斯科洞窟壁畫。
hieroglyphs	象形文字畫。
petroglyph art	岩石刻畫藝術。
ancient Egyptian Art	古埃及藝術。

(藝術流派、藝術風格)文藝復興時期

提示詞 Prompts	說明
Renaissance	文藝復興藝術。
Baroque art*	巴洛克藝術。
Romanticism	浪漫主義。
Classicism	古典主義。
Rococo	洛可可。
Neoclassicism	新古典主義。

(藝術流派、藝術風格)現代藝術

提示詞 Prompts	說明
Impressionnisme	印象派。
Surrealism	超現實主義。
Abstract Expressionism	抽象表現主義。
Cubism	立體主義。
Symbolism	象徵主義。
Post-Impressionism	後印象派。
Fauvism	野獸派。
Pointillism	點描畫派。

提示詞 Prompts	說明
pop art	普普藝術。
Postmodernism	後現代主義。
Realism	寫實主義。
Minimalism	極簡主義。
Dadaism	達達主義。
OP Art	歐普藝術。
Futurismo	未來主義。
Expressionnisme	表現主義。

（藝術流派、藝術風格）當代藝術

提示詞 Prompts	說明
minimalism	極簡主義。
Cyber Art	Cyber Art。
Neo-Geometric	新幾何主義。
poster art	海報藝術。
maximalism	極繁主義。
street art	街頭藝術。
New media art	新媒體藝術。
Contemporary art	當代藝術。

（藝術流派、藝術風格）日本藝術

提示詞 Prompts	說明
Japanese printmaking style	日本版畫。
Japanese Woodblock Printmaking style	日本木刻版畫。
Ukiyo-e	浮世繪。
Yamato-e	大和繪。

(藝術家、畫家)現代藝術家

提示詞 Prompts	說明
Leonardo da Vinci	達文西。
Raphael	拉斐爾。
Michelangelo	米開朗基羅。
Giovanni Bellini	貝里尼。
Goya	哥雅。
Millet	米勒。
Renoir	雷諾瓦。
Monet	莫內。
Degas	竇加。
Cezanne	賽尚。
Gauguin	高更。
Vincent van Gogh	梵谷。
Seurat	秀拉。
Rousseau	盧梭。
Matisse	馬諦斯。
Munch	孟克。
Miro	米羅。
Picasso	畢卡索。
Marc Chagall	夏卡爾。
Alfons Maria Mucha	慕夏。
Dali	達利。
Magritte	馬格麗特。

（藝術家、畫家）當代藝術家

提示詞 Prompts	說明
Warhol	安迪沃霍爾。
Frida Kahlo	芙烈達卡蘿。
Andi Fischer	安迪費雪（錯視與結構）。
Eric Carle	艾瑞卡爾（好餓的毛毛蟲作者）。
Joan Cornellà Vázquez	胡安科爾內利亞。
Leonora Carrington	李奧諾拉卡林頓。

（藝術家、畫家）日本藝術家

提示詞 Prompts	說明
Katsushika Hokusai	葛飾北齋（浮世繪）。
Utamaro	喜多川歌麿（浮世繪）。
Tadanori Yokoo	橫尾忠則。
Tomoko Nagao	長尾智子。
Nara Yoshitomo	奈良美智。
Kusama Yayoi	草間彌生。
Murakami Takashi	村上隆。
Ninagawa Mika	蜷川實花。

（特色風格）Pixel Art 像素畫

提示詞 Prompts	說明
2D pixel art	2D 像素圖。
Isometric pixel art	等距像素圖（沒有因為立體空間產生的視差）。
16-bit pixel art	16-bit 像素遊戲圖，因為有 65535 種顏色，畫面較為精緻。
8-bit pixel art	8-bit 像素遊戲圖，使用 256 種顏色。

提示詞 Prompts	說明
2D Pixel Art Game Character Sprites	角色分解圖。
2D Pixel Art Game Assets Sprite	場景拆解圖。

（特色風格）商品結構與介紹

提示詞 Prompts	說明
manual of ...	筆記本風格。
Encyclopedia of ...	百科全書風格。
3D Model Exploded View	3D 分解圖。
knolling	開箱照。
analytic drawing	分析圖。
diagrammatic drawing	示意圖。
character lego	樂高人物。
character toy	人形玩具。

（特色風格）平面設計、室內設計

提示詞 Prompts	說明
mascot logo	吉祥物 logo 設計。
emblem logo	徽章 logo 設計。
Minimal Line logo	簡單線條 logo 設計。
Lettermark Logo	使用文字方式的 logo 設計。
2D floor plan	2D 室內設計圖。
3D floor plan	3D 室內設計圖。
outline of 2D floor plan	2D 外框線風格室內設計圖。
pixel art of 2D floor plan	2D 像素風格室內設計圖。